Storie di paesaggi e uomini alle pendici del Mont Fallère nell'Olocene antico e medio (Saint-Pierre, Valle d'Aosta, Italia)

A cura di

Luca V.M. Raiteri

BAR International Series 2866

2017

Published in 2017 by
BAR Publishing, Oxford

BAR International Series 2866

Storie di paesaggi e uomini alle pendici del Mont Fallère nell'Olocene antico e medio (Saint-Pierre, Valle d'Aosta, Italia)

ISBN 978 1 4073 1557 7

Cover image *Il "comprensorio" del Fallère ripreso da Sud-Est. In primo piano si nota la Becca France e direttamente alle sue spalle al centro dell'immagine si vede il Mont Fallère. In secondo piano con le vette innevate è presente la catena del Monte Bianco (L. Raiteri).*

Printed in England

BAR
PUBLISHING

BAR titles are available from:

BAR Publishing
122 Banbury Rd, Oxford, ox2 7bp, uk
Email info@barpublishing.com
Phone +44 (0)1865 310431
Fax +44 (0)1865 316916
www.barpublishing.com

Indice

Capitolo 1

Il Mesolitico, il Neolitico e l'età del Rame nelle Alpi nord-occidentali

Riassunto

Il capitolo introduce i temi che interessano la ricerca in questione. Dopo l'inquadramento geografico dell'area di studio, vengono presentati il clima e la vegetazione dell'area alpina nel corso del Quaternario e l'ambito crono-culturale dei periodi preistorici considerati: Mesolitico, Neolitico ed età del Rame.

Il "comprensorio" del Mont Fallère, area in cui sono state condotte le ricerche, è localizzato nel cuore del settore nord-occidentale delle Alpi. In generale, il Quaternario ha registrato numerose oscillazioni climatiche evidenziabili attraverso lo studio dei *proxies* archiviati in successioni stratigrafiche terrestri e marine che forniscono strumenti per ricostruire la storia del clima e i suoi effetti sulle comunità vegetali e animali lungo i periodi geologici. Tra i *proxy records* esistenti, quello paleoecologico costituisce un archivio fondamentale della storia del clima e del paesaggio a scala locale, extralocale e regionale. Numerosi record paleoecologici, supportati da datazioni ^{14}C, sono disponibili per l'Italia settentrionale e documentano trasformazioni ambientali verificatesi dalle fasi finali dell'ultima glaciazione, che possono essere messe in relazione con la variabilità climatica naturale e la pressione antropica. Partendo da steppe prive di alberi dell'inizio del Tardoglaciale, un'articolata sequenza di immigrazioni ed espansioni, estinzioni e introduzioni di nuove specie vegetali hanno portato agli ambienti fortemente antropizzati dell'epoca storica.

Dal punto di vista cronologico-culturale, le presenze archeologiche che testimoniano il popolamento mesolitico nelle Alpi nord-occidentali risultano distribuite in maniera disomogenea: ad aree caratterizzate da un elevato numero di siti se ne contrappongono altre che conservano poche evidenze archeologiche. In dettaglio, all'inizio dell'Olocene, si moltiplicano i siti archeologici scoperti in territorio svizzero soprattutto ai margini del massiccio alpino, così come nelle Prealpi di Savoia si attesta un Mesolitico antico precoce, mentre nella seconda metà del Boreale la regione partecipa alla corrente culturale del Sauveterriano. In Italia nord-occidentale le ricerche hanno permesso di evidenziare una frequentazione caratterizzata da siti in quota: nei pressi del Passo dello Spluga al confine con la Svizzera, durante il Preboreale; a Dosso Gavia in alta Valtellina, a Cianciàvero nella conca di Alpe Veglia e al Mont Fallère in Valle d'Aosta, nel corso della prima parte dell'Olocene. Dai primi secoli dell'VIII millennio BP, il settore nord-occidentale delle Alpi partecipa alla progressiva diffusione di una tecnologia litica orientata alla produzione di lame/lamelle regolari e standardizzate, caratterizzanti il Mesolitico recente.

Così come per il Mesolitico, anche per il Neolitico, le Alpi nord-occidentali si caratterizzano per una marcata eterogeità di dati. Le lacune documentarie più importanti riguardano le regioni alpine del settore occidentale, Vallese escluso: i massicci e le valli interne delle Alpi francesi e italiane risultano prevalentemente sconosciuti dal punto di vista del popolamento. La neolitizzazione delle Prealpi francesi, dell'Italia del Nord e dell'alto bacino del Rodano (Vallese) esprime, di fatto, il complesso culturale della Ceramica Impressa che caratterizza il primo Neolitico dell'area del Mediterraneo occidentale. Nel Neolitico medio le relazioni tra i due versanti delle Alpi sono ben documentate. In particolare, nel NM I (Neolitico medio italiano) le influenze liguri e padane si manifestano, seppur in quantità moderata, nel bacino del Rodano e in Provenza, mentre nel NM II (Neolitico recente italiano) si osserva un'inversione di tendenza e una certa complessità "culturale": nell'ultimo quarto del V millennio cal. BC, in Liguria e in Piemonte si assiste a una presenza chasseana che tende lentamente a estendersi verso l'Italia Settentrionale. Tali contatti transalpini sono evidenziati anche dalla presenza di una caratteristica tipologia di sepolture denominata Chamblandes, attestata in un areale geografico corrispondente al settore nord-occidentale delle Alpi (Valle d'Aosta, Tarentaise, alto bacino del Rodano francese, Plateau Suisse) tra la prima metà del V millennio cal. BC e l'inizio del IV millennio cal. BC.

L'età del Rame (seconda metà del IV - ultimi secoli del III millennio cal. BC) si contraddistingue per una cultura materiale che riflette l'esistenza di movimenti culturali e scambi di vasta portata. Durante questa fase (corrispondente al Neolitico finale francese e svizzero), le Alpi non sembrano costituire una barriera ai movimenti dell'uomo. Su di un piano strettamente ideologico, le manifestazioni di culto così come i riti funerari testimoniano la presenza d'idee comuni e attestano, attraverso l'innalzamento delle stele antropomorfe e l'edificazione di sepolture collettive, una rinnovata concezione rivolta ai mondo dei vivi. La distinzione tra gli individui (uomini) riscontrata nella presenza delle armi (nei corredi o raffigurate) costituisce un ulteriore tratto comune: i pugnali in rame o in selce deposti nelle sepolture individuali di Remedello e Spilamberto; le rappresentazioni delle armi incise sulle stele e in genere presenti nelle incisioni rupestri; un cospicuo numero di pugnali derivati o imitati nei siti d'abitato riferiti alle rive dei laghi transalpini e nelle sepolture collettive del bacino del Rodano. Inoltre, da un punto di vista prettamente alpino, si riconosce un'evidente affinità tra le regioni nella convergenza architetturale, iconografica e rituale, evidenziata peraltro dalla straordinaria somiglianza tra l'area megalitica di Aosta e il sito di Petit-Chasseur a Sion, nel Vallese, e dal corredo di tre sepolture messe in luce a Fontaine-le-Puits in Tarentaise, dove è dimostrata una puntuale influenza di Remedello sino ai territori riferiti alle Alpi savoiarde.

Abstract

The chapter introduces issues regarding the subject of this research. To the description of the geographical framework of the area under study, there follows the presentation of the climate and vegetation of the Alpine area during the Quaternary, as well as the chronological and cultural setting of the prehistoric periods under consideration: Mesolithic, Neolithic and Chalcolithic.

The Mont Fallère area, where the research was conducted, is located in the heart of the north-western Alps. In general, the Quaternary recorded numerous climatic oscillations which are detectable by studying the proxies stored in terrestrial and marine stratigraphic successions, which provide tools for the reconstruction of the history of the climate and its effects on plant and animal communities over the geological periods. Among the existing proxy records, the palaeoecological one is a fundamental archive of the history of climate and of the landscape at local, non-local and regional levels. Numerous palaeoecological records, supported by ^{14}C dating, are available for northern Italy and document environmental changes that occurred starting from the final phases of the last glaciation, which can be regarded as resulting from natural climate variability and human pressure. Beginning with the treeless steppes at the start of the Late Glacial, an articulated sequence of migrations and expansions, extinctions and introductions of new plant species, have led to the strongly anthropized environments of the historical period.

From a chronological and cultural perspective, the archaeological remains that testify to the Mesolithic population in the north-western Alps are distributed unevenly: from areas with a large number of sites, there are others which preserve few archaeological remains. In detail, at the beginning of the Holocene, there are multiple archaeological sites discovered in Switzerland, especially on the margins of the alpine massif, just like in the Savoy Prealps where a precocious ancient Mesolithic can be found, while in the second half of the Boreal, the region is part of the Sauveterrian cultural current. In north-western Italy, research has revealed the presence of high altitude sites: near the Splügen Pass on the border with Switzerland, during the Preboreal; at Dosso Gavia in upper Valtellina, at Cianciavero in the Alpe Veglia basin and at Mont Fallère in Valle d'Aosta, over the first part of the Holocene. From the early centuries of the eighth millennium BP, the north-western sector of the Alps plays an active part in the progressive spread of lithic technology orientated towards the production of regular and standardized blades/bladelets, which characterize the recent Mesolithic.

As found in the Mesolithic period, even in the Neolithic the north-western Alps are characterized by a marked heterogeneity of data. The most important gaps in documentation include the Alpine regions of the western sector, excluding the canton of Valais: the inner massifs and valleys of the French and Italian Alps are mostly unknown from the point of view of their population. The neolithization of the French Pre-Alps, of Northern Italy and of the upper Rhone basin (Valais) is expressed in the cultural complex of the Impressed Ware that characterizes the early Neolithic of the Western Mediterranean. In the Middle Neolithic, relations between the two sides of the Alps are well documented. In particular, in the MN I (Italian Middle Neolithic) Ligurian and Po valley influences occur, albeit in moderate amounts, in the Rhone basin and in Provence, while during MN II (Italian Late Neolithic) an inversion in the trend and a certain "cultural" complexity can be observed: in the last quarter of the V millennium cal. B.C., a Chasséen presence is attested in Liguria and Piedmont, which tends to spread slowly towards northern Italy. These transalpine contacts are also highlighted by the presence of characteristic burials called Chamblandes, found in a geographical area corresponding to the north-western sector of the Alps (Valle d'Aosta, Tarentaise, upper basin of the French Rhone, Plateau Suisse) between the first half of the V millennium cal. B.C. and the beginning of the IV millennium cal. B.C.

The Chalcolithic (IV millennium cal. B.C. - III millennium cal. B.C.) is characterized by a material culture that reflects the existence of cultural movements and far-reaching exchanges. During this phase (corresponding to the French and Swiss late Neolithic), the Alps do not seem to have been a barrier to human movement. On a strictly ideological level, attested ritual and funerary practices testify to the presence of common ideas and show a renewed concept of the living world which is expressed through the raising of anthropomorphic stelae and the construction of collective burials. The distinction between individuals (males) observed in the presence of weapons (as grave goods or as representations) is another common trait: the copper or flint daggers placed in the individual graves at Remedello and Spilamberto; the representations of weapons engraved on the stele and generally present in rock engravings; a large number of derivative or imitated daggers in the settlement sites along the shores of the transalpine lakes and in the collective burials of the Rhone basin. Moreover, from a purely Alpine perspective, a clear relationship between the regions is recognized due to their architectural, iconographic and ritual convergence, also highlighted by the extraordinary similarity between the megalithic area of Aosta and the site of Petit-Chasseur in Sion, in the canton of Valais, and by the grave goods found in three burials discovered in Fontaine-le-Puits in Tarentaise, where a clear influence of Remedello has been shown extending all the way up to the Savoy Alpine territories.

1.1 Inquadramento geografico (L. Raiteri)

Le Alpi (dal plurale latino *Alpes*, da un tema mediterraneo che può significare "pietra", "collina", "montagna","bianco") sono la catena montuosa più importante d'Europa (fig. 1.1).

Per convenzione le Alpi iniziano a ovest del Colle di Cadibona e coprono una distanza di circa 1.200 km a forma di arco tra l'Italia settentrionale, la Francia sud-orientale, la Svizzera, il Liechtenstein, l'Austria, il sud della Germania, la Slovenia e l'Ungheria occidentale. Tra Verona e Monaco di Baviera raggiungono la larghezza massima. La cima più alta è costituita dal Monte Bianco che con i suoi 4810,90 m è considerato anche il tetto d'Europa; seguono il Monte Rosa (4634 m), il Dom (4545 m), il Weisshorn (4505 m) e il Cervino (4476 m). Altre vette importanti sono il Gran Paradiso (4061 m), il Bernina (4049 m) e il Monviso (3841 m).

Nel 1926, in occasione del IX Congresso Geografico Italiano, vennero stabilite le suddivisioni del sistema alpino sulla base del documento "Nomi e limiti delle grandi parti del Sistema Alpino". Tale ripartizione individua tre grandi settori: Alpi Occidentali, Alpi Centrali e Alpi Orientali, suddivise a loro volta in 26 sezioni e 112 gruppi. In particolare, le Alpi Occidentali comprendono un'area che si sviluppa dal Colle di Cadibona al Col Ferret, mente le Alpi Centrali e le Alpi Orientali riguardano rispettivamente i tratti compresi tra il Col Ferret e il Passo del Brennero e tra il Passo del Brennero e la città di Fiume. Nel dettaglio tali aree sono così suddivise:

- Alpi Occidentali: Alpi Marittime, Alpi Liguri, Alpi Cozie, Alpi Graie, Alpi di Provenza, Prealpi di Provenza, Alpi del Delfinato, Prealpi del Delfinato, Prealpi di Savoia.

- Alpi Centrali: Alpi Pennine, Alpi Lepontine, Alpi Retiche, Alpi Bernesi, Alpi Glaronesi, Prealpi Svizzere, Alpi Bavaresi, Prealpi Lombarde.

- Alpi Orientali: Alpi Noriche, Dolomiti, Alpi Carniche, Alpi Giulie, Caravanche, Alpi Salisburghesi, Alpi Austriache, Prealpi di Stiria, Prealpi Venete, Carso.

Accanto alla suddivisione del 1926 risulta importante, per un miglior inquadramento della ricerca in oggetto, presentare e descrivere la Suddivisione Orografica Internazionale Unificata del Sistema Alpino (SOIUSA): un ulteriore sistema di classificazione geografica e toponomastica delle Alpi, riconosciuto e utilizzato a livello internazionale dal 2005, a seguito della pubblicazione del volume di Sergio Marazzi "Atlante Orografico delle Alpi. SOIUSA". Tale sistema introduce la bipartizione del sistema alpino (Alpi Occidentali e Alpi Orientali), in sostituzione della precedente tripartizione (Alpi Occidentali, Alpi Centrali e Alpi Orientali). La classificazione rappresenta, inoltre, l'unificazione tra il sistema italiano e quello francese delle Alpi Occidentali, quello svizzero delle Alpi Centrali e quello sloveno e austriaco delle Alpi Orientali. In particolare, viene raggiunta l'armonizzazione tra i *Gebirgsgruppen* della *Alpenvereinseinteilung* (AVE) *der Ostalpen* (la suddivisione delle Alpi Orientali secondo i club alpini austriaci e tedeschi, curata da Franz

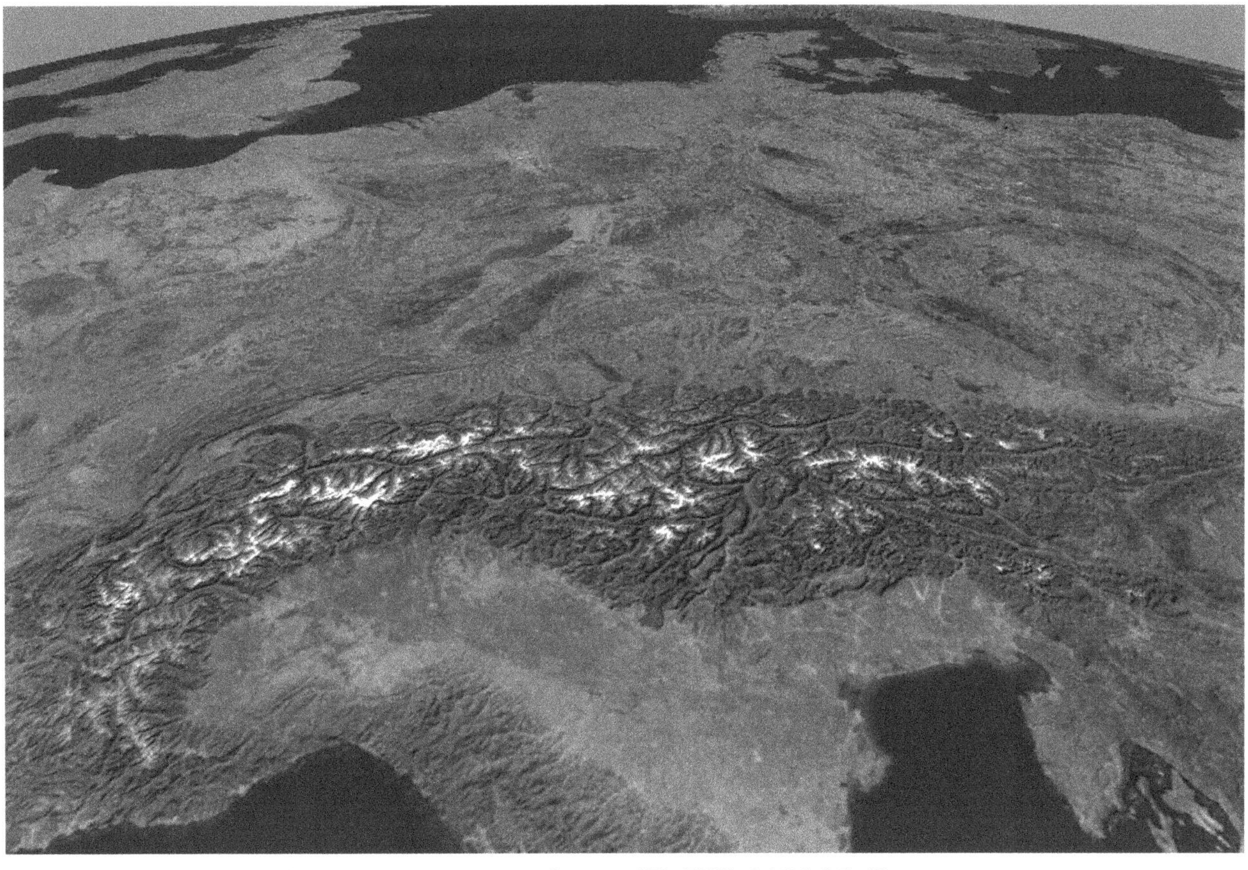

Fig. 1.1: Immagine delle Alpi dall'alto dal programma freeware WorldWind 1.3.1 della Nasa.

Grassler, in aggiornamento alla precedente classificazione Moriggl-Einteilung der Ostalpen del 1924) con quelli del *Geographische Raumgliederung Österreich* (l'assetto geografico del territorio austriaco con le aree alpine bavaresi, messo a punto da Reinhard Mang). Le due grandi parti (PT) delle Alpi Occidentali e delle Alpi Orientali sono separate dalla linea Reno – Passo dello Spulga – Lago di Como – Lago di Lecco e suddivise ulteriormente in cinque grandi settori (ST) e trentasei sezioni (SZ), così come segue:

Alpi Occidentali

- Alpi Sud-occidentali: Alpi Liguri; Alpi Marittime e Prealpi di Nizza; Alpi e Prealpi di Provenza; Alpi Cozie; Alpi del Delfinato; Prealpi del Delfinato.
- Alpi Nord-occidentali: Alpi Graie; Prealpi di Savoia; Alpi Pennine; Alpi Lepontine; Prealpi Luganesi; Alpi Bernesi; Alpi Glaronesi; Prealpi Svizzere.

Alpi Orientali

- Alpi Centro-orientali: Alpi Retiche occidentali; Alpi Retiche orientli; Alpi dei Tauri occidentali; Alpi dei Tauri orientali; Alpi Noriche; Prealpi di Stiria.
- Alpi Nord-orientali: Alpi Calcaree Nordtirolesi; Alpi Bavaresi; Alpi scistose Tirolesi; Alpi Settentrionali Salisburghesi; Alpi del Salzkammergut e dell'Alta Austria; Alpi Settentrionali di Stiria; Alpi della Bassa Austria.
- Alpi Sud-Orientali: Alpi Retiche meridionali; Alpi e Prealpi Bergamasche; Prealpi Bresciane e Gardesane; Dolomiti; Prealpi Venete; Alpi Carniche e della Gail; Alpi e Prealpi Giulie; Alpi di Corinzia e di Slovenia; Prealpi Slovene.

In considerazione del sistema alpino SOIUSA ci sembra utile definire il settore che ben rappresenta e descrive nel dettaglio l'area interessata dalla ricerca: le Alpi Nord-occidentali (settore SR I/B) comprendenti le Alpi Graie (SEZ 7 – Alpi di Lanzo e dell'Alta Moriana, Alpi della Vanoise e del Grand Arc, Alpi della Grande Sassière e del Rutor, Alpi del Gran Paradiso, Alpi del Monte Bianco e Alpi del Beaufortain), le Prealpi di Savoia (SEZ 8 – Prealpi di Savoia, Catena delle Aiguilles Rouges, Prealpi del Giffre, Prealpi dello Sciablese, Prealpi dei Bornes, Prealpi dei Bauges, Prealpi della Chartreuse), le Alpi Pennine (SEZ 9 – Alpi del Grand-Combin, Alpi del Weisshorn e del Cervino, Alpi del Monte Rosa, Alpi Biellesi e Cusiane e Alpi del Mischabel e del Weissmies), le Alpi Lepontine (SEZ 10 – Alpi del Monte Leone e del San Gottardo, Alpi Ticinesi e del Verbano e Alpi dell'Adula), le Prealpi Luganesi (SEZ 11 – Prealpi Comasche e Prealpi Varesine), le Alpi Bernesi (SEZ 12 – Alpi Urane, Alpi bernesi iss e Alpi di Vaud), le Alpi Glaronesi (SEZ 13 – Alpi Urano-Glaronesi e Alpi Glaronesi iss), le Prealpi Svizzere (SEZ 14 – Prealpi di Vaud e Friburgo, Prealpi Bernesi, Prealpi di Lucerna e di Untervaldo, Prealpi di Svitto e di Uri, Prealpi di Appenzello e di San Gallo).

1.2 Il clima e la vegetazione (L. Raiteri, R. Pini)

Nell'ambito dello studio della Preistoria alcuni degli aspetti più interessanti sono rappresentati dall'evoluzione climatica e dallo studio della vegetazione. L'instabilità climatica, che si è manifestata attraverso l'alternarsi di periodi glaciali e interglaciali, oltre ad essere la principale caratteristica del Quaternario (ultimo periodo dell'era Cenozoica suddiviso in due epoche - Pleistocene e Olocene) ha lasciato delle importanti tracce nel paesaggio. In effetti, la presenza di morene e l'esistenza di massi erratici situati a grandi distanze rispetto al luogo di origine rappresentano alcuni dei principali indizi della successione di momenti molto freddi alternati ad altri temperati. Lo sviluppo degli studi sull'estensione dei ghiacciai, iniziati nel XIX secolo, ha evidenziato, inoltre, l'ampiezza del fenomeno. D'altro canto, lo studio del polline fossile, conservato principalmente nelle successioni di sedimenti accumulati in laghi e torbiere, ha permesso agli studiosi di botanica di descrivere la successione della vegetazione corrispondente alle differenti fasi climatiche. La vegetazione attuale, detta subatlantica, è utilizzata come punto di riferimento per inquadrare e calibrare la vegetazione e i climi nell'antichità. Le datazioni, in particolare quelle al radiocarbonio, permettono di collocare cronologicamente i cicli climatici, evidenziando così i passaggi da condizioni fredde a temperate.

In particolare, per l'intervallo di tempo compreso tra circa 800 mila anni fa e il presente (Epoca magnetica a polarità normale di Brunhes) si ritiene che un ciclo climatico completo (glaciale – interglaciale) abbia una durata di circa 100 mila anni con un interglaciale corrispondente approssimativamente a 10/20 mila anni. La fine di una fase glaciale è caratterizzata da un progressivo miglioramento climatico che permette il ritiro dei ghiacciai e l'instaurarsi di condizioni climatiche ed edafiche adatte allo sviluppo della vegetazione. Alle latitudini prese in considerazioni dal nostro studio la successione delle specie vegetali durante la fase glaciale ed interglaciale segue un cammino classico. In effetti, nella fase di riscaldamento lo sviluppo della vegetazione corrisponde alla colonizzazione di suoli iniziali lasciati liberi dai ghiacci, mentre in quella di raffreddamento si verifica un'acidificazione del suolo, un impaludamento e un progressivo impoverimento floristico. Questo percorso ciclico comporta che durante la fase glaciale il paesaggio vegetale è completamente aperto, dominato principalmente da steppe fredde e praticamente privo di vegetazione legnosa. Il miglioramento climatico caratteristico dei periodi caldi permette un notevole sviluppo della vegetazione con la diffusione delle betulle e dei pini. Progressivamente, con il passare del tempo (plurisecolare), si assiste al progressivo addensamento della foresta e alla comparsa di una vegetazione caratterizzata dalla presenza di numerose specie di latifoglie termofile, quali nocciolo, olmo, quercia, tiglio e frassino; è questo lo stadio dell'"optimum climatico" e di climax, in cui la foresta è in perfetto equilibrio con le condizioni ecologiche e climatiche. La diminuzione delle temperature e l'aumento delle precipitazioni, ovvero il passaggio a condizioni climatiche "oceaniche", favorisce lo sviluppo di boschi misti con faggio e abete bianco. La successiva espansione della foresta di abete e di pino, compatibile con la foresta boreale attuale, chiude il cammino di un'evoluzione vegetazionale plurisecolare caratteristica nelle fasi glaciali ed interglaciali. È utile, inoltre, sottolineare che all'interno di una glaciazione possono presentarsi, periodicamente, delle situazioni decisamente più temperate, i cosiddetti "interstadi", che permettono un certo sviluppo vegetazionale senza raggiungere, comunque, gli stadi equivalenti all'"optimum climatico" di cui sopra. In questi casi avremo una successione vegetale incompleta, mai al di sopra dello stadio della foresta boreale.

A partire dall'Olocene, epoca iniziata nel 9700 a.C. e tutt'ora in corso, si assiste a un evidente miglioramento climatico; tale miglioramento è caratterizzato da una certa stabilità e soprattutto da fluttuazioni climatiche meno intense rispetto al periodo precedente. L'epoca olocenica è considerata molto importante anche dal punto di vista culturale; in effetti, si riferiscono a tale epoca le ultime popolazioni di cacciatori-raccoglitori seguite dalle prime economie produttive del Neolitico. Oltre alla suddivisione (Mangerud, 1982) basata su datazioni radiocarboniche, nella quale sono fissati dei limiti arbitrariamente arrotondati a multipli di 500 anni in cronologia radiocarbonica convenzionale, l'Olocene può essere suddiviso nel modo seguente: Preboreale (dal 9700 al 8000 a.C.), Boreale (dal 8000 al 6900 a.C.), Atlantico (dal 6900 al 3500 a.C.), Subboreale (dal 3500 al 700 a.C.), Subatlantico (dal 700 a.C. ai nostri giorni).

Nelle pagine seguenti vengono riassunte le dinamiche vegetazionali che hanno caratterizzato il territorio di montagna durante l'Olocene. In particolare, si è fatto riferimento a studi realizzati in territorio svizzero, tenendo in considerazione la posizione geografica dello stesso nel cuore del settore nord-occidentale delle Alpi.

Preborale (dal 9700 al 8000 a.C.). Per quanto riguarda l'evoluzione vegetazionale dell'Olocene, nel Preboreale il riscaldamento climatico si riflette immediatamente nello sviluppo della vegetazione di tutte le aree geografiche in studio; ad esempio, in relazione al Plateau suisse la temperatura media estiva è stimata intorno agli 11.5-12,0 °C (rialzo di 1,8 °C) e la vegetazione è caratterizzata dallo sviluppo della foresta con dominanza del pino. Nuove essenze vegetali compaiono invece alle basse quote (600-800 metri): il nocciolo, la quercia, l'olmo e il tiglio. La betulla colonizza i terreni più umidi, lungo le rive dei fiumi e dei laghi. Nei siti ubicati al margine del limite della foresta la risposta della vegetazione al miglioramento climatico si svolge in due momenti: in principio si assiste a un cambiamento della vegetazione locale dovuto alla diminuzione delle *Erbacee* eliofile e all'aumento progressivo del ginepro seguito da una fase di rimboschimento, dove la prateria alpina, ricca in specie di fiori coloratissimi, si sviluppa molto rapidamente e l'apporto minerale nei laghi diminuisce in maniera drastica; nella seconda fase si assiste a una decisa diminuzione del ginepro e a una nuova avanzata del pino silvestre. In 700 anni circa, il limite superiore del bosco, composto principalmente da pino silvestre, larice, pino cembro e betulla si attesta sui 2000 metri al colle del Sempione. Per quanto riguarda le Alpi Orientali, presso il lago Basso, l'ontano verde raggiunge quote elevate alla fine del Preboreale. Lo studio di alcuni siti d'alta quota nelle Alpi svizzere e austriache (Gouillé Rion-Vallese e al lago Basso-Italia presso il Passo dello Spluga) ha permesso di verificare un notevole arretramento della foresta durante un'oscillazione fredda di circa 200 anni, attestata nel Preboreale intorno al 8900 a.C.; tale oscillazione climatica è stata, inoltre, identificata nella pianura a nord e a sud delle Alpi. A Leysin, nelle Prealpi del cantone di Vaud, la presenza locale di pino e di betulla è indicata a partire dall'inizio dell'Olocene. La risposta della vegetazione all'oscillazione di cui sopra ha visto il prevalente arretramento delle *Graminacee*, dell'*Artemisia* e di altre specie eliofile. Al termine di questi 200 anni, la risposta della vegetazione al riscaldamento climatico è stata caratterizzata dall'aumento del pino, dalla diminuzione della betulla nonché dalla marcata espansione di alberi, adattati ad un clima caldo: quercia, olmo, ontano, nocciolo e sorbo.

Boreale (dal 8000 al 6900 a.C.). Con il Boreale, in particolare sul Plateau suisse, la vegetazione caratterizzata principalmente da pino e da betulla lascia il posto, in un breve lasso di tempo, ad una foresta composta prevalentemente da piante termofile, specie vegetali adattate a vivere in ambienti caldi; per quanto riguarda tali specie si possono annoverare il nocciolo accompagnato dall'olmo, dalla quercia, dal tiglio, dal frassino e dall'acero. Nel Vallese, la foresta mista sempre più densa, regolarmente accompagnata da alberi di frassino e di pioppo, tende a colonizzare la valle spingendo la pineta, fino a questo momento dominante, verso quote più elevate e versanti decisamente più soleggiati. In questa regione la temperatura più alta e una minore piovosità favoriscono lo sviluppo della quercia, mentre il nocciolo resta meglio rappresentato nella pianura del Plateau suisse. In generale, le foreste di salice e faggio, tipiche delle zone di riviera, colonizzano la pianura mentre l'abete bianco si impianta e il larice si sposta in altitudine.

Atlantico (dal 6900 al 3500 a.C.). L'Atlantico, cronozona caratterizzata da lunghe fasi di clima caldo e umido alternate a brevi peggioramenti, ha rappresentato un periodo particolarmente favorevole per lo sviluppo della vegetazione. Dal punto di vista climatico, questo periodo può essere suddiviso in due parti: una prima fase essenzialmente favorevole, denominata dell'*optimum* climatico dal 6900 al 4700 a.C., seguita da una seconda più fresca e degradante. Nel Vallese, regione confinante con la Valle d'Aosta, durante la fase corrispondente all'*optimum* climatico, si assiste in pianura ad un paesaggio vegetale dominato dalla foresta di pino e di roverella (*Quercus pubescens*), mentre a partire dai 700/800 metri si sviluppa una fitta foresta mista. La foresta di faggio si affaccia timidamente sino alla parte centrale della valle. L'abete bianco si estende in altitudine sul versante nord e nel Bas-Valais. Nel versante sud, a Zeneggen, il pino silvestre, il larice e il pino cembro sono ben rappresentati fino al limite superiore della foresta.

In generale, riferendosi all'areale interessato dalla ricerca, il limite superiore della foresta raggiunge il più alto livello mai registrato in concomitanza con l'inizio dell'*optimum* climatico (verso il 6550 a.C.); da questo momento sino all'inizio del Subboreale tale limite non subisce grandi variazioni e comunque mai superiori ai 100/150 metri. Sarà appunto verso il 3400 a.C., data corrispondente al passaggio dall'Atlantico al Subboreale, che il limite superiore della foresta comincia lentamente a scendere sino a raggiungere, non senza fluttuazioni altalenanti, i limiti attuali. Sino a questo momento, in generale, i riflessi dell'influenza umana sulla vegetazione e sul paesaggio sono praticamente nulli, così come evidenziato dagli studi pollinici in questa ricerca (cfr. paragrafo 2.3.3).

Subboreale (dal 3500 al 700 a.C.). In genere, nel settore nord-occidentale delle Alpi, a partire dal Subboreale, si assiste all'affermarsi della foresta di quercia in sostituzione della foresta temperata caratteristica di un clima oceanico. Nel vallese, l'abete bianco cede il posto al faggio che si sviluppa nel Bas-Valais. Intorno al 3000 a.C., sempre nella regione del Vallese, l'espansione del peccio e dell'ontano verde (Tinner *et al*, 1996) sembra possa essere dovuta alle conseguenze di due fenomeni congiunti: il cambiamento climatico e l'impatto umano in aumento. Sta di fatto che dal 2500 a.C. in avanti, la continua estensione delle superfici coltivate determinerà una netta diminuzione della foresta temperata. L'aumento continuo della pressione antropica, porterà, quindi, ad un'inarrestabile trasformazione della vegetazione e del paesaggio sino ad arrivare alle condizioni attuali. Il Subboreale, indica due peggioramenti climatici particolarmente importanti avvenuti tra il 1600 e il 1300 a.C. e tra il 900 e il 300 a.C.

Subatlantico (dal 700 a.C. ai nostri giorni) Il Subatlantico, caratterizzato da alcuni periodi freddi documentati dall'avanzata dei ghiacciai (secolo IX, tra i secoli XIII e XIV e tra i secoli XVI-XIX con la piccola era glaciale), rappresenta la cronozona durante la quale vive oggi l'uomo. È importante evidenziare che, in questo ultimo periodo, i principali cambiamenti vegetazionali e paesaggistici sono dovuti quasi certamente alla moltitudine di attività umane.

In conclusione, è possibile evidenziare che la fase olocenica compresa tra 9000 e 5000 anni BP è stata la più favorevole per lo sviluppo della vegetazione. In questo intervallo, gli alberi si sono spinti ad altitudini elevate dando luogo a formazioni arboree dense, con una timberline (o *limite della foresta densa*) che poteva raggiungere i 2300 m e una treeline (*limite degli alberi*) che poteva spingersi anche a quote superiori ai 2500 m, in accordo con quanto è conosciuto sulle Alpi svizzere (Wick e Tinner, 1997; Tinner e Theurillat, 2003) e in Valle d'Aosta (la torbiera di Pilaz, 1900 m a.s.l. – la torbiera di Champlong, 2320 m a.s.l. – il lago di Champlong, 2300 m a.s.l. – la torbiera di Sant'Anna, 2304 m a.s.l.) (Brugiapaglia, 2007). Secondo le ricostruzioni paleoclimatiche di Davis *et al.* (Davis *et al*, 2003) per l'Europa centrale il periodo con le temperature più elevate si situa intorno al 6000 BP. Sempre in questo intervallo di tempo si sarebbe formata la torba sul fronte del ghiacciaio Rutor a 2510 m s.l.m. e Burga (1995) considera che tra 8000 e 5000 BP ci sia stato l'*optimun* climatico per la vegetazione forestale che si sarebbe spinta tra 2100 e 2300 m d'altitudine, così come evidenziato anche da Porter e Orombelli (1985) per il settore occidentale della Valle d'Aosta. Inoltre, Aceti (2006) rianalizzando la torba del Rutor conclude che la fase di recessione del ghiacciaio avviene tra 9000 e 6500 cal. BP. Gli studiosi Wick e Tinner (1997) stimano che la maggior elevazione della timberline sia stata raggiunta tra 8700 e 5000 BP sia sulle Alpi italiane che su quelle svizzere.

1.3 Inquadramento crono-culturale

1.3.1 Il Mesolitico (F. Fontana, L. Raiteri)

Nelle Alpi nord-occidentali (SR I/B del sistema SOIUSA) le presenze archeologiche che testimoniano il popolamento mesolitico sono distribuite in maniera disomogenea. Ad aree caratterizzate da un buon numero di siti se ne contrappongono altre contraddistinte da una mediocre quantità di evidenze archeologiche.

In questo breve inquadramento sono presentati i principali siti riferiti al territorio di studio e alle zone limitrofe, relativamente al Mesolitico antico e recente, rispettando il seguente ordine di presentazione: Svizzera, Francia e Italia.

I siti mesolitici riferiti al territorio svizzero appaiono più numerosi rispetto alle fasi precedenti, suggerendo un quadro articolato del popolamento esteso tra il massiccio del Giura (ripari di Birsmatten-Basisgrotte, 340m e Les Gripons, 496m; Nielsen, 2009; Cupillard e Richard, 1999), il Plateau suisse (riparo di Freymond-Mollendruz, 1088m; Pignat e Winiger, 1999), l'area del bacino del Rodano (ripari di Château-d'Œx, 1180m e Vionnaz/Châble-Croix, 390m; Crotti e Pignat, 1993, 1983) e le Alpi fino ad oltre 2000 m di altitudine (Zermatt, Alp Hermettji, 2600m; Leuzinger, 2002). In base alle indagini più recenti, tale popolamento si estende fino alle zone più interne della Svizzera sud-orientale, che hanno restituito significative evidenze che, se non appaiono ancora sufficienti per tracciare un preciso quadro culturale e insediativo, ben evidenziano l'intensità dello sfruttamento di queste aree (Cornellissen e Reitmeier, 2016). Le vallate che si affacciano direttamente sul Plateau denotano un'occupazione riferita a settori di media altitudine, come a Château-d'Œx (VD, 1180 m) (Crotti e Pignat, 1993, 1994, 1995; Crotti, 2002a; Crotti, 2002b), Baume d'Ogens (VD, 672 m) (Crotti, 1993), Jaunpass (BE, 1500 m) (Crotti e Bullinger, 2001; Crotti, 2002c), Diemtigen, Oeyenriedschopf (BE, 1180 m) (Crotti, 2002c) e Zweisimmen, Riedli Balm (BE, 980 m) (Crotti, 2002c), nella regione del Simmental.

Avvicinandoci al cuore delle Alpi, la larga valle del Rodano offre l'importante sequenza stratigrafica di Vionnaz /Châble-Croix a Collombey-Muraz (VS, 390 m) (Crotti e Pignat, 1983, 1985, 1986, 1988; Pignat, 2002; Chaix *et al*., 2003), mentre nelle vicinanze del confine con l'Italia, le vallate caratterizzate da orientamento N-S indicano la presenza di un popolamento esteso: nella valle di Mesolcina a Mesocco, Tec Nev (GR, 720 m) (Della Casa, 1997, 2000, 2002); al Sempione e all'Albrun, dove una serie di prospezioni e alcuni sondaggi preliminari (2003-2005) hanno evidenziato tracce di frequentazione rispettivamente a Rötelsee, Hopschensee, Ancien Hospice e Blatt (Curdy *et al*., 2010) e a Zermatt, Alp Hermettji (VS, 2600 m) (Leuzinger, 2002). Durante le cronozone del Preboreale e del Boreale, l'evoluzione culturale dei principali complessi della Svizzera meridionale è riflessa dalla sequenza del sito di Vionnaz/Châble-Croix situato allo sbocco della valle del Rodano. Localizzato ai margini delle Alpi nord-occidentali, insieme al sito di Birsmatten-Basisgrotte (Jura settentrionale, Nielsen 2009), questo deposito permette di inquadrare il Mesolitico antico svizzero nell'ambito di due diversi gruppi culturali (Crotti, 1993): uno settentrionale (Birsmatten-Basisgrotte), sottoposto ad influenze di stampo Beuroniano (nord-est della Francia, Belgio, sud della Germania e Jura settentrionale), l'altro (Vionnaz) di stampo Sauveterriano che comprende, oltre alla Svizzera occidentale, anche la Francia meridionale, la Valle del Rodano, le Alpi ed il Giura meridionale. I siti attribuiti con certezza a una fase antica del Mesolitico (Mesolitico antico I) sono piuttosto rari: Vionnaz/ Châble-Croix, str. 9.3, 10, 11; Mollendruz-Abri Freymond str. 4 e Birsmatten H5, Janet 3. Le datazioni radiometriche collocano questi siti nella seconda metà del Preboreale. Considerando quali principali indicatori culturali, le punte-troncatura e i trapezi allungati, per il Beuroniano, e i segmenti e le punte a dorso a ritocco uni- e bilaterale (a base non ritoccata) per il Sauveterriano, l'industria di Janet 3 (Giura sud-orientale, nei pressi del lago di Neuchâtel) – caratterizzata dall'abbondanza di punte-troncatura e segmenti, da un certo numero di triangoli (isosceli o scaleni) e dalla presenza di trapezi allungati e rare punte allungate a ritocco bilaterale (punte di Sauveterre) – occuperebbe una posizione intermedia. La seconda fase del Mesolitico antico svizzero (cosiddetto Mesolitico antico II/III o Mesolitico medio) è meglio conosciuta e i siti sono più numerosi. È possibile, perciò, basandosi sulla composizione delle armature microlitiche, isolare due principali insiemi culturali, più circoscritti rispetto a quelli della fase iniziale: il primo può essere ricondotto al Gruppo del Jura settentrionale (comprendente anche l'area del Plateau) contraddistinto, nei siti svizzeri di Birsmatten, Ritzigrund e Les Grippons, da un tecno-complesso che presenta affinità settentrionali e si ricollega al Beuroniano con industria microlitica caratterizzata dal predominio dei triangoli scaleni associati alla punte a base ritoccata e con permanenza di alcune forme di tipo arcaico. Il secondo viene, invece, individuato nel Gruppo rodaniano, rappresentato da diversi siti nella Svizzera sud-occidentale (Baume d'Ogens e Baulmes nel Plateau Suisse, Vionnaz nelle Prealpi svizzere occidentali e Mollendruz-Abri Freymond nel Jura sud-occidentale) riconducibili al Sauveterriano. Questo appare dominato dai triangoli scaleni, accompagnati dalle punte a ritocco bilaterale (o unilaterale), in generale abbastanza larghe, a base solitamente non ritoccata e dalle punte di Sauveterre. La frontiera tra i due gruppi non è rigida e gli indici di influenza reciproca si manifestano con la presenza di alcune punte a base ritoccata in zona rodaniana e punte sauveterriane nel nord del Jura, dimostrando una certa permeabilità culturale. Questi due gruppi si distinguono anche per le dimensioni delle armature, più ridotte in quello rodaniano che si distingue anche per la rarità o l'assenza dei microbulini, supporti al contrario presenti nel Jura settentrionale.

In Francia, nelle Prealpi di Savoia è attestato un Mesolitico antico precoce, mentre nella seconda metà del Boreale la regione partecipa alla grande corrente culturale del Sauveterriano. Dal punto di vista culturale, è possibile separare il Mesolitico antico (o primo Mesolitico) in due sotto-periodi:

- il primo, denominato Mesolitico antico (*sensu stricto*), è precoce e ben attestato in Chartreuse (Abri de la Fru), dove sembra derivare da un processo di mesolitizzazione dell'Aziliano (Pion *et al*, 1990);
- in un momento successivo, dalla fine del Preboreale, il Mesolitico medio vede una forte espansione del popolamento fino a raggiungere altitudini di oltre 2000 m all'interno delle Alpi (Bintz et al. 2008). Nel Vercors (Grande Rivoire e Pas de la Charmate) e in Chartreuse (La Fru) si sviluppa un Sauveterriano antico (cfr. Montadien) di origine meridionale, presumibilmente riconducibile alla tradizione epigravettiana (Bintz *et al*., 1995; Angelin et al 2016). Questo vede una netta rottura tecnologica con la fase precedente, segnata da un accentuato microlitismo e dalla diffusione generalizzata dei microliti geometrici. Nella fase più recente appare dominato da triangoli scaleni a tre lati ritoccati, cf. Montclus e dalle punte di Sauveterre riconducibili allo stadio recente del Sauveterriano, di tipo monclusiano (Bintz 1999a, Bintz et al. 2008).

Per quanto riguarda il territorio italiano, le evidenze riferibili al versante occidentale (in particolare Piemonte e Valle d'Aosta) delle Alpi appaiono ancora limitate rispetto a quelle dell'area centro-orientale. Per il Mesolitico antico Sauveterriano i principali siti sono quelli di Cianciàvero nella conca di Alpe Veglia (alta Val d'Ossola, Piemonte) (Gambari *et al*, 1991; Guerreschi *et al*, 1992; Fontana *et al*, 1997; Guerreschi *et al*, 1997a-1997b; Guerreschi, 2002c; Di Maio, 2006) e del Mont Fallère in Valle d'Aosta (Mezzena e Perrini, 1999; Mezzena e Perrini, 2002; Guerreschi *et al*., 2010). In Piemonte sono state rinvenute tracce di frequentazione, tramite una raccolta di superficie ad Asti, Pratomorone. Più ricche le testimonianze in area lombarda attestate sia in alta quota, sia in fondovalle dall'area più interna delle Alpi fino agli altopiani prealpini. Fra i primi si ricordano: Pian dei Cavalli, 2200 m al confine con la Svizzera (Fedele e Wick, 1996 Fedele, 2002), Dosso Gavia, 2300 m nell'alta Valtellina (Angelucci *et al*., 1993), Cascina Valmaione, 1778 m e Rondaneto, 1870 m lungo lo spartiacque Val Camonica-Val Trompia e Lago Vaia al limite settentrionale della Val Sabbia (Biagi, 1981, 1989;

Biagi e Starnini. 2015). Nel fondovalle della Val Camonica sono noti i siti di Cividate Camuno (Martini *et al.*, 2016a) e Cemmo (Martini *et al.*, 2016b).

L'inizio dell'Atlantico vede il passaggio tra il Mesolitico antico e recente; in generale, quest'ultimo si caratterizza per una certa uniformità culturale a livello europeo. A partire dai primi secoli dell'VII millennio cal. BC, il versante meridionale delle Alpi partecipa alla progressiva propagazione di una tecnologia litica orientata alla produzione di lame/lamelle regolari e standardizzate (uniformemente sottili, a sezione simmetrica, con bordi e nervature dorsali sub-parallele e profilo leggermente arcuato) e alla diffusione di armature trapezoidali (Franco, 2011; Perrin *et al.*, 2009).

Per quanto concerne la Svizzera settentrionale e occidentale, industrie caratterizzate dalla comparsa e dall'alta rappresentatività delle lame/lamelle Montbani, affiancate, in genere, da grattatoi frontali sembrano spingersi sino ad alcuni ripari localizzati nel territorio svizzero, come Mollendruz-Freymond (massiccio dello Jura) (Crotti e Pignat, 1986, 1992; Pignat e Winiger, 1999) e Château-d'Œx (Crotti e Pignat, 1993, Crotti, 2002d). In questa fase, ai margini della catena alpina settentrionale si affermano gli arponi in palco di cervo di tipo Birsmatten, che in taluni siti paiono diffondersi quasi a sostituzione delle stesse armature silicee (Cupillard e Perrenoud-Cupillard, 2000). Nella Svizzera orientale a Mesocco, Tec Nev (Grigioni, Canton Ticino, Svizzera) è attestata un'industria litica di tipo castelnoviano; purtroppo l'assenza di datazioni radiocarboniche non ne consente una collocazione cronologica di dettaglio, resa peraltro ancor più ardua dalla commistione di sicuri manufatti mesolitici (triangoli isosceli e scaleni ipermicrolitici, punte a due dorsi, trapezi asimmetrici, lamelle denticolate, microbulini su lamella) con numerosi frammenti ceramici e punte foliate dell'età del Rame/Bronzo Antico (Della Casa, 1995). Una delle sequenze di più recente indagine, che potrà offrire chiavi di lettura affidabili per la comprensione del Mesolitico recente svizzero è quella del riparo di Arconciel/La Souche nella valle della Sarina, sul Plateau Svizzero (Cornellissen e Bassin, 2016).

Il Mesolitico recente nell'area delle Prealpi di Savoia evidenzia una diffusione verso nord della tradizione provenzale. Diversi siti fanno riferimento ad una continuità insediativa sul territorio: Charmate (Vercors) - Strato C1, Couffin I - Strato F11, Grande-Rivoire - Strato B2b e Aulp-du-Seuil 1 - strato C2, compresi tra il Vercors e il Jura meridionale (Bintz *et al.*, 1991, 1999; Bintz, 1992; Picavet, 1999; Angelin *et al.*, 2016). Si menzionano inoltre, per vicinanza, i recenti siti d'alta quota di Faravel XVIII, nel Freissinières (Hautes-Alpes) (Walsh *et al.*, 2007 e 2010).

Fra le regioni nord-occidentali italiane quella meglio rappresentata per il Mesolitico recente è la Lombardia, con diversi siti esplorati tramite scavi estensivi: Riparo Valtenesi (o "Sasso di Manerba") (BS), situato lungo la sponda occidentale del Lago di Garda (Biagi, 2007); Cascina Valmaione 2 Laghetti del Crestoso, nelle Alpi Bresciane (Baroni e Biagi, 1997; Biagi, 1997), quest'ultimo particolarmente importante per la sequenza di trapezi, divisibile secondo una serie di tipologie cronologicamente distinte; Foppe di Nadro - Riparo 2 (BS), in Val Camonica (Biagi, 1983a); Sopra Fienile Rossino (BS) - Altipiano di Cariadeghe (Biagi, 1972; Accorsi *et al.*, 1987); Pian dei Cavalli CA1 e CA13 (SO), nei pressi del Passo dello Spluga (Fedele *et al.*, 1991, 1992). Inoltre, nelle Prealpi Comasche, si segnalano i siti di Monte Cornizzolo (Castelletti *et al.*, 1983) e di Erbonne Loc. Cimitero (Biagi *et al.*, 1994a) indagati tramite semplici sondaggi di verifica. Infine, in Piemonte sono state rinvenute tracce di frequentazione tramite raccolta di superficie ad Asti - Molino di Tigliole relative ad una fase recente del Mesolitico e nel novarese - Agrate Conturbia/Mezzomerico (fase recente del Mesolitico), mentre in Valle d'Aosta al momento non risultano ritrovamenti riferibili al Mesolitico recente.

1.3.2 Il Neolitico (L. Raiteri)

Nelle Alpi nord-occidentali (SR I/B del sistema SOIUSA) e aree limitrofe, la definizione crono-culturale del Neolitico è condizionata da una marcata eterogeneità delle informazioni archeologiche disponibili; le lacune documentarie più importanti riguardano per altro le regioni alpine del settore occidentale, Vallese escluso: i massicci e le valli interne delle Alpi francesi e italiane risultano prevalentemente sconosciute dal punto di vista del popolamento neolitico (Thirault, 2001).

La neolitizzazione delle Prealpi francesi, dell'Italia del Nord e dell'alto bacino del Rodano (Vallese) esprime di fatto il complesso culturale della Ceramica Impressa, che caratterizza il primo Neolitico dell'area riferita al Mediterraneo occidentale. In generale, i tecno-complessi litici evidenziano un *débitage* laminare elaborato con l'utilizzo della tecnica della percussione indiretta e spesso della pressione, i cui supporti sono, da un lato, caratterizzati da un certo spessore e da una marcata regolarità e, dall'altro, sono utilizzati in prevalenza per la confezione di punte di frecce. Nelle Prealpi francesi, l'occupazione neolitica conosce, senza ritardo, un certo sviluppo legato al Cardiale (Beeching, 1995, 1999) che interessa, in particolare, le Prealpi della Drôme (riparo Baron a Chauvac, riparo di Corréardes a Lus-la-Croix-Haute, Plateau di Rif alla Motte-Chalancon) e la regione della Chartreuse (riparo dell'Aulp-du-Seuil a Saint-Bernard-du-Touvet). Spostandoci all'interno del massiccio alpino, il sito della Tuilerie Pelloux a Monetier-Allemond e il rinvenimento di *tranchet* a Sigottier/Le Forest e Sigottier/La Plaine testimoniano la presenza di un Neolitico di affinità meridionale, rispettivamente nelle valli della Durance e di Büech. Al contrario, in Grésivaudan e in Savoia, per il momento, non è indicata alcuna presenza riferita a tale periodo (Rey, 1999). Per l'Italia settentrionale, il Piemonte meridionale conosce una neolitizzazione legata principalmente all'Impressa (Bagolini e Biagi, 1977; Gambari *et al.*, 1992). Le indagini archeologiche svolte ad Alba permettono di ipotizzare due fasi: la prima dovuta verosimilmente all'Impressa ligure e caratterizzata dalla presenza di ceramiche decorate a cordoni orizzontali e a impressioni circolari; la seconda, contraddistinta da decorazioni incise geometriche (reticoli e *chevron*), sembra definire uno stile regionale (denominato gruppo d'Alba) all'interno del Neolitico antico padano (Venturino-Gambari, 1998); tale stile, attestato soprattutto nella valle del Tanaro, asse naturale entro il settore centrale della Pianura Padana, della Liguria e delle Alpi occidentali trova (spostandosi geograficamente verso ovest) probabili confronti nella bassa valle di Susa, dove il sito di Vaie restituisce una serie di frammenti ceramici attribuiti, anche se con qualche incertezza, all'Impressa e allo stile d'Alba (Bagolini e Biagi, 1977). Se quest'ultima attribuzione fosse veritiera, dimostrerebbe la possibile risalita di gruppi neolitici in direzione delle alte vallate alpine e delle Alpi francesi (Thirault, 2001). Sempre per l'Italia settentrionale, nei pressi del lago di Varese, è presente il gruppo culturale denominato Isolino, nel sito eponimo e nel sito Pizzo di Bodio (Guerreschi, 1976-77, 1977; Baioni *et al.*, 2005). Le relative industrie litiche si differenziano decisamente dal Castelnoviano, tanto che la ceramica mostra affinità con l'Impressa ligure nonché con i gruppi del Neolitico antico padano (Guerreschi, 1977; Bagolini 1990-91; Pessina e Tiné, 2008). Tali evidenze riferite al versante italiano potrebbero essere messe in relazione con le testimonianze rinvenute nel Vallese centrale (Sion - La Planta e Tourbillon), i cui resti archeologici indicano attività pienamente neolitiche, caratterizzate da resti faunistici legati all'allevamento (Gallay *et al.* 1983; Müller, 1995; Chaix, 1997) oltre che da ceramiche e industrie litiche confrontabili con quelle relative a contesti dell'Italia del Nord (Impressa e Isolino) (Gallay, 2011).

Per quanto riguarda il Neolitico medio (*sensu lato*), le evidenze archeologiche nel territorio di studio testimoniano la presenza di *facies* a ceramica liscia i cui decori, rari o inesistenti, appartengono all'orizzonte costituito da tre principali culture: Chassey in Francia, Cortaillod in Svizzera e Lagozza in Italia. Inoltre, per l'Italia del Nord si assiste alla comparsa della cultura VBQ (Vasi a Bocca Quadrata), caratterizzata dalla presenza di vasi a fondo piatto con apertura quadrangolare. Questo periodo, considerato come il "pieno" o il "vero" Neolitico, risulta particolarmente stabile dal punto di vista socio-economico (Thirault, 2001). In merito alla terminologia con la quale viene indicato il Neolitico medio (*sensu lato*) nei due versanti delle Alpi, risulta importante evidenziare che secondo l'uso francese e svizzero troviamo il Neolitico Medio I (NM I) e il Neolitico Medio II (NM II), mentre per l'Italia del Nord si parla rispettivamente di Neolitico medio e di Neolitico recente/finale. Il passaggio tra NM I e NM II e tra il Neolitico medio e recente/finale italiano è verosimilmente individuato tra il 4500 cal. BC e il 4200 cal. BC.

Per il Neolitico medio, il cui limite inferiore è indicato dalle manifestazioni di "rottura" nell'evoluzione dei gruppi della Ceramica Impressa, si riferisce che: in Liguria si attesta dal 5000/4800 cal. BC (Maggi e Chella, 1999) e vede per i siti delle Arene Candide e di Pollera l'apparizione di decori geometrici realizzati per incisione; per il Sud della Francia è testimoniato dalla presenza del gruppo post-Cardiale (gruppo di Montbolo e gruppo di Bize; Vaquer, 1977); in Provenza è indicato dalle evidenze del livello post-Cardiale e pre-Chasseano della Baume Fontbrégoua (Courtin, 1976); nelle Prealpi francesi si riferisce al NM I proposto da Beeching (1999); nei pressi del lago di Varese e nella regione del Tessin in Svizzera è indicata in alternativa al tradizionale VBQ I (stile geometrico lineare), una *facies* VBQ – Isolino, in continuità con la tradizione ceramica e litica del Neolitico antico dello stile Isolino (Guerreschi, 1976-77, 1977; Bagolini 1990-91); in Piemonte, il VBQ I, individuato ad Alba, mostra una diffusione che partendo dalla Liguria si dirige verso Nord attraverso la valle del Tanaro (Gambari *et al.*, 1992; Venturino-Gambari, 1998). Nelle alte valli savoiarde e in Tarentaise, gli ultimi studi confermerebbero la presenza dello stile Saint-Uze a scapito di uno Chasseano antico (Rey, 1999). Lo stile Saint-Uze risulta presente anche nel Nord-Est francese e, secondo alcuni Studiosi, potrebbe essere accostato al Proto-Cortaillod della grotta di Planche nel Jura (Pétrequin et al., 1985), a una parte dei reperti mobiliari del Vallon-des-Vaux a Chavannes-le-Chênes e nel sito di Saint-Gervais a Ginevra (Honneger e Simon, 1991). In merito, anche nel Vallese, il Neolitico Medio I, conosciuto nel sito di Château de la Soie a Savièse (liv. 6; Baudais, 1995) e in altri siti presenti a Sion (Sous-le-Scex e Tourbillon), potrebbe essere accostato al Saint-Uze (Beeching *et al.*, 1997), mentre nel sito di Saint-Léonard/Grand Prés sono presenti alcuni frammenti di ceramica attribuiti allo Chasseano e al VBQ (un solo frammento) (David, 1986; Baudais *et al.* 1989-90). In particolare, l'insieme delle date radiocarboniche disponibili inserisce cronologicamente lo stile Saint-Uze e i gruppi affiliati in un momento che va dal 4700 al 4000 cal. BC, rispettivamente nella media valle del Rodano, dove appare precocemente e si unisce allo Chasseano e nelle regioni più nord-orientali, in cui tale stile compare in una fase più tarda.

Passando al Neolitico recente (NM II per Francia e Svizzera), il settore alpino nord-occidentale assiste al disgregarsi del complesso culturale riferito al VBQ II (stile meandro-spiralico), mentre influenze balcaniche interessano il versante orientale. Inoltre, in questo momento, lo Chasseano fa la sua apparizione a Est, rispetto al confine determinato dai massicci alpini, condizionando lo sviluppo culturale dalla Pianura Padana sino alla Lombardia occidentale. In Italia, le prime attestazioni riferite a tale cultura transalpina sono indicate in Liguria, alle Arene Candide e, secondo Bagolini (1990b), rimpiazzano rapidamente lo stile VBQ II. Sui bordi dei laghi, situati nella zona pedemontana alpina lombarda (Varese), si assiste allo sviluppo della cultura della Lagozza, che in un *continuum* evolutivo con lo stile VBQ-Isolino rivela una decisa influenza chasseana (fase proto-Lagozza), testimoniata soprattutto dalle forme ceramiche (apertura quadrangolare su forme tipiche dello Chasseano recente rodaniano) e dall'industria litica (frecce *tranchantes* larghe e ritocco foliato) (Borrello, 1984; Bagolini, 1990-91). Nel bacino francese del Rodano e in Provenza, il Neolitico Medio II rappresenta un momento di cambiamento per i gruppi chasseani, sia nella cultura materiale, sia nell'organizzazione socio-economica (Thirault, 2001). Tale cambiamento è evidente nella valle del Rodano, a partire dal 4500-4300 cal. BC, dalla moltitudine delle forme ceramiche, dalle caratteristiche tipologie di presa nonché dall'abbandono quasi totale del decoro (Beeching, 1995). In merito all'industria litica, in parallelo a quanto si è detto, la produzione diviene più sistematica (materia prima associata alle selci *blonds* di Vaucluse e di Sud-Drôme), i supporti lamellari vengono realizzati con la tecnica a pressione preceduta dal riscaldamento della materia prima, i piccoli nuclei piatti e quadrangolari attestano una buona regolarità, sia per quanto riguarda la valle del Rodano, sia per la Provenza (Binder, 1991; Beeching e Brochier 1994). In Savoia e nella parte alta del bacino francese del Rodano la situazione non è particolarmente chiara, mentre l'occupazione delle valli alpine interne è incontestabile, anche se risulta poco caratterizzata (Rey e Thirault, 1999). È utile evidenziare che la zona di Bugey (nel Dipartimento francese dell'Ain) e la Savoia testimoniano la presenza di differenti e molteplici correnti culturali: il Saint-Uze, lo Chasseano, il NMB e il Cortaillod (Thirault, 2001). Sulla riva meridionale del lago Lemano (Corsier/Port) e sul lago di Annecy (Saint-Jorioz/Les Marais) è ben documentato il Cortaillod classico, mentre a Saint-Pierre-de-Curtille/Hautecombe, sul lago di Bouget, le evidenze attestano il Cortaillod, il NMB e lo Chasseano (Marguet, 1995). Il Cortaillod rappresenta anche il Neolitico Medio II vallesano, ben conosciuto per gli abitati e le necropoli del Vallese centrale (Baudais *et al.* 1989-90). In questa vallata si sviluppano delle *facies* proprie: il Cortaillod tipo Petit-Chasseur e il tipo Saint-Léonard; quest'ultimo, caratterizzato da decori peculiari, mostra una certa affinità con la Lagozza, attestata nella regione del Tessin e in Lombardia (David, 1986; Baudais *et al.* 1989-90).

In generale, le relazioni transalpine sono ben documentate per il Neolitico medio (*sensu lato*). Nel NM I le influenze liguri e padane si manifestano, seppur in quantità moderata, nel bacino del Rodano e in Provenza, mentre indicazioni di contatti nella direzione opposta sono piuttosto rari. In un momento successivo (NM IB), nelle Prealpi francesi e nella media valle del Rodano, in contesto Saint-Uze e Chasseano antico, la presenza dei caratteristici vasi ad apertura quadrangolare dimostra una relazione culturale costante tra i due versanti. Risulta opportuno segnalare che la tradizione VBQ non si attesta mai completamente al di là delle Alpi: i vasi ad apertura quadrangolare individuati nel bacino del Rodano, ad esempio, non riportano praticamente mai le decorazioni caratteristiche del VBQ, come le statuette femminili e le *pintaderas* sono praticamente sconosciute nel versante francese delle Alpi. Per tali motivi gli influssi VBQ, pur essendo presenti, risultano limitati a determinate caratteristiche che, seppur importanti, non risultano mai complete. Nel Neolitico Medio II si assiste a un cambio di tendenza e si inverte la direzione relativa all'influenza culturale. In Liguria e in Piemonte si assiste, nell'ultimo quarto del V millennio cal. BC, a una presenza chasseana che tende lentamente a estendersi verso l'Italia settentrionale. Dalla Liguria, alla Pianura Padana sino alle zone pedemontane delle Alpi centrali, l'influsso chasseano sembra condurre allo sviluppo della cultura della Lagozza, la quale intrattiene a sua volta una serie di relazioni più o meno intense con i gruppi chasseani recenti della valle del Rodano e del Cortaillod tipo Saint-Léonard del Vallese. Inoltre, contatti transalpini sono evidenziati anche dal rinvenimento di un elevato numero di necropoli con sepolture tipo Chamblandes (Moinat, 1994-95, Moinat, 1998; Moinat e Gallay, 1998; Moinat e Chambon, 2007), attestate tra la prima metà del V millennio cal. BC e l'inizio del IV millennio cal. BC e localizzate in un areale geografico comprendente principalmente il bacino lemanico (Pully/Chamblandes, Lausanne/Vidy), il Vallese (Sion), la Valle d'Aosta (Vollein e Villeneuve), la valle della Tarentaise (Aime/Le Replat) e l'alto bacino del Rodano francese (Montagnieu/grotte di Souhait).

1.3.3 L'età del Rame (L. Raiteri)

La comprensione dell'età del Rame nelle Alpi nord-occidentali risente della grande disparità a cui fanno riferimento i dati disponibili. Allo stesso tempo, l'analisi dettagliata della cultura materiale riflette l'esistenza di movimenti culturali e scambi di vasta portata (Thirault, 2001). Tale epoca, indicata in genere come Eneolitico dagli studiosi italiani e come Calcolitico ovvero Neolitico tardo e finale da quelli francesi e svizzeri, è riconosciuta come età del Rame in questo breve inquadramento.

Nella parte settentrionale delle Alpi francesi così come nelle regioni del Delfinato e della Savoia, la conoscenza di questo periodo è legato in gran parte agli ambienti lacustri: dagli ultimi secoli del IV millennio cal. BC, le rive dei laghi di Annecy, di Bourget e di Paladru risultano abitate e direttamente correlabili con l'evoluzione culturale conosciuta nei siti litorali del Plateau suisse e del Jura (Thirault, 2001). Nelle vallate interne della regione francese è indicata la presenza di una possibile influenza meridionale, principalmente nel sito di Balmes de Sollières (Rey e Thirault, 1999). Per quanto riguarda la valle del Rodano francese, nella grotta della Chauve-Souris a Donzère, i livelli superiori del Neolitico finale evidenziano quattro componenti ceramiche sincrone, tra cui troviamo Fontbouïsse, Remedello e Campaniforme, mentre le due fasi d'occupazione riferite al sito di Roynac/Le Serre risultano essenzialmente campaniformi. Lo stesso vale per Géovreissiat nel Bugey, dove è stato indagato un vasto abitato campaniforme (Bailly *et al.* 1998).

In Svizzera, il Neolitico finale è attestato, sia nella regione di Sion (Baudais *et al.*, 1989-90), sia a Collombey-Muraz/Barmaz in Chablais nelle vicinanze del Lago di Ginevra; in quest'ultima regione (Barmaz), durante la fase antica, sono evidenziati contatti con l'area meridionale, così come sembrerebbe anche per il Jura (Honegger, 1995), mentre a Château de La Soie a Savièse risulta evidente una certa continuità di occupazione con il Cortaillod, tipo Saint-Léonard. Sempre nella regione di Sion, la necropoli di Petit-Chasseur documenta la pratica funeraria a partire dall'inizio del III millennio cal. BC (Gallay, 1986, 1990,

2011; Favre e Mottet, 1995) e riferisce una frequentazione importante durante il Campaniforme, con la costruzione di nuove strutture tombali.

In Italia, per quanto concerne il Piemonte, il complesso delle evidenze eneolitiche non permette allo stato attuale una puntuale definizione sul piano cronologico e culturale delle realtà presenti (Aurino *et al.*, 2013). Nel territorio piemontese, se da un lato le serie ceramiche risultano insufficienti e poco articolate per definire specifiche attribuzioni culturali, dall'altro una serie di elementi indicano in tutti i siti una moltitudine di influssi caratterizzati dalla lunga distanza e provenienti principalmente dal Vallese, dalla valle del Rodano e dalla Pianura Padana. In particolare, la diffusione di ceramiche a teoria di bugne, applicate ravvicinate subito sotto l'orlo, costituisce un elemento decorativo ben attestato in ambito elvetico occidentale, in contesti riferiti al Cortaillod antico (Carazzetti e Donato, 1990) e in ambito Cortaillod tipo Saint-Léonard (Winiger, 2009). A prescindere dalla significativa concentrazione, soprattutto in area alpina, come a Chiomonte La Maddalena (TO), tale fenomeno è documentato anche in area padana come a Castello di Annone (AT) e ad Alessandria, Loc. Cascina Chiappona (Venturino-Gambari, 1998). Per la Lombardia, in particolare nell'area montana nord-orientale, è possibile fare riferimento a un nutrito numero di nuovi dati riguardanti siti insediativi, sacri e funerari databili all'età del Rame (Baioni, Poggiani Keller, 2013). Dal punto di vista insediativo, lo studio degli abitati (Monte Covolo di Villanuova sul Clisi, Rocca di Manerba del Garda, San Polo di Brescia, Cividate Camuno/Malegno, Trescore Balneario-Canton, Lovere-Colle del Lazzaretto, Luine di Darfo, Castello di Breno, Capo di Ponte-Dos dell'Arca) ha fornito informazioni utili alla definizione della loro organizzazione interna. La presenza di aree cultuali – in particolare il complesso collinare di Teglio e i siti Ossimo-Pat, Anvòia, Ceresolo-Bagnolo, Passagròp, Caven di Teglie, Cemmo, Corni Freschi di Darfo Boario Terme e Borno Valzel de Undine – e di necropoli attesta importanti pratiche rituali, databili dalla metà del IV millennio alla fine del III millennio cal. BC. L'analisi di tali contesti testimonia, la presenza di molte caratteristiche comuni, che si riferiscono prevalentemente a un unico sistema ideologico (Baioni e Poggiani Keller, 2013). Per quanto riguarda la Valle d'Aosta, l'età del Rame, attestata a partire dalla seconda metà del IV e nel III millennio cal. BC, risulta rappresentata dall'area megalitica di Saint-Martin-de-Corléans ad Aosta, scoperta nel giugno del 1969 (Mezzena, 1997). Il grande centro cerimoniale all'aperto, inizialmente frequentato per esclusive finalità di culto, solo in un secondo momento fu utilizzato anche come area funeraria. Lo studio del sito evidenzia vari episodi di trasformazione, tra cui sono riconducibili all'età del Rame: l'allineamento di 24 pali lignei orientati NE-SW; gli allineamenti delle imponenti e ieratiche stele antropomorfe in pietra (Zidda, 1997) oltre al riutilizzo, in un momento finale del Rame, delle suddette stele nelle strutture tombali a vista (Poggiani Keller, 2014).

Risulta evidente che durante l'età del Rame ovvero il Neolitico finale francese e svizzero, le Alpi non sembrano costituire una barriera ai movimenti dell'uomo. Su di un piano strettamente ideologico, le manifestazioni di culto e i riti funerari testimoniano la presenza di idee comuni, al di là delle differenze puramente regionali, e attestano, attraverso l'innalzamento delle stele antropomorfe e l'edificazione di sepolture collettive, una rinnovata concezione rivolta al mondo dei vivi. La distinzione tra gli individui (uomini) riscontrata nella presenza delle armi (nei corredi o raffigurate) costituisce un ulteriore tratto comune: i pugnali in rame o in selce deposti nelle sepolture individuali di Remedello e Spilamberto; le rappresentazioni dei pugnali sulle stele e in genere nelle incisioni rupestri (Barfield, 1987; Baioni e Poggiani Keller, 2013) oltre ad un cospicuo numero di tipi derivati o imitati nei siti d'abitato relativi alle rive dei laghi transalpini (Bocquet, 1974) e nelle sepolture collettive del bacino del Rodano (Bocquet, 1969; Sauzade, 1983). Inoltre, da un punto di vista prettamente alpino, si riconosce un'evidente affinità tra le regioni, sia nella convergenza architetturale, iconografica e rituale, indicata dalla straordinaria somiglianza tra l'area megalitica di Aosta e il sito di Petit-Chasseur a Sion nel Vallese, sia dal corredo di tre sepolture messe in luce a Fontaine-le-Puits in Tarentaise, dove è dimostrata una puntuale influenza di Remedello sino ai territori riferiti alle Alpi savoiarde (Rey, 1999).

Capitolo 2

Il comprensorio del Mont Fallère (Saint-Pierre, Valle d'Aosta)

Riassunto

Le problematiche legate alle dinamiche di popolamento e allo sfruttamento degli ecosistemi delle alte quote costituiscono il fondamento di numerosi programmi di studio in corso sull'intero continente. L'approccio diacronico e paleoecologico di tali ricerche permette di documentare la storia dell'uomo in zone difficilmente accessibili, talvolta prive di qualsiasi evidenza archeologica. Dagli studi prodotti, emerge l'importanza che assume il rapporto uomo-ambiente in alta montagna, dove le dinamiche ambientali rivestono un ruolo importante.

L'impostazione metodologica inerente alla ricerca in oggetto ha priviliegiato la scelta di un'area ben definita, localizzata nei comuni di Saint-Pierre e di Sarre in Valle d'Aosta e corrispondente al "comprensorio" del Mont Fallère. La prima segnalazione concernente il rinvenimento di manufatti nell'area risale al 1998, mentre nell'anno successivo si svolsero una raccolta di superficie e un saggio di approfondimento. Dall'anno 2009, in seguito a un accordo tra la Regione autonoma Valle d'Aosta e l'Università degli Studi di Ferrara, le ricerche sono riprese con l'obiettivo di sviluppare lo studio multidisciplinare oggetto del presente lavoro. In generale, la ricerca alle pendici del Mont Fallère mette in relazione dati archeologici e paleoambientali: prospezioni territoriali, scavi archeologici, analisi dell'industria litica, datazioni con il radiocarbonio, carotaggi per ricerche paleoecologiche e geochimiche, analisi fisico-chimiche dei sedimenti, indagini geologiche e geomorfologiche. L'associazione di tali studi, che ha permesso di ricostruire le grandi tappe dell'antropizzazione dell'area e la trasformazione degli ambienti, mette in evidenza la presenza al Mont Fallère di gruppi di cacciatori-raccoglitori nel Mesolitico e la probabile attestazione delle prime forme di transumanza verticale durante l'età del Rame a partire dal IV millennio a.C.

Dal punto di vista archeologico, le indagini svolte tra il 2009 e il 2012 hanno comportato una fase progettuale e una serie di attività legate alle due principali metodiche per il recupero delle evidenze sul campo: la ricognizione territoriale e lo scavo. La fase progettuale, finalizzata all'individuazione di una modalità di *survey* adeguata ad affrontare le problematiche legate alla visibilità archeologica in alta quota, ha riguardato la predisposizione di una "carta di sintesi" e la formalizzazione di una scheda di ricognizione. In particolare, l'elaborazione della "carta di sintesi" esprime la volontà di creare uno strumento funzionale dal punto di vista archeologico e facilmente applicabile durante le attività sul campo, che permetta di raccogliere dati eterogenei, finalizzati a caratterizzare le diverse aree indagate del territorio, sia in presenza sia in assenza di interesse acheologico. Alle indagini archeologiche sono state associate una serie di prospezioni geofisiche, nella fattispecie l'esecuzione di tomografie elettriche volte alla verifica della presenza di un antico lago colmato nei pressi del sito MF3 e di prove magnetiche in corrispondenza dei siti MF3, MF6 e MF7. Queste hanno confermato, da un lato, l'esistenza del paleolago, definendone la profondità e permettendo di riconsocere la presenza di un potente corpo sedimentario di materiale grossolano di conoide che copre i sedimenti lacustri più fini, dall'altro l'utilità di test magnetici da applicarsi nelle future attività legate al survey. Le attività archeologiche sul campo (2009-2012) hanno portato al rinvenimento di sei nuovi siti (MF4-MF9) e a una serie di campagne di scavo (MF1, 2009-2012; MF3, 2010-2011e MF6, 2011-2012). Il capitolo presenta i principali risultati delle attività di *survey* e delle indagini svolte presso i siti MF3 e MF6, mentre il sito MF1, di stratigrafia più complessa, è trattato nei capitoli III e IV. Il sito MF3, localizzato in corrispondenza di una blanda depressione allungata e sospesa rispetto all'adiacente Plan di Modzon, ha restituito materiale archeologico da riferirsi presumibilmente al Neolitico medio-recente, al di sopra di sedimenti siltosi-sabbiosi giallastri. Nel sito MF6 l'approfondimento archeologico ha evidenziato la presenza di diverse strutture, tra cui due focolari, e 383 manufatti litici principalmente in quarzo ialino. Una serie di datazioni al radiocarbonio su carbone di legno, hanno permesso di riferire a MF6 tre principali frequentazioni, corrispondenti all'età del Rame, al Bronzo antico e al Bronzo Finale/prima età del Ferro.

La ricerca ha incluso anche una serie di analisi di carattere paleoambientale. In particolare, il rilevamento geologico-geomorfologico, realizzato nell'estate del 2009, ha permesso di ricostruire le caratteristiche del territorio in epoca precedente e contestualmente alla frequentazione dei gruppi umani preistorici. Lo studio delle forme e dei depositi che costituiscono il paesaggio del Fallère ha, infatti, evidenziato le tracce dell'evoluzione di un glacialismo polifasico, che nel tempo ha visto il succedersi di diversi episodi di modellamento: A) ritiro del Ghiacciaio Balteo – responsabile del modellamento dell'asse vallivo principale della Valle d'Aosta nell'ultima glaciazione, iniziata con il Last Glacial Maximum (LGM, 29-19 ka BP) e proseguita durante il Tardoglaciale (19-11,6 ka BP) – a seguito del quale viene a mancare l'azione di spinta della massa glaciale con l'innesco di fenomeni di deformazione gravitativa profonda di versante, quali la DGPV di Punta Leysser; B) condizioni di instabilità locale determinano l'apertura di un varco attraverso lo spartiacque tra Val Clusellaz e valle principale sul versante destro del ghiacciaio; C) diversione glaciale e conseguente formazione di una nuova lingua glaciale che abbandona la direzione della Valle Clusellaz dando avvio al modellamento glaciale del Vallone di Verrogne; D) formazione, nel fondovalle, di dorsali in roccia per erosione subglaciale sincrona a fenomeni di allentamento del substrato collegati alla DGPV; E) avvio di processi di erosione torrentizia a partire dal Tardoglaciale in ambiente subglaciale e successivamente proglaciale, perdurati per tutto l'Olocene. In particolare, la profonda gola entro cui scorre il T. Verrogne, che appare sovradimensionata rispetto alla sua reale età di formazione, rappresenta il risultato di un modellamento recente, legato a una discontinuità importante del basamento su cui ha agito la DGPV di cui alla fase A.

Le indagini paleobotaniche, svolte a partire dall'estate del 2009 presso la torbiera delle Crotte Basse (2365 m slm), localizzata 650 metri a monte del sito MF1, hanno permesso di individuare una successione stratigrafica riferibile agli ultimi 13 mila anni. Indagini paleoecologiche, supportate da datazioni ^{14}C e analisi geochimiche, hanno restituito un'immagine dettagliata del paesaggio e delle sue trasformazioni, che possiamo così riassumere:

1. foreste di pino erano insediate a bassa quota sul Mont Fallère verso la fine dell'interstadio di Allerød (Tardoglaciale, ca 13 ka cal BP). Più in alto le fasce subalpine e alpine erano prive di alberi e ospitavano comunità erbacee a Gramineae e *Artemisia*;
2. il deterioramento climatico del Dryas Recente (12,7 - 11,7 ka cal BP) determinò un abbassamento del limite della foresta e l'espansione di steppe a xerofite;
3. l'inizio dell'Olocene (11.7 ka cal BP) segnò la rapida diffusione delle vegetazioni forestali. La presenza di abbondante polline, di aghi fossili e di stomi di *Pinus cembra* nei sedimenti della torbiera delle Crotte Basse testimonia che foreste di pino cembro erano presenti alla quota della torbiera da circa 8,8 - 8,6 ka cal BP. A quote inferiori si espandono foreste di latifoglie termofile;
4. *Abies alba* si diffonde fino a ca. 2300 m di quota sul Mont Fallére a partire da circa 8,4 - 8,2 ka cal BP, forse favorito da un aumento delle precipitazioni;
5. foreste di conifere con pino cembro, abete bianco e larice dominarono gli ambienti d'alta quota fino a circa 5,6 ka cal BP, quando l'intervento dell'uomo determinò il rapido declino delle foreste e lo sviluppo di pascoli. Questo fenomeno è ben illustrato dal marcato declino delle percentuali polliniche delle specie forestali e dall'aumento delle percentuali polliniche d'indicatori di pascolo, delle concentrazioni di carbone e di spore coprofile e da un maggiore apporto di fosforo nei sedimenti.

Abstract

Issues related to population dynamics and the exploitation of the ecosystem at high altitudes are the foundation of numerous study programs in progress across the continent. The diachronic and palaeoecological approach of these researches allows the documentation of human history in areas which are difficult to access and which sometimes lack any archaeological evidence. From research, the importance assumed by the relationship between man and his environment at high altitudes is evident, as environmental dynamics play an important role there.

The methodological approach inherent in the research in question has privileged the choice of a well-defined area, located in the municipality of Saint-Pierre in Valle d'Aosta and corresponding to the area of the Mont Fallère. The first report on the discovery of artefacts in the area dates back to 1998, while in the following year surface collection and shovel tests were undertaken. Since 2009, following an agreement between the Autonomous Region of Valle d'Aosta and the University of Ferrara, research has resumed with the aim of developing a multidisciplinary study, which is the subject of this book. In general, research on the slopes of Mont Fallère, combines archaeological and palaeoenvironmental data through: landscape surveys, archaeological excavations, lithic industry analysis, radiocarbon dating, core sampling for palaeoecological and geochemical research, physical and chemical analyses of sediments, geological and geomorphological studies. The association of these studies, which made it possible to reconstruct the large stages of anthropization of the area and the transformation of the environment, highlights the presence of groups of hunter-gatherers on Mont Fallère in the Mesolithic and the likely presence of the first forms of vertical transhumance during the Chalcolithic starting from the IV millennium BC.

From an archaeological point of view, the investigations conducted between 2009 and 2012 were composed of a planning phase and a series of activities related to the two main methods for the recovery of evidence on the field: survey and excavation. The planning phase, designed to identify a suitable survey method to address the issues related to archaeological visibility at high altitudes, involved the preparation of a "combined map" and the creation of a survey form). In particular, the development of the "combined map" expresses the intention to create a functional tool from the archaeological point of view, which can be easily applied during field activities, allowing the collection of heterogeneous data, intended to characterize the different areas of the region being investigated, whether of archaeological interest or not. A series of geophysical prospections have been associated to the archaeological investigations: in this particular case the performance of electrical tomography, to verify the presence of an ancient filled-in lake near the MF3 site, and of magnetic tests at MF3, MF6 and MF7 sites. These have confirmed, on the one hand, the existence of the palaeo-lake, defining its depth and showing the presence of a consistent alluvional fan system deposit composed of coarse material that covers the finer lacustrine sediments; on the other hand, the usefulness of magnetic testing which could be applicable in future activities related to surveys. The archaeological fieldwork (2009-2012) led to the discovery of six new sites (MF4-MF9) and to a series of excavation campaigns (MF1, 2009-2012; MF3, 2010-2011; MF6, 2011-2012). The chapter presents the main results of the survey and of investigations of MF3 and MF6 sites, while the MF1 site, of more complex stratigraphy, is treated in Chapters III and IV. The MF3 site, localised in correspondence with a bland elongated depression and suspended in respect to the adjacent Plan di Modzon, returned archaeological material which is presumed to refer to the mid-late Neolithic, on top of yellowish silty-sandy sediments. In the MF6 site, deeper archaeological study has highlighted the presence of different structures, including two hearths, and 383 lithic artefacts, mainly in hyaline quartz. A series of radiocarbon dates on wood charcoal, identified three main occupations in MF6, corresponding to the Chalcolithic, to the Early Bronze Age and to the Late Bronze/Early Iron Age.

The research also included a series of paleoenvironmental analyses. In particular, the geological and geomorphological survey, carried out in the summer of 2009, enabled the reconstruction of the characteristics of the landscape, both before and after the occupation of prehistoric human groups. The study of the shapes and of the deposits that make up the Fallère landscape has, in fact, showed traces of the evolution of a polyphasic glacialism, which, over time, has seen a succession of different episodes of modelling: A) withdrawal of the Glacier Balteo - responsible for the modelling of the main valley axis of the Valle d'Aosta during the last glaciation, which began with the Last Glacial Maximum (LGM, 29-19 ka BP) and continued during the Late Glacial (19-11.6 ka BP) - as a result of which the pushing action of the ice mass is no longer present, consequently triggering deep-seated, gravitational slope deformation phenomena, such as the DSGSD of Punta Leysser; B) conditions of local instability determine the opening of a passage through the watershed between Valle Clusellaz and the main valley on the right slope of the glacier; C) glacial diversion and subsequent formation of a new ice tongue that leaves the direction of Valle Clusellaz, thereby initiating the glacial modelling of the Vallone di Verrogne; D) formation, in the valley floor, of ridges in rock for subglacial erosion, while at the same time loosening substrate phenomena connected to the DSGSD; E) beginning of torrential erosion processes in the Late Glacial - firstly in a subglacial environment, then in a proglacial one – and their continuation throughout the Holocene. In particular, the deep gorge within which the T. Verrogne flows, which appears oversized compared to its actual age of formation, represents the result of a recent modelling linked to a major discontinuity of the base on which the DSGSD has acted, as referred to in phase A.

The paleobotanical investigations, conducted from the summer of 2009 at the peat bog of Crotte Basse (2365 m above mean sea level), located 650 meters uphill of MF1 site, led to the identification of a stratigraphic sequence which can be dated to the last 13,000 years. Paleoecological investigations, supported by ^{14}C dating and geochemical analyses, have yielded a detailed picture of the landscape and of its transformations, which can be summarized as follows:

1. pine forests occupied low altitude areas on Mont Fallère around the end of the Allerød interstadial (Late Glacial, about 13 ka cal BP). Higher up, the subalpine and alpine ranges were devoid of trees and held herbaceous communities composed of Gramineae and *Artemisia*;
2. the climatic deterioration of the Younger Dryas (12,7 - 11.7 ka cal BP) induced a decrease in the limits of the forest and the expansion of steppes composed of xerophytes;
3. the beginning of the Holocene (11.7 ka cal BP) marked the rapid spread of forest vegetation. The presence of abundant pollen, of fossil needles and of *Pinus cembra* stomata in the peat bog sediments of Crotte Basse testifies that Swiss pine forests were present at the same altitude as the bog starting from about 8.8 - 8.6 ka cal BP. While, at lower altitudes, thermophilic broad-leaved forests were widespread;
4. *Abies alba* spreads up to about 2300 m above mean sea level on Mount Fallère from about 8.4 - 8.2 ka cal BP, perhaps favoured by an increase in rainfall;
5. coniferous forests with Swiss pine, silver fir and larch dominated high altitude environments up to about 5.6 ka cal BP, when human action brought about the rapid decline of forests and the development of pastures. This phenomenon is well illustrated by the marked decline of the pollen percentages of forestry species and by the increase in pollen percentages of pasture indicators, of coal concentrations and of coprophilous spores, as well as by a greater presence of phosphorus in sediments.

2.1 La ricerca (A. Guerreschi, L. Raiteri)

2.1.1 Inquadramento della ricerca e principali obiettivi

In ambito archeologico, il rinnovato interesse per la montagna è testimoniato dalle numerose ricerche intraprese dagli Studiosi negli ultimi anni. Le problematiche legate alle alte quote riferite in particolare alla cronologia nonché alle modalità di popolamento e di sfruttamento degli ecosistemi di montagna, costituiscono il fondamento di numerosi programmi di studio attualmente in esecuzione e concernenti diversi massicci europei. In questi contesti, l'approccio diacronico e paleoecologico (multidisciplinare) ha permesso di documentare zone difficilmente accessibili e soprattutto prive di qualsiasi evidenza archeologica. Nel corso dell'ultimo decennio, le ricerche, riferite allo studio del popolamento antropico in aree situate nel settore alpino nord-occidentale o comunque in aree ad esso confinanti, hanno riguardato in particolare: il Parco Nazionale di Aigüestortes (Pirenei occidentali) (Gassiot *et al.*, 2010), il massiccio degli Écrins (Champsaur, hautes vallées de Freissinières et du Fournel, Hautes-Alpes) (Walsh *et al.*, 2010), il colle del Piccolo San Bernardo (Savoia e Valle d'Aosta, Alpi Graie) (Rey *et al.*, 2010), la valle della Lévantine in Tessin (Svizzera, Alpi Lepontine) (Della Casa, 2010), le regioni del Sempione e dell'Albrun (Svizzera e Italia, Alpi Lepontine) (Curdy *et al.*, 2010), il massiccio del Mercantour (Alpes Maritimes) (Suméra e Geist, 2010).

Emerge, dall'analisi degli studi sopra indicati, l'attenzione costante rivolta ad un approccio di tipo diacronico; tale approccio, caratterizzato dallo studio del popolamento umano nelle varie epoche, si contraddistingue per la stretta relazione con le dinamiche ambientali, evidenziando l'importanza del rapporto uomo-ambiente che assume in alta montagna un ruolo decisamente rilevante.

In tale ambito si riconosce la ricerca in questione che, con l'obiettivo principale di approfondire le conoscenze sui modi di vita dei gruppi umani relativamente al territorio preso in esame, delinea le principali tappe della storia ambientale olocenica dell'area. La ricerca diacronica e multidisciplinare, svolta alle pendici del Mont Fallère, mette in relazione dati archeologici e paleoambientali: prospezioni territoriali, scavi archeologici, analisi dell'industria litica, date radiocarboniche, carotaggi palinologici, analisi fisico-chimiche dei sedimenti, indagini geologiche e geomorfologiche. Tale associazione di dati permette quindi di seguire le grandi tappe dell'antropizzazione dell'area nonché di indicare le modalità di trasformazione degli ambienti. Lo studio evidenzia la frequentazione da parte dei gruppi di cacciatori-raccoglitori mesolitici oltre alla probabile attestazione delle prime forme di transumanza verticale a partire dal IV millennio a.C. durante l'età del Rame.

Altro obiettivo della ricerca è risultato essere la definizione di una metodologia di ricognizione territoriale archeologica (*survey*), consona al territorio in esame e

Fig. 2.1: Il "comprensorio" del Fallère ripreso da Sud-Est. In primo piano si nota la Becca France e direttamente alle sue spalle al centro dell'immagine si vede il Mont Fallère. In secondo piano con le vette innevate è presente la catena del Monte Bianco (L.Raiteri).

Fig. 2.2: La torbiera ripresa da Est e situata ad Ovest del Plan de Modzon ed a Nord del sito MF1. Nella parte in alto al centro dell'immagine è stato individuato il sito MF3. (P.Gabriele).

indispensabile per lo sviluppo di ricerche in contesti caratterizzati da una marcata peculiarità territoriale. Nel "comprensorio" del Mont Fallère, infatti, la presenza della prateria alpina impedisce di fatto la realizzazione delle classiche prospezioni territoriali (come ad esempio accade nei campi arati), evidenziando parecchie difficoltà legate alla visibilità delle tracce archeologiche. Le attività sul campo, concernenti le ricognizioni territoriali, sono state precedute dalla creazione in ambiente G.I.S. di filtri archeologici, geografici, geologici, geomorfologici e geofisici al fine di poter restringere il campo di indagine alle sole zone contraddistinte da una buona visibilità archeologica e dunque potenzialmente interessanti per il rinvenimento di evidenze antropiche.

2.1.2 L'area di studio

La progettazione di una ricerca in ambito archeologico, così come in qualsiasi altra disciplina, riveste un ruolo di fondamentale importanza. Per tale motivo, è necessario che la scelta del contesto di indagine derivi dall'analisi preventiva di determinati criteri-guida. Soltanto un'attenta verifica del territorio preso in esame e il rispetto di elementi di carattere archeologico, geomorfologico e geografico – criteri selezionati durante la progettazione preliminare della ricerca e debitamente indicati e descritti nella stesura della stessa per eventuale analisi critiche (Raiteri, 2009a) – portano alla selezione di zone adatte alla ricerca e promettenti in merito alla buona riuscita della stessa. Nel caso in esame, l'impostazione metodologica di cui sopra ha privilegiato la scelta di un area ben definita corrispondente al "comprensorio" del Mont Fallère, localizzato nei comuni di Saint-Pierre e di Sarre, in Valle d'Aosta.

In generale la Valle d'Aosta, situata all'estremità nord-occidentale dell'arco alpino, si estende su una superficie di 326.352 ha (fonte ISTAT); la sua forma corrisponde pressappoco a quella di un quadrilatero con una lunghezza massima di 92 km ed una larghezza di 35 km. Confina a N con la Svizzera (Vallese), a S ed a E con il Piemonte – rispettivamente con la Provincia di Torino e con la Provincia di Vercelli – e ad W con la Francia (Savoia, Alta Savoia). Essa è circondata dai più alti massicci montuosi d'Europa: il gruppo del Monte Bianco e del Gran Paradiso, nelle Alpi Graie e il gruppo del Monte Rosa, nelle Alpi Pennine. Il carattere essenzialmente montuoso della Valle d'Aosta è evidenziato dall'elevata altitudine media, pari a 2106 m (la più alta d'Italia) di poco inferiore al limite superiore della vegetazione; la superficie regionale, posta al di sotto dei 1.500 m di quota, costituisce solamente il 20% del totale mentre, della restante superficie, il 50% è compreso tra i 1.500 m e i 2.700 m e il 21% è posto a quote superiori. Le aree prive di vegetazione, costituite da rocce, macereti e ghiacciai, rappresentano il 40% della superficie totale. La Regione comprende due ambiti eco-geografici ben distinti: il fondovalle principale della Dora Baltea (*la plaine*) e i rilievi montuosi (*la montagne*). L'asta della Dora Baltea divide in due parti la Regione, a N confluiscono sei valli minori (Gressoney,

Ayas, Valtournenche, Valpelline, Grand San Bernardo, Ferret) con andamento NS mentre a S confluiscono sette valli minori (Champorcher, Cogne, Valsavaranche, Rhemes, Valgrisenche, La Thuile e Veny) con andamento WE la prima, SO la seconda e SN le restanti.

Dal punto di vista geologico, il solco principale della Valle d'Aosta, nel suo sviluppo da NW a SE, rappresenta uno spaccato naturale attraverso l'edificio strutturale della catena alpina di cui sono ampiamente esposti i principali elementi che ne costituiscono l'ossatura e cioè i resti, appilati uno sull'altro, dei due antichi margini continentali europeo ed africano, con interposte le porzioni relitte del fondo del braccio oceanico che li divideva. Il basamento dell'antico margine europeo emerge in corrispondenza dei massicci cristallini, rappresentati all'esterno (Dominio Elvetico-Ultraelvetico) dal Monte Bianco, in posizione mediana ed interna (Dominio Pennidico) dalla fascia Gran San Bernardo - Ruitor, dal Monte Rosa e dal Gran Paradiso. I resti dell'antico braccio oceanico Piemontese, cioè l'odierna Zona Piemontese dei Calcescisti con Pietre Verdi, affiorano nel tratto mediano della Valle, accavallati sul margine interno dei massicci cristallini e a loro volta ricoperti nel tratto basso della Valle dalle unità che costituiscono il Dominio Austroalpino (Zona Sesia-Lanzo e sistema della Dent Blanche). Le Alpi sono dunque costituite da una successione di domini strutturali compositi che, partendo dalle zone interne (SE) a quelle esterne (NW), si possono suddividere in: Dominio Sudalpino (Alpi Meridionali), Dominio Austroalpino, Dominio Pennidico e Dominio Elvetico-Ultraelvetico. Il Lineamento Periadriatico separa le Alpi Meridionali, a vergenza africana, dalla catena Europa-vergente costituita dai Domini Austroalpino, Pennidico ed Elvetico-Ultraelvetico. In Valle d'Aosta, procedendo da W verso E, cioè dalla parte interna a quella esterna dell'arco alpino, si incontrano in successione: 1) il Dominio Elvetico-Ultraelvetico; 2) il Dominio Pennidico; 3) il Dominio Austroalpino. Il Dominio Elvetico-Ultraelvetico è separato dal Dominio Pennidico da una linea di discontinuità (fronte Pennidico) e affiora nella parte esterna delle Alpi svizzere e francesi; in Italia si riconosce nei massicci dell'Argentera e del Monte Bianco. Esso è costituito da un basamento cristallino pre-Permiano e dalle relative coperture sedimentarie. In Valle d'Aosta il Dominio Elvetico-Ultraelvetico occupa tutto il settore nord-occidentale ove si distinguono quattro elementi tettonici che si succedono da SE a NW e dall'alto al basso nel seguente ordine: le falde di copertura Ultraelvetiche, il cuneo listrico Ultraelvetico del Mont Chétif, la falda del Mont Frety (Ultraelvetico o Elvetico); l'Unità Elvetica di basamento del Monte Bianco. Il Dominio Pennidico è separato, come detto, verso NO dal Dominio Elvetico-Ultraelvetico da una importante discontinuità tettonica (Fronte Pennidico), mentre a SE è in contatto, con la Zona Sesia Lanzo, appartenente al Dominio Austroalpino e anch'essa di origine tettonica. Il Dominio Pennidico, in Valle d'Aosta, comprende le seguenti unità: le falde Pennidiche superiori; il sistema Pennidico medio del Gran San Bernardo; le unità Pennidiche esterne; la Zona Piemontese dei Calcescisti con Pietre Verdi. Il dominio Austroalpino è costituito dalla Zona Sesia Lanzo, grande elemento interno delimitato a SE dalla Linea del Canavese, e da numerosi lembi di ricoprimento esterni (*klippen*), indicati in genere con il termine comprensivo di sistema della Dent Blanche s.l.. In sintesi, esso è un sistema composito, formato da un elemento inferiore, ubiquitario, e da un elemento superiore che è presente solo nella Zona Sesia-Lanzo (II Zona dioritico-kinzigitica) e nei lembi settentrionali del Mont Mary e della Dent Blanche (Serie di Valpelline). L'elemento inferiore è costituito in prevalenza da parascisti polimetamorfici e da corpi intrusivi acidi e basici tardo-paleozoici, con trasformazioni metamorfiche alpine di vario tipo; l'elemento superiore è un frammento di crosta continentale profonda, in parte ben preservata, con locali piccoli scaglie di peridotiti di mantello (con struttura metamorfica o tettonitica). Le unità inferiori e superiori sono separate da una vasta zona di laminazione duttile, in cui sono inseriti alcuni lembi di copertura mesozoica che denotano una certa affinità brianzonese; una analoga zona di *shear* in facies scisti verdi, ubicata nel settore interno della Zona Sesia- Lanzo nord-orientale, è nota con il nome di Scisti di Fobello e Rimella.

Per quanto riguarda i depositi di origine glaciale, in Valle d'Aosta, secondo alcuni Autori, non si sono conservati depositi morenici anteriori al Würm; in pratica si ritiene che il modellamento glaciale della valle sia dovuto unicamente all'ultima importante pulsazione. Si riconosce, in merito alla ricostruzione dell'evoluzione del ghiacciaio Balteo würmiano, una natura polisintetica dello stesso formato da tre lingue principali provenienti dal circo delle Alpi Graie, dalla Valdigne e dalle Alpi Pennine, che davano origine ad una colata unica, potente 1000-1100 m, solo all'altezza di Aosta. Durante la fase di ritiro, il ghiacciaio Balteo avrebbe deposto tre anfiteatri morenici stadiali intravallivi presso Chambave (fino a Nus), Aymavilles e tra Pré-St-Didier e Courmayeur (Verrand). La piana tra Aymavilles e St-Marcel è formata da potenti depositi fluvioglaciali che colmarono la valle, posteriormente al ritiro del ghiacciaio dall'anfiteatro morenico di Nus-Chambave ed anteriormente (o contemporaneamente) al successivo arresto nella zona di Aymavilles-Jovencan. È probabile che l'apparato morenico di Nus desse luogo, in una certa fase iniziale dell'evoluzione geomorfologica postglaciale, ad un bacino lacustre progressivamente interrato da depositi fini, limoso-sabbiosi, alternati a subordinati orizzonti sabbioso-ghiaiosi corrispondenti a fasi di piena della Dora. Questi materiali ricoprirono antichi depositi di fondo, ove presenti, o si innestarono in essi con rapporti di addentellamento. Alle alluvioni fluvio-glaciali ed ai depositi lacustri si aggiungevano, incastrandosi lateralmente, materiali assai più grossolani, in genere molto permeabili, erosi nelle alte vallate tributarie e depositati in ampie conoidi composite; vi si potevano aggiungere importanti frane di collasso postglaciale e detriti di falda. Traeva così origine per gradi la vasta piana ove la Dora dilagava depositando alluvioni sabbioso-ghiaiose e grossolanamente ciottolose in epoca recente. Ne risultava una potente coltre di materiali quaternari di tipo assai eterogeneo, la cui disposizione schematica presenta depositi prevalentemente fini o medio-fini lungo l'asse della vallata, e materiali grossolani al piede dei versanti costituenti due fasce laterali continue in corrispondenza di antiche frane e, assai più diffusamente, delle ampie conoidi di deiezione in gran parte sepolte. Tra il settore centrale del sottosuolo di Aosta e le due fasce laterali vi sono continui rapporti di addentellamento. In particolare in corrispondenza delle grandi conoidi di deiezione, zone idrogeologicamente ben alimentate, è possibile che esistano profonde falde idriche, del tipo imprigionato ed in pressione.

In relazione al clima si può evidenziare che la Valle d'Aosta, chiusa (rispetto alle correnti umide atlantiche) verso W dall'alta catena del Monte Bianco e (nei confronti delle influenze mediterranee) verso S dal gruppo del Grand Paradiso, ha notoriamente un clima secco, pur con marcate differenze da una località all'altra a causa delle notevoli diversità di altimetria ed esposizione. Grande importanza assumono, a tal riguardo, i microclimi legati ai due opposti versanti: con l'*adret*, particolarmente caldo e secco per l'esposizione a S e l'*envers*, meno caldo e arido per una minore insolazione ed evapotraspirazione a causa dell'esposizione a N.

Per quanto riguarda il "comprensorio" del Mont Fallère (area in studio), esso è ubicata in sinistra orografica rispetto al F. Dora Baltea e si estende per circa 4 Km in senso EW, indicativamente sui territori dei comuni di Saint-Pierre e di Sarre; i confini territoriali della stesso sono rappresentati naturalmente dai monti Leysser (2770 m), Rouge (2847 m), Vertosan (2822 m) verso W, dal Mont Fallère (3089 m) verso N e dalla Pointe de Metz (2552 m) e dalla Pointe de Chaligne (2607 m) verso E, mentre verso S si è deciso, dal punto di vista progettuale, di limitare l'indagine alle alte quote rimanendo quindi la di sopra di 1900 m s.l.m.; nonostante ciò si precisa che il vallone del Verrogne giunge sino alla Dora Baltea, percorrendo circa 9 Km con un dislivello di 2440 m e una pendenza media del 31%; naturalmente tale acclività del suolo non è uniforme in tutto il territorio per la presenza di settori con pendenza inferiore alla media ed altri con pendenza decisamente superiore. Dal punto di vista climatico si nota che la bassa altimetria delle creste (tutte al di sotto dei 3000 m escludendo il Mont Fallère) e la loro esposizione a S non permettono la formazione di ghiacciai e neppure di nevai persistenti. Per quanto riguarda la geologia del comprensorio in argomento, oltre a quanto già detto in relazione alla Valle d'Aosta, è necessario far presente che nel territorio del Comune di Saint Pierre (al quale appartiene la maggior parte del comprensorio) «vi è una testimonianza interessantissima delle grandiose dislocazioni che hanno dato luogo alla formazione delle Alpi. Abbiamo detto che la maggior parte del territorio è costituito da rocce calcaree formatesi 200 milioni di anni fa. Ma la cresta del Mont Fallère, Mont Vertosan, Mont Rouge è formata da micascisti e da gneiss, rocce silicee più antiche di quelle calcaree di almeno cento milioni di anni. È ovvio che, secondo l'ordine naturale delle cose, le rocce formatosi prima dovrebbero giacere sotto a quelle formatosi dopo. Qui nel Comune di Saint Pierre ci troviamo invece di fronte ad un'inversione di quest'ordine. La cosa si può spiegare soltanto mediante lo scivolamento di una falda appartenente ad una piega coricata e spinta verso N a ricoprire le rocce più recenti. Infatti, secondo i geologi i micascisti e gli gneiss del Mont Fallère, del Mont de Vertosan e del Mont Rouge appartengono alla grande Falda di ricoprimento detta del Gran San Bernardo che interessa gran parte dell'alto bacino della Dora Baltea.» (Cerutti *et al.*, 1993).

2.1.3 La storia delle ricerche

La prima segnalazione, relativa al rinvenimento di manufatti nel "comprensorio" del Mont Fallère e più precisamente presso il sito MF1, si deve al Sig. Bortoli di Ivrea, appassionato cultore di Preistoria. Nell'estate del 1998, durante un'escursione, egli raccolse una prima serie di 14 reperti litici in quarzo ialino, affioranti direttamente in superficie. Alla pronta segnalazione del Sig. Bortoli, presso gli Uffici preposti della Soprintendenza ai beni e alle attività culturali della Regione autonoma Valle d'Aosta, seguì alla fine del mese di agosto il sopralluogo dell'allora responsabile dell'Ufficio Preistoria, Franco Mezzena, accompagnato dal Direttore regionale della competente Struttura, Gaetano De Gattis. In tale occasione venne raccolta, direttamente in superficie nei pressi del sito MF1, un'altra serie di reperti litici in quarzo ialino. L'anno successivo al ritrovamento, esattamente nell'agosto del 1999, le ricerche proseguirono con un saggio di approfondimento e una raccolta di superficie, entrambe dirette da Franco Mezzena con la collaborazione di Laura Perrini (Università di Siena). Nell'anno 2005, tramite consegna personale di Damiano Daudry (Presidente della Société Valdôtaine de Préhistoire et d'Archéologie), la Soprintendenza prese possesso di circa cinquanta manufatti in cristallo di rocca oltre ad un frammento di lama in selce, sempre provenienti da una raccolta di superficie presso il sito MF1.

A partire dall'estate dell'anno 2008, l'Ufficio beni archeologici della competente Soprintendenza ha ripreso le indagini presso il sito MF1 con una serie di prospezioni territoriali e alcuni saggi preventivi, finalizzati alla comprensione del giacimento archeologico. Dall'anno 2009, in seguito ad un accordo tra la Regione autonoma Valle d'Aosta e l'Università degli Studi di Ferrara, finalizzato a promuovere e favorire la ricerca legata al popolamento preistorico della Regione, le indagini (2009-2013) si sono notevolmente intensificate attraverso molteplici attività: lo scavo archeologico e le ricognizioni territoriali, realizzate e dirette dagli enti suddetti; l'approfondimento di aspetti geologici e geomorfologici, realizzati dallo studio GDP Consultants di Saint-Christophe (AO) e dall'Università di Torino – Dip. Scienze della Terra; gli studi paleobotanici, condotti dal CNR - Istituto per la Dinamica del Processi Ambientali di Milano. In particolare, tali attività hanno riguardato: due campagne di prospezioni territoriali riferite al "comprensorio" del Mont Fallère (2010 e 2011); quattro campagne di scavo archeologico presso il sito MF1 (2009-2012); un sondaggio preliminare (2010) e una campagna di scavo (2011) nel sito MF3; una campagna di scavo (2012) nel sito MF6; lo studio geologico e geomorfologico di dettaglio (scala 1:5000) dell'area riferita al "comprensorio" del Mont Fallère (2009-2011), l'utilizzo di tecniche di analisi spaziale in ambiente GIS per la ricostruzione dell'evoluzione degli ambienti (2009-2011) e per la definizione di alcuni criteri-guida di carattere geologico e geomorfologico (Delle Piane e Gabriele, 2009); una serie di carotaggi stratigrafici esplorativi nelle aree umide limitrofe ai siti di interesse archeologico (2009), la prospezioni e i carotaggi manuali in diversi settori della torbiera Crotte Basse (2009-2010) oltre ai dovuti approfondimenti (2010-2013), finalizzati alla ricerca paleobotanica di una successione stratigrafica che potesse offrire informazioni paleoambientali dell'area e la ricostruzione della vegetazione negli ultimi 13000 anni (Pini, 2014; Pini e Ravazzi, 2010, 2011c).

Gli ultimi due anni della ricerca (2013 e 2014) sono stati dedicati, da parte dello scrivente, all'inquadramento crono-culturale riferito al Mesolitico, al Neolitico e all'età del Rame nelle Alpi nord-occidentali, alle attività di post-scavo in collaborazione con Francesca Martinet e Paola Allemani (collaboratrici della Soprintendenza regionale ai beni e alle attività culturali) e allo studio tecno-tipologico del materiale litico rinvenuto nel sito MF1 (eseguito grazie agli insegnamenti della Prof.ssa Federica Fontana dell'Università degli Studi di Ferrara). Lo studio tecno-economico sul materiale litico del sito MF1 ha comportato inoltre una serie di approfondimenti relativi, in particolare: alla verifica sperimentale delle tecniche e dei metodi utilizzati dall'uomo per la lavorazione del cristallo di rocca, allo studio delle tracce d'uso individuabili sui reperti e all'identificazione delle strategie di approvvigionamento delle materie prime utilizzate per il confezionamento degli stessi; questi ultimi studi sono stati eseguiti rispettivamente da Davide Visentin (Università di Ferrara, Italia), da Gabriele Berruti (Università di Trás-os-Montes e Alto Douro, Portogallo) e da Stefano Bertola (Università di Innsbruk, Austria).

2.2 L'evoluzione degli ambienti alle pendici del Mont Fallère (L. Delle Piane, P. Gabriele)

Nel contesto alpino, in particolare alle quote maggiori, dove generalmente l'attività antropica non ha modificato significativamente l'ambiente, l'indagine geomorfologica si rivela particolarmente utile e permette di ricostruire le caratteristiche del paesaggio di epoche remote, grazie allo studio dei processi naturali che ne hanno determinato l'evoluzione. Forme legate a processi oggi non più attivi in determinate zone, come ad esempio il glacialismo per larga parte della Valle d'Aosta, possono essere lette in chiave geologica e paleoambientale, sulla base dell'analogia con ambienti in cui tali processi sono tuttora attivi. In una ricerca di questo tipo, quindi, il rilevamento geologico-geomorfologico affianca quello archeologico, per poter stabilire le caratteristiche dell'ambiente esterno all'epoca in cui gli insediamenti hanno avuto luogo. Lo studio rientra nel campo della Geoarcheologia, un settore di ricerca che traspone metodi e tecniche della geologia nella ricerca archeologica, fornendo un ulteriore supporto conoscitivo e sviluppando in particolare le problematiche legate alla stratigrafia dei siti archeologici e alla loro collocazione nel paesaggio (Cremaschi, 2000).

Nel caso in esame, come indicato nel paragrafo dedicato alla storia delle ricerche, lo studio eseguito dai geologi della GDP Consultants di Saint-Christophe (AO) ha definito le caratteristiche geologiche e geomorfologiche dell'area e ha permesso la ricostruzione dell'evoluzione ambientale riferita all'area in oggetto, dalle fasi più antiche all'epoca attuale (Delle Piane e Gabriele, 2009).

2.2.1 Aspetti geomorfologici

In generale, nel "comprensorio" del Mont Fallère, risulta di notevole rilevanza geomorfologica l'evoluzione di un glacialismo polifasico, che nel tempo ha visto il succedersi di diversi episodi di modellamento (Forno *et al.*, 2004, 2012a; Delle Piane e Gabriele, 2009). La descrizione delle relative forme osservabili sul terreno, indipendentemente dall'evoluzione geomorfolgica complessiva, la cui ricostruzione verrà invece affrontata in dettaglio nel successivo paragrafo 2.2.2 (Sintesi dell'evoluzione morfologica dell'area), sono di seguito presentate nei punti essenziali:

1) il controllo strutturale sulla morfologia. Un'analisi fotogeologica speditiva dell'area ha messo in rilevo la presenza di famiglie, o set, di fotolineamenti riferibili a discontinuità (fratture e zone di faglia) del basamento roccioso contraddistinte dalle seguenti direzioni (fig. 2.3): WNW-ESE (L1); NNW-SSE (L2); SW-NE (L3); NNE-SSW (L4). Dal confronto con le forme glaciali e fluviali osservate nell'area, è evidente l'esistenza di un marcato controllo strutturale sull'evoluzione delle caratteristiche morfologiche della zona. La presenza di zone di debolezza preferenziale nel basamento roccioso, contraddistinte a scala regionale da una direzione costante, come conseguenza del regime di stress tettonico che si è instaurato nelle fasi finali del sollevamento della catena alpina, ha fatto si che gli agenti morfogenetici (ghiacciai, torrenti, ecc.) esercitassero la loro azione in presenza di zone caratterizzate da minore resistenza all'erosione. Si osserva, pertanto, come il sistema di fratture L1 condizionò in maniera evidente lo sviluppo dell'Unità C (unità glaciale denominata nello studio Unità di M. Rouge – Fallère – Clusellaz o, abbreviando, Unità C), secondo un asse orientato WNW-ESE, mentre il sistema L2 influenzò la morfologia dell'Unità V (unità glaciale più recente denominata nello studio Unità di Verrogne o, abbreviando, Unità V), in maniera particolare nel tratto vallivo sotto l'alpe Crotte (2385 m), orientato in direzione NNW-SSE (fig. 2.4). Per gli stessi motivi, l'assetto strutturale riferito al basamento ha influito notevolmente anche sull'insorgere di fenomeni legati al collasso gravitativo dei versanti (DGPV - Deformazione Gravitativa Profonda di Versante di Saint-Nicolas – Saint-Pierre ovvero di P. Leysser a se-

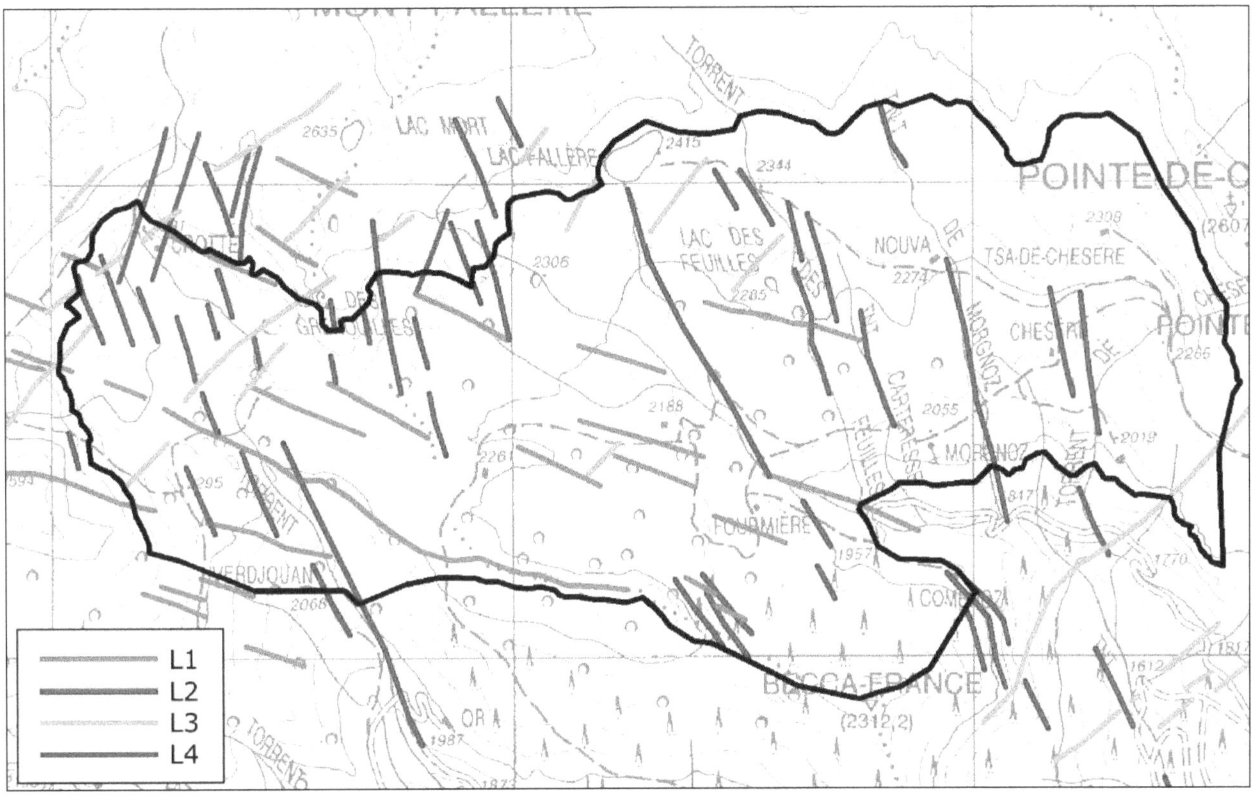

Fig. 2.3: Carta dei fotolineamenti dell'area studiata (tratta da: Delle Piane e Gabriele, 2009).

condo della scala considerata) (Baster, 1995; Forno *et al.*, 2013), a grande come a piccola scala. È infatti lungo tali discontinuità che si possono generare con maggiore facilità superfici di svincolo e scivolamento lungo cui avviene il progressivo smantellamento del substrato roccioso;

2) le forme di origine glaciale e fluvioglaciale. Le forme di origine glaciale comprendono *forme di erosione*, legate all'esarazione dei ghiacciai e *forme di accumulo*, legate a meccanismi di deposizione di detrito controllati dalla dinamica glaciale. L'interazione tra i ghiacciai vallivi e il substrato prequaternario ha determinato, nell'area in questione, lo sviluppo di fondovalle e di versanti entrambi caratterizzati da una morfologia molto articolata, favorita da un'elevata energia di rilievo, dalla presenza di litotipi con un forte contrasto di erodibilità (calcescisti da una parte, micascisti e gneiss dall'altra) oltre che dal sopra descritto assetto strutturale del basamento.

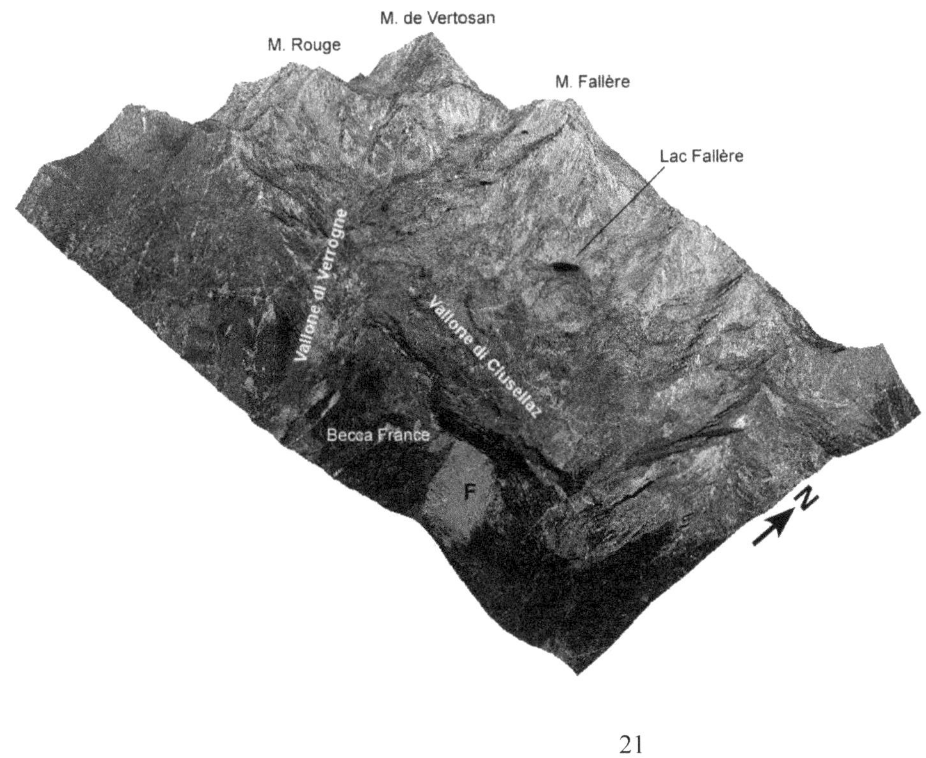

Fig. 2.4: Vista da SE della conca del Fallère; si noti la direzione dei due valloni principali, di Verrogne (Unità V) e Clusellaz (Unità C), parallela rispettivamente ai lineamenti L1 e L2. F: frana della Becca France del 1654. Combinazione di DTM + ortofoto. (tratta da: Delle Piane e Gabriele, 2009).

Fig. 2.5: Vista da NNW della conca del Fallère. È evidenziato (linea tratteggiata) il probabile limite dell'antico bacino glaciale dell'Unità C, il cui ghiacciaio fluiva nel senso indicato dalla freccia; il bacino è interrotto in corrispondenza del V.ne di Verrogne, che taglia le morfologie preesistenti. Combinazione di DTM + ortofoto (la freccia indica la direzione del N). (tratta da: Delle Piane e Gabriele, 2009).

Tra le principali *forme di erosione* dell'area si descrivono brevemente:

- le valli glaciali. La principale espressione dell'attività glaciale nei bacini montani è ovviamente rappresentata dalle valli che i ghiacciai scavano nel substrato roccioso, approfondendo il loro corso; tale approfondimento avviene per fasi successive con la conseguenza che i fondovalle attuali si presentano come l'espressione del glacialismo più recente, mentre sui versanti a quote progressivamente più alte si possono trovare forme relitte (es. terrazzi) che testimoniano fasi glaciali via via più antiche. Nell'area in oggetto troviamo due valli glaciali principali, rappresentate dal V.ne del T. Clusellaz – vallone racchiuso tra le pendici meridionali del Mont Fallère e il versante N della Becca France; tale Vallone, con direzione WNW-ESE, ospitava il ghiacciaio più antico (unità glaciale denominata nello studio Unità di M. Rouge – Fallère – Clusellaz o, abbreviando, Unità C); su di esso insistono, in sinistra orografica, alcuni bacini glaciali minori – e dal V.ne del T. di Verrogne, Vallone originatosi in seguito a collasso di versante che ha determinato la deviazione del ghiacciaio di Clusellaz in direzione NNW-SSE (unità glaciale più recente denominata nello studio Unità di Verrogne o, abbreviando, Unità V). Risulta utile evidenziare che il V.ne di Clusellaz appare visibilmente tagliato trasversalmente dall'adiacente V.ne di Verrogne così come appaiono evidenti, in particolar modo con l'ausilio del DTM (fig. 2.5), le modalità con cui quest'ultimo ha inciso il V.ne di Clusellaz, nel quale manca una porzione del fondovalle e dell'originario versante destro orografico. La morfologia conseguente al collasso del versante è stata nel tempo rimodellata dal ghiacciaio dell'Unità V che, percorrendo il nuovo solco vallivo di Verrogne, ha progressivamente smantellato e asportato il materiale collassato, rimodellato le superfici in forma di valle glaciale e approfondito ulteriormente il proprio corso.

- i terrazzi glaciali. Si tratta di superfici subpianeggianti, modellate nel substrato roccioso e posizionate a quote diverse, che se opportunamente correlate permettono di ricostruire l'andamento dell'antico fondovalle glaciale in diverse fasi della sua evoluzione (stadi di approfondimento). I terrazzi a quote inferiori sono l'espressione morfologica delle fasi glaciali più recenti mentre quelli a quote più elevate, rimodellati e spesso quasi completamente obliterati dall'erosione, sono riferibili a stadi evolutivi più antichi e riflettono la corrispondente posizione del fondovalle.

Nell'area di studio sono stati riconosciuti tre diversi ordini di terrazzi glaciali riferibili all'Unità C e corrispondenti a fasi glaciali precedenti il massimo approfondimento, raggiunto con la creazione dell'attuale fondovalle del T. Clusellaz; tali superfici sono localizzate sul versante S del Mont Fallère (in parte al di fuori dell'area di studio): superfici più alte e più antiche, quasi completamente erose, si rinvengono tra il Lac Mort (2690 m) e il versante sinistro del V.ne del T. des Feuilles (2570 m ca.); una seconda serie di superfici è localizzata in posizione intermedia tra il fondovalle attuale e i terrazzi più antichi, nel settore compreso tra il fianco sinistro del V.ne di Vertosan (2660 m ca.), il Lac Clapin (2560-2590 m ca.), il Lac Fallère (2450-2425 m ca.) e la zona a monte dell'alpe Nouva, sul fianco sinistro del V.ne del T.

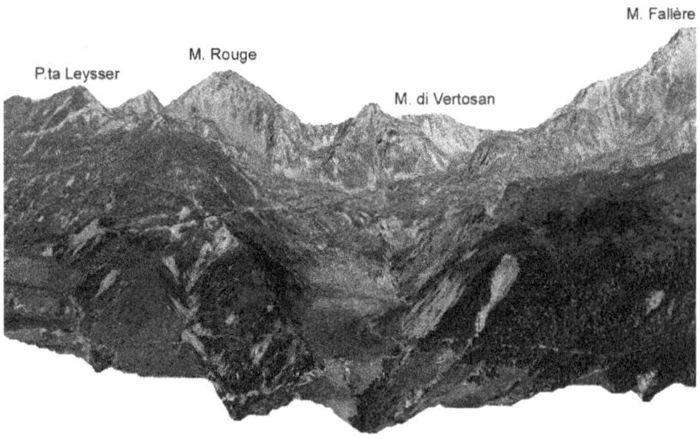

Fig. 2.6: Il V.ne di Verrogne visto da SSE (cioè da valle). Si nota il profilo a "U" della parte bassa del vallone e la scarpata di approfondimento del solco glaciale ubicata a valle del Plan di Modzon. Combinazione di DTM + ortofoto, con lieve esagerazione della scala delle altezze. (tratta da: Delle Piane e Gabriele, 2009).

Carteresse (2330-2340 m ca.); una terza e più recente serie di superfici terrazzate è correlabile con il fondovalle principale del V.ne di Clusellaz e si riferisce a superfici affacciate sul V.ne di Verrogne e risparmiate dall'erosione esercitata dal ghiacciaio omonimo; esse sono rappresentate dai dossi che circondano la zona del Plan di Modzon, tra la testata del vallone di Clusellaz (zona a monte dell'alpeggio di Tsa de la Comba, 2260 m) e il V.ne di Verrogne e da alcune superfici profondamente rimodellate, osservabili nel medio e alto bacino della P.ta Leysser. Alcuni terrazzi glaciali recenti, riferibili all'Unità V, si osservano sul fianco destro del V.ne di Verrogne, dove sono separati dal versante circostante da bruschi cambiamenti di pendenza a monte e a valle;

- le conche da sottoescavazione. Tali forme sono generate da un'accentuazione della tendenza erosiva alla base del ghiacciaio in punti particolari del versante, dovuta sia a irregolarità del fondovalle roccioso, sia alle caratteristiche dinamiche del flusso glaciale. Nell'area, in seguito al ritiro dei ghiacciai, tali conche furono occupate da piccoli laghi, come nel caso del Lac Mort e del Lac des Grenouilles;

- gli scaricatori glaciali. Nell'area in studio si possono individuare diverse forme interpretabili come scaricatori glaciali (*spillway channels*) ovvero avvallamenti allungati secondo la direzione di flusso del ghiacciaio e originati principalmente dall'azione erosiva di corsi d'acqua subglaciali. Tra questi è di particolare interesse lo *spillway* del L. Fallère: la morfologia del lago, anche se a prima vista potrebbe far pensare a una conca da sottoescavazione riferibile al ghiacciaio proveniente dal bacino del Mont d'Ars, risulta corrispondente ad uno scaricatore glaciale, osservando che la spalla rocciosa sormontante il lago verso N lo separa nettamente dal bacino soprastante (fig. 2.7). La morfologia della spalla rocciosa porta quindi ad escludere una relazione tra il L. Fallère e il ghiacciaio del M. d'Ars, per cui l'unica correlazione possibile è con il ghiacciaio dell'Unità C;

- le rocce montonate. Spesso, nella terminologia corrente di uso geologico, si fa impropriamente riferimento alle rocce montonate come a qualsiasi affioramento roccioso che presenti evidenze di esarazione glaciale, come la superficie levigata e le tipiche strie dovute all'attrito tra la roccia e blocchi di detrito trascinati dal ghiaccio in movimento. In realtà, quando si parla di rocce montonate (*roches moutonnées*) è necessario riferirsi a particolari rilievi rocciosi di forma allungata, caratterizzati generalmente da una lato poco inclinato situato a monte (fortemente levigato e striato) e da un lato più acclive situato a valle (morfologia accidentata, fratturato e con pareti subverticali e crolli recenti). Nell'area di studio si osservano forme riferibili a *roches moutonnées,* allungate parallelamente all'asse vallivo e parzialmente coperte da placche residuali di *till* di ablazione, in particolare in tutto l'alto V.ne del T. Clusellaz nei dintorni dell'alpeggio di Tsa de la Comba e verso il Plan di Modzon. Nel caso specifico, appurata l'esistenza di calcescisti e micascisti corrispondenti al basamento (superfici rocciose facilmente disgregabili soprattutto sotto l'azione di agenti atmosferici), raramente si riscontrano affioramenti montonati con superfici levigate e tracce di strie.

Tra le principali *forme di accumulo* dell'area si descrivono brevemente:

- archi e cordoni morenici. Le forme di accumulo più evidenti nell'area sono rappresentate dagli apparati morenici frontali dei ghiacciai ovvero accumuli di detrito di forma arcuata o sinuosa alimentati da materiale trasportato sulla superficie (morena superficiale), all'interno (morena endoglaciale) nonché alla base (morena di fondo, till di allogamento) del ghiacciaio. Nell'area oggetto di studio, si rinvengono tali apparati principalmente lungo l'alto V.ne di Verrogne e lungo gli apparati morenici laterali della conca del M. Fallère di più recente formazione;

Fig. 2.7: Il Lac Fallère visto da W. La forma allungata della conca che lo ospita è stata interpretata come uno scaricatore glaciale. Si notano alcuni terrazzi glaciali relitti, riferibili a un più antico fondovalle glaciale (frecce blu) e alcuni terrazzi riferibili alla fase di approfondimento che ha creato lo scaricatore del Fallère (frecce gialle). Combinazione di DTM+ortofoto, con lieve esagerazione della scala delle altezze. (tratta da: Delle Piane e Gabriele, 2009).

- i *drumlins* e i *fluted moraine*. Tali forme, legate alla deposizione di cordoni detritici subglaciali, si presentano tra loro correlate; esse sono costituite da dorsali detritiche allungate e orientate secondo la direzione di flusso del ghiacciaio: solitamente i *drumlins* risultano più tozzi mentre le morene *fluted* si presentano estremamente allungate con andamento rettilineo. Esempi di *drumlins* sono visibili nel V.ne del Verrogne, lungo i dossi posti in sinistra orografica tra 2280 e 2300 m ca., dove si osservano anche esempi di *fluted moraine* (fig. 2.9);

- gli *hummocks*. Una morfologia a montagnole detritiche (*hummocks*), probabilmente derivanti dalla fusione di ghiaccio morto ricoperto da detrito (morena superficiale) durante la fase di deglaciazione, si osserva nei depositi glaciali presenti lungo il V.ne di Verrogne, sopra 2310 m ca; tale morfologia risulta, in parte, rielaborata da processi fluvioglaciali con formazione, tra i dossi detritici, di un reticolo di drenaggio anastomosato lungo cui si sono depositati sedimenti ghiaioso-ciottolosi;

- i terrazzi di *Kame*. Sul fianco destro del V.ne di Clusellaz, alla base del versante settentrionale della Becca France, è presente una forma subpianeggiante che si sviluppa in senso longitudinale, determinando una sorta di terrazzo sospeso a mezza costa alla quota di 2050 m ca (fig. 2.11). La parte subpianeggiante ha in realtà una morfologia molto articolata, a montagnole e depressioni. Verso N (cioè verso il centro del vallone), questa forma presenta un ciglio abbastanza netto, con una scarpata che raccorda il terrazzo al fondovalle sottostante; verso S (cioè verso il pendio di monte) il terrazzo e i depositi che lo costituiscono sono parzialmente ricoperti dagli apporti detritici provenienti dalle pareti rocciose della Becca France. Per le caratteristiche morfologiche e per la sua posizione laterale, in relazione al ghiacciaio che occupava il fondovalle, questa forma è stata interpretata come un terrazzo di *kame*, originatosi molto probabilmente dalla deposizione di un certo spessore di sedimenti fluvioglaciali, intrappolati tra il bordo del ghiacciaio e il fianco vallivo;

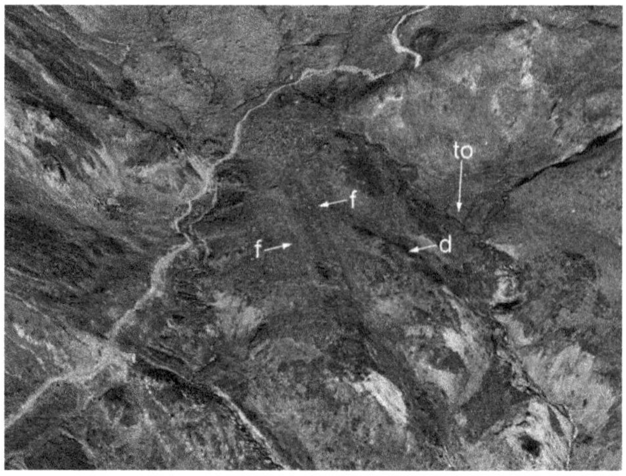

Fig. 2.9: Forme di deposito e modellamento dell'unità glaciale V, nell'alto vallone di Verrogne, a monte di 2280 m: strutture lineari allungate in depositi glaciali sottili, interpretate come fluted moraine (f); dorsali in roccia (d); zona di torbiera (to). Sulla sinistra si vede la strada che porta al rifugio Mont Fallère, all'estremità superiore si notano i depositi glaciali riferiti alle pulsazione più recente del ghiacciaio Verrogne. Combinazione di DTM e ortofoto, con lieve esagerazione della scala delle altezze, vista prospettica da S (N verso l'alto). (tratta da: Delle Piane e Gabriele, 2009).

- le forme fluvioglaciali. I depositi fluvioglaciali riferiti all'area in studio presentano generalmente una morfologia subpianeggiante o poco acclive e sono caratterizzati da pendii prativi regolari, privi di blocchi di grandi dimensioni e localmente incisi da un reticolo di drenaggio recente. Nella maggior parte dei casi, occupano depressioni e impluvi racchiusi tra dorsali moreniche, *drumlins* o dorsali rocciose montonate e possono ospitare aree di ristagno di acqua o affioramento della falda, in cui il drenaggio può essere rallentato dalla presenza di sedimenti a granulometria fine (limi). In questi depositi si possono sviluppare localmente delle torbiere;

Fig. 2.8: Dorsali rocciose montonate nell'alto vallone di Clusellaz, a valle dell'alpeggio di Tsa de la Comba, riprese dalla sommità della Becca France. I pendii prativi in primo piano sono costituiti da depositi fluvioglaciali. Il senso di flusso del ghiacciaio era da sinistra a destra. Sullo sfondo, a sinistra, il vallone di Verrogne e il M. Rouge. (da Delle Piane e Gabriele, 2009).

Fig. 2.10: Morena a montagnole (hummocks); gli hummocks sono probabili strutture da fusione di ghiaccio morto ricoperto da morena e prodottesi durante la più recente fase di ritiro del ghiacciaio di Verrogne. (tratta da: Delle Piane e Gabriele, 2009).

- le depressioni chiuse. Le depressioni chiuse (tipo *kettle*) sono forme osservabili unicamente nell'apparato morenico che fa da spartiacque tra i valloni del T. Quarteresse e del T. Morgnoz (bacini della dorsale M. Fallère/M. d'Ars/M. de la Tsa). Si tratta di forme di sprofondamento simili a delle doline, rappresentate da depressioni approssimativamente circolari o ellittiche, dai bordi parzialmente smantellati dall'erosione, impostate in depositi glaciali di ablazione e dovute probabilmente alla fusione di masse di ghiaccio morto, inglobate nei depositi;

3) le forme legate all'azione del permafrost. Tra le forme legate all'azione del permafrost si individuano i *rock glacier*; tali depositi si differenziano non tanto per le caratteristiche litologiche o granulometriche, che sono analoghe a quelle di altri depositi, ma soprattutto per la morfologia caratteristica ad archi e cordoni, simili ad analoghe forme di origine glaciale ed originatisi dal flusso verso valle del materiale ghiacciato. La fusione del ghiaccio interstiziale, legata all'innalzamento della quota dello zero termico avvenuto in epoca post-glaciale, ha verosimilmente fissato queste forme bloccandone l'evoluzione, che attualmente risulta di tipo esclusivamente gravitativo. I principali depositi di *rock glacier* dell'area si osservano sia alle pendici SE del M. Rouge (vallone di Verrogne; fig. 2.12) sia a quelle meridionali della dorsale M. d'Ars – M. de la Tsa, a monte dell'Alpe Nouva;

4) le forme di origine fluviale. Il reticolato idrografico principale dell'area segue prevalentemente un andamento che appare fortemente condizionato dall'assetto strutturale del basamento roccioso. Il controllo strutturale

Fig. 2.11: Terrazzo di kame al piede del versante nord della Becca France. (tratta da: Delle Piane e Gabriele, 2009).

Fig. 2.12: Rock glacier con tipica morfologia a cordoni ondulati nell'alto vallone di Verrogne, a W dell'alpeggio di Crotte (pendici SW del M. Rouge). All'estremità superiore dell'immagine si scorge il pianoro su cui sorge il nuovo rifugio di Les Crottes. Vista prospettica da NW verso SE mediante combinazione di DTM e ortofoto. (tratta da: Delle Piane e Gabriele, 2009).

sulla morfologia si è esplicato anche sulle fasi glaciali precedenti l'inizio dei fenomeni di erosione fluviale attualmente in corso. In ogni caso, la morfologia fluviale non risulta molto sviluppata nel V.ne di Clusellaz, dove peraltro prevalgono forme di modellamento di origine glaciale; lungo tutto il vallone il reticolo idrografico minore incide il basamento roccioso in maniera poco marcata, mentre l'azione legata all'erosione risulta più evidente. Nel V.ne di Verrogne l'erosione torrentizia si sviluppa seguendo i due sistemi principali di fratturazione, L1 e L2 (quest'ultimo nettamente predominante). L'approfondimento marcato del solco vallivo (incisione accanto al sito MF1) potrebbe essere il risultato del riadattamento del reticolato di drenaggio a mutate condizioni di gradiente, quali quelle determinate dall'evoluzione gravitativa del versante tra la P.ta Leysser e la Becca France nonché dalla successiva fase di modellamento glaciale, così come descritto nel successivo punto 5. Lo scivolamento gravitativo del versante e il successivo modellamento del ghiacciaio di Verrogne avrebbero dunque modificato la morfologia locale e l'angolo del pendio, favorendo un'erosione regressiva che avrebbe portato alla formazione della gola attuale. In particolare, a valle del Plan di Modzon si osserva come il T. Verrogne approfondisca notevolmente il proprio corso, secondo un andamento rettilineo parallelo al sistema L2; peraltro, si nota che il primo tratto di questo solco profondo, tra 2220 e 2270 m, segue un andamento WNW-ESE, parallelo al set L2, con un andamento bimodale presente nella medesima modalità per l'affluente di destra, che si immette nel Verrogne all'altezza dell'alpe di Verdjouan (2110 m);

5) le forme di origine gravitativa. Tra le forme di origine gravitativa dell'area è possibile individuare una serie di accumuli riferiti a detrito di versante (o detrito di falda) e situati alla base delle pareti. Tuttavia, di maggior interesse risultano le forme che caratterizzano la dorsale e il versante sud della Becca France e che testimoniano la presenza di un'instabilità latente dell'intero pendio in questione (Baster, 1995; Forno *et al.*, 2012a, 2013). Anche al di fuori dell'area studiata, tra il versante SW della P.ta Leysser e il versante SW della Becca France, sono evidenti gli indizi di una marcata instabilità di versante, sia pur quiescente allo stato attuale.

Nell'ambito dell'area studiata si osservano, tra il fianco destro del V.ne di Verrogne e la cima della Becca France, diverse trincee e sdoppiamenti di cresta coerenti con il set di lineamenti L1 (WNW-EE) e subordinatamente con il set L2 (NNW-SSE), corrispondenti a fratture nel basamento prequaternario. Tra tali forme sono particolarmente evidenti una vallecola larga mediamente alcune decine di metri, che si sviluppa per 300 m ca. tra il V.ne di Verrogne e la Becca France (fig. 2.13) e dalla parte opposta una lunga trincea rettilinea in roccia, sulla destra del T. di Verrogne, presso l'alpe Verdjouan. Numerose forme minori (trincee, sdoppiamenti di cresta, scarpate più o meno rimodellate) accompagnano quelle sopra descritte, costituendo una tipica associazione geomorfologica che, denotando uno stato di stress tensionale a carico del versante, si traduce nel lento e progressivo scivolamento verso valle di tutto il rilievo della Becca France e dei settori adiacenti. Tale fenomeno, definito col termine di deformazione gravitativa profonda di versante o DGPV, evolve attraverso lo scivolamento del versante lungo superfici coincidenti con la scistosità regionale che caratterizza il basamento. Nel caso specifico, le fratture del sistema L1 agiscono come fratture di trazione (*tension cracks*), lungo le quali il versante si apre mentre il sistema L2 agisce come uno svincolo laterale in cui la scistosità agisce come superficie di scivolamento.

Fig. 2.13: Trincee e sdoppiamenti di cresta lungo la dorsale della Becca France, che testimoniano l'esistenza di movimenti gravitativi alla scala del versante; il movimento si sviluppa da destra a sinistra (verso il fondovalle Dora). Sullo sfondo, la P.ta Leysser (al centro), il M. Rouge (a destra) e il v.ne di Verrogne; sulla destra, il v.ne di Clusellaz. (tratto da: Delle Piane e Gabriele, 2009).

Tale aspetto, legato alla morfologia dell'area, risulta estremamente interessante in merito allo studio in questione e alla ricostruzione paleogeografica, per almeno due motivi:

a) l'antico collasso di versante, descritto nel dettaglio al punto 2 (forme di origine glaciale e fluvioglaciale – valli glaciali) del successivo paragrafo, si verificò molto probabilmente per un processo analogo a quello oggi osservato presso la Becca France, a causa della progressiva disarticolazione del substrato roccioso, che costituiva il fianco destro del V.ne glaciale di Clusellaz, e lungo sistemi di fratture coincidenti con quelli oggi osservabili nell'area. Le cause di tale instabilità potrebbe essere stata favorita da un lato dal ritiro del ghiacciaio Balteo, che occupava la valle centrale della Valle d'Aosta, dall'altro dalla spinta laterale e quindi verso il fondovalle Dora esercitata dal ghiacciaio che occupava il V.ne di Clusellaz;

b) l'esistenza di una trincea in roccia (fig. 2.14) – situata alla base del versante N della Becca France e a 230 m ca. a S dell'alpeggio di Tsa de la Comba nell'alto vallone di Clusellaz, caratterizzata da una larghezza di un paio di metri, da una lunghezza di una decina di metri e da una profondità di 4-5 metri – creatasi lungo le fratture del set L2 (set parallelo all'asse del vallone di Verrogne), che testimonia molto

Fig. 2.14: Trincee in roccia con orientazione parallela al vallone di Verrogne, alla base del versante nord della Becca France. Strutture come questo possono aver costituito l'embrione del futuro vallone di Verrogne. (tratta da: Delle Piane e Gabriele, 2009).

probabilmente come potevano presentarsi le condizioni iniziali di una trincea simile che hanno portato alla formazione dell'attuale V.ne di Verrogne. Risulta, infatti, verosimile che tale Vallone abbia avuto origine dalla formazione di una direttrice di drenaggio delle acque subglaciali, trasversale rispetto alla direzione dell'antico fondovalle glaciale di Clusellaz, e a causa del collasso gravitativo, innescato dall'azione delle forze sopra descritte, in un settore di ammasso roccioso indebolito dalla DGPV e dalla presenza di trincee e fratture allungate in senso WNW-ESE.

2.2.2 Sintesi dell'evoluzione morfologica dell'area

In considerazione di quanto presentato nei paragrafi precedenti si espone di seguito, con l'ausilio di ricostruzioni digitali, la sintesi riferita all'evoluzione (fasi evolutive) degli ambienti nel "comprensorio" del Mont Fallère (Delle Piane e Gabriele, 2009):

FASE A (fig. 2.15): con il ritiro del ghiacciaio Balteo, responsabile del modellamento dell'asse vallivo principale della Valle d'Aosta, iniziato al termine del Pleistocene e proseguito durante il Tardiglaciale, viene a mancare l'azione di spinta e il contrasto laterale esercitati dalla massa glaciale; ciò favorì probabilmente l'innesco di fenomeni di instabilità del versante (DGPV) resi notevolmente più marcati dalla debolezza dovuta alle pessime condizioni geologico-strutturali.

FASE B (fig. 2.16): le condizioni di instabilità locale, createsi lungo la dorsale esistente tra la Becca France e la P.ta Leysser (fianco vallivo destro del ghiacciaio dell'Unità C), determinarono il probabile crollo di un'imponente volume di roccia e l'apertura di un varco sul lato destro del ghiacciaio stesso.

FASE C (fig. 2.17): l'evento di cui sopra permise verosimilmente al principale ghiacciaio (Unità C) di fluire verso una nuova direzione dando l'avvio al modellamento del V.ne di Verrogne (Unità V).

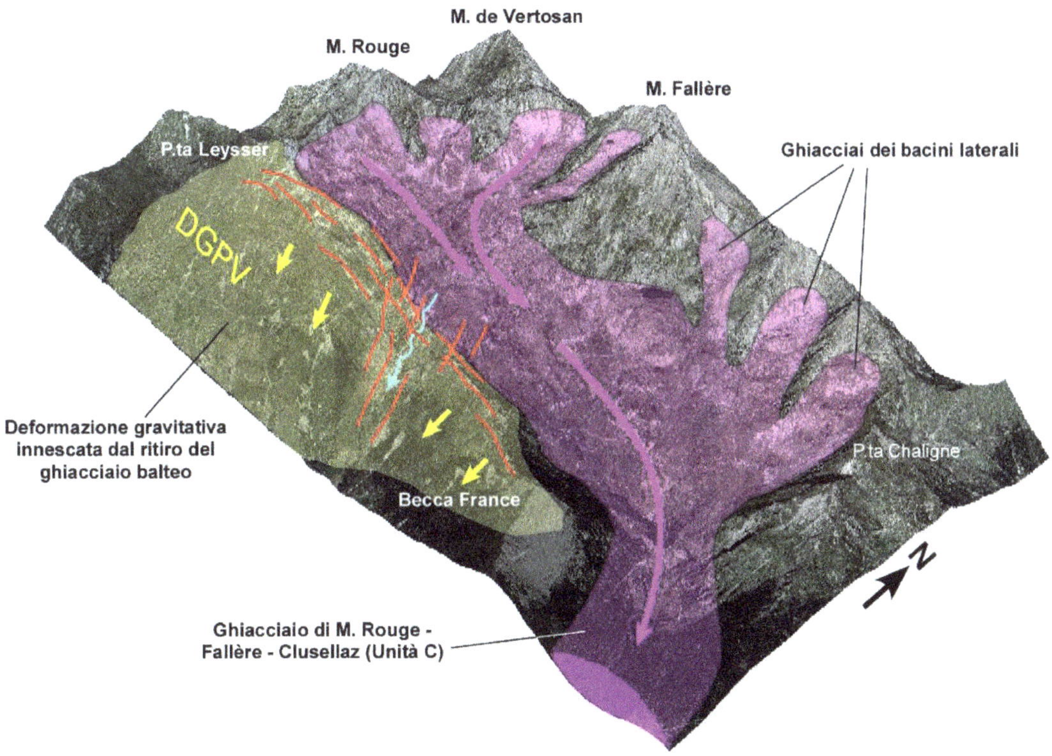

Fig. 2.15: Ricostruzione schematica dell'evoluzione dell'area di studio. Fase A – immediatamente successiva al ritiro del ghiacciaio Balteo. Comparsa di deformazioni gravitative che generano nel versante affacciato sulla valle principale uno stato di stress tensionale e la conseguente apertura di fratture (in rosso) lungo la linea di cresta e in direzione trasversale (NNW-SSE), con possibile creazione di una nuova linea di drenaggio (in azzurro). (tratto da: Delle Piane e Gabriele, 2009).

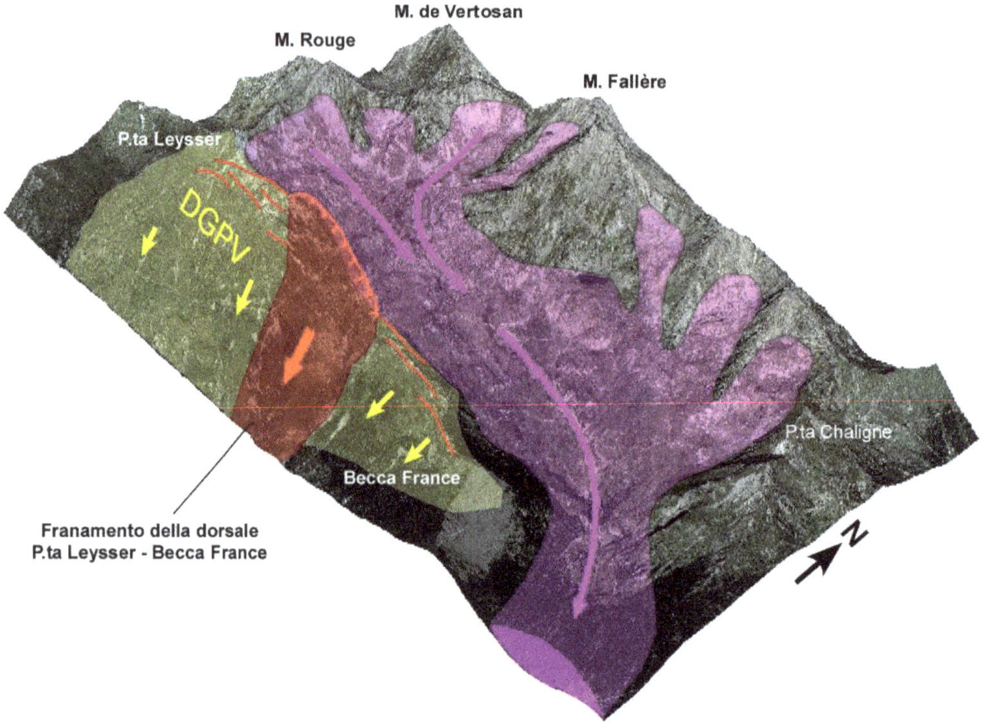

Fig. 2.16: Ricostruzione schematica dell'evoluzione dell'area di studio. Fase B – collasso del versante sul fianco destro orografico del ghiacciaio di M. Rouge-Fallère-Clusellaz, favorito dalle deformazioni gravitative e dalla infiltrazione di acqua subglaciale lungo la nuova direttrice di drenaggio. (tratto da: Delle Piane e Gabriele, 2009).

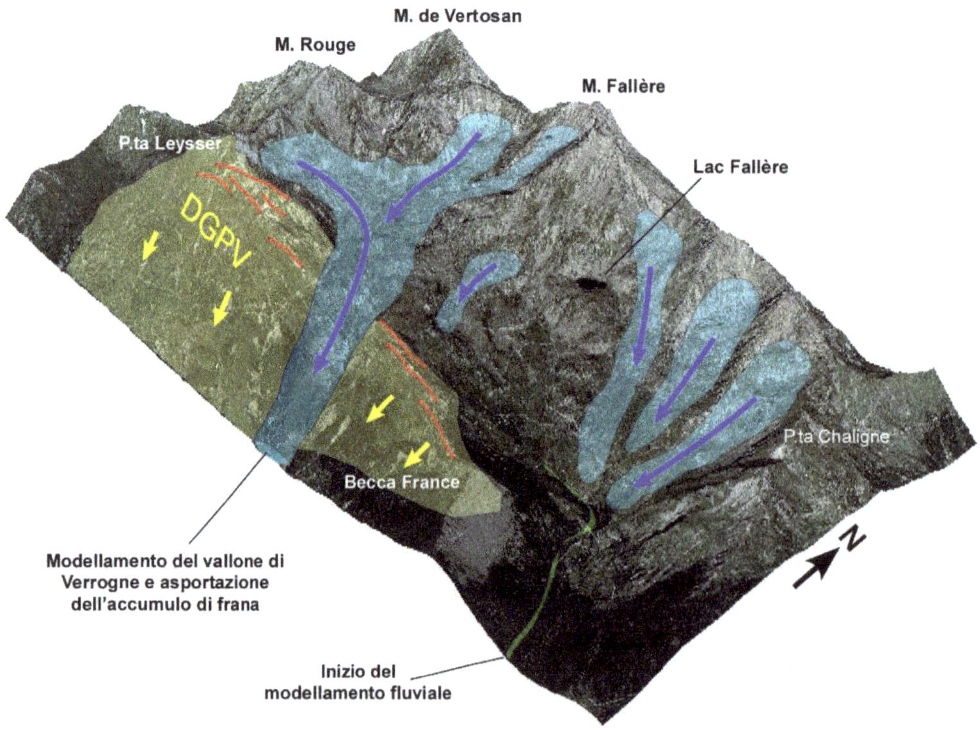

Fig. 2.17: Ricostruzione schematica dell'evoluzione dell'area di studio. Fase C – il ghiacciaio di M. Rouge – Fallère – Clusellaz abbandona il suo percorso originario e inizia a fluire nel varco creato dal franamento del versante, asportando progressivamente l'accumulo di frana e modellando il vallone di Verrogne. Inizio della fase di pulsazioni che porta alla progressiva riduzione dei ghiacciai. (tratto da: Delle Piane e Gabriele, 2009).

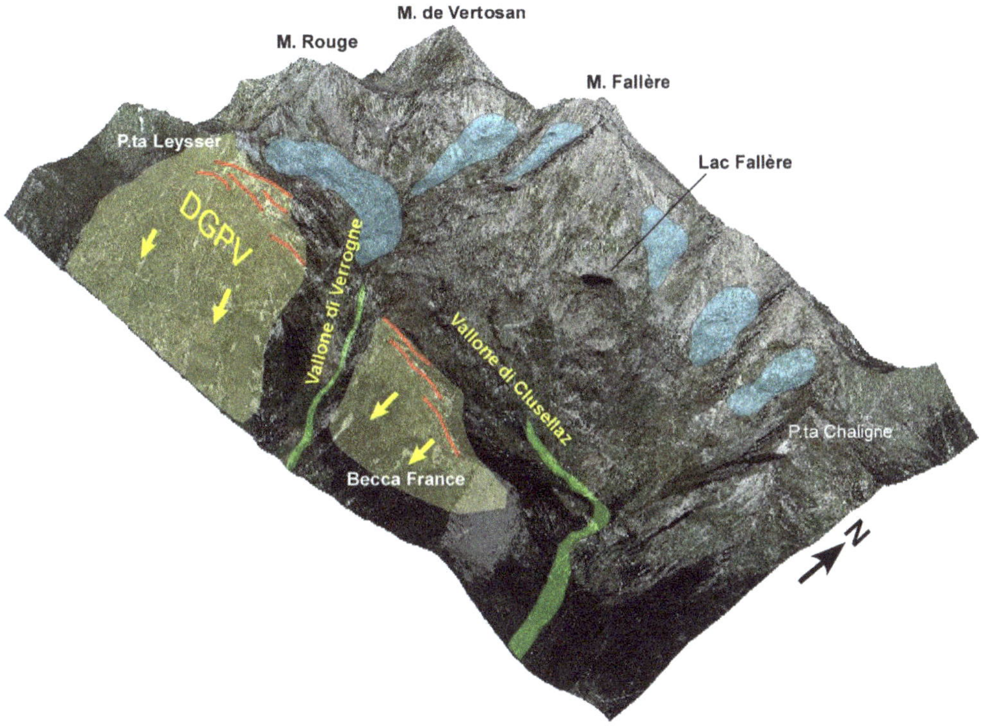

Fig. 2.18: Ricostruzione schematica dell'evoluzione dell'area di studio. Fase D – momento finale riferito al glacialismo nell'area e avvio dell'erosione torrentizia. Permangono le condizioni di instabilità latente (DGPV) alla scala del versante. (tratto da: Delle Piane e Gabriele, 2009).

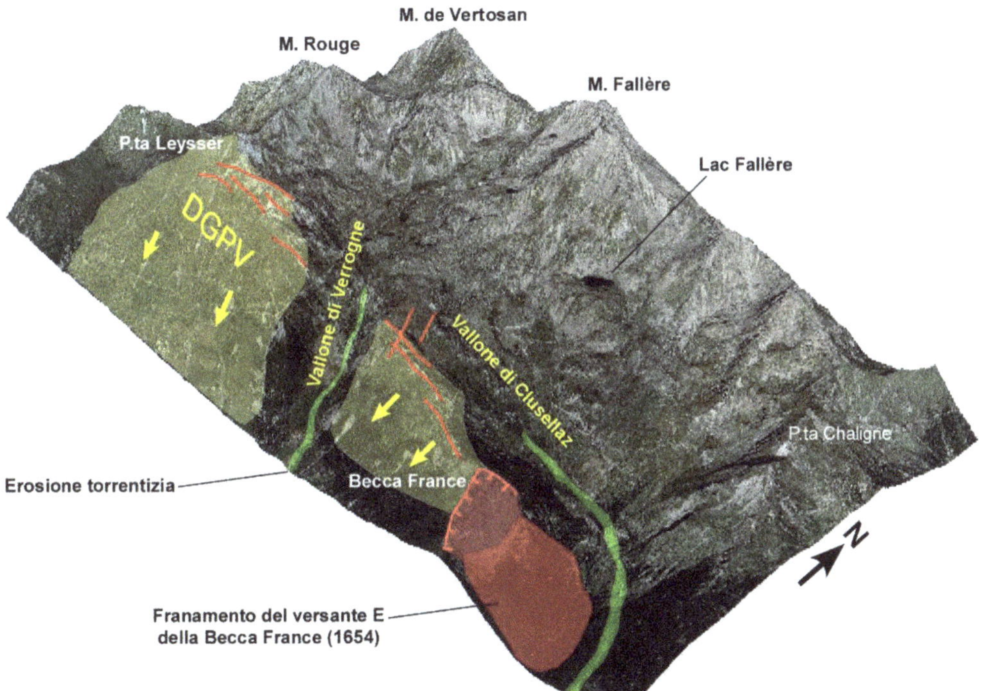

Fig. 2.19: Ricostruzione schematica dell'evoluzione dell'area di studio. epoca attuale. Fase E – i ghiacciai sono definitivamente scomparsi, il modellamento fluviale-torrentizio ha uno sviluppo molto limitato in generale senza contare alcune aree caratterizzate da peculiari aspetti geologici (vedi T. Verrogne); permane l'instabilità di versante che si traduce in lenti movimenti di deformazione gravitativa nel settore della Becca France e sul versante sud della P.ta Leysser. (tratto da: Delle Piane e Gabriele, 2009).

FASE D (fig. 2.18): durante le pulsazioni glaciali più recenti relative al ghiacciaio di Verrogne si formarono le dorsali in roccia rinvenute a quota 2330 m slm circa e, in una successiva fase di ritiro, si sviluppò l'anfiteatro morenico frontale, oggi ben preservato nella fascia altimetrica compresa tra 2300 e 2400 m.

FASE E (fig. 2.19): tutta la fase legata al glacialismo recente e alla progressiva ritirata e scomparsa dei ghiacciai fu accompagnata dall'avvio di processi di erosione torrentizia, che nel complesso risultano piuttosto recenti per la mancanza di forme esageratamente marcate. Anche la profonda gola entro cui scorre il T. di Verrogne, nel tratto a valle di 2270 m e in prossimità del sito MF1, indica il risultato di un modellamento recente legato ad una discontinuità importante del basamento (zona di faglia o di fratturazione intensa con direzione NNW-SSE) nonché alla deformazione gravitativa profonda di versante di cui sopra; per tali motivi, l'attuale gola di Verrogne potrebbe apparire sovradimensionata rispetto alla sua reale età di formazione (cfr. *supra*).

2.3 L'evoluzione del paesaggio al Fallère negli ultimi 13000 anni (R. Pini, C. Ravazzi)

I sedimenti deposti sul fondo di laghi, torbiere e paludi costituiscono importanti archivi della storia dell'ambiente. L'accumulo di sedimenti con continuità stratigrafica e l'assenza di ossigeno (requisito essenziale per garantire l'assenza di attività microbiologica) consentono la perfetta conservazione di micro e macrofossili vegetali quali polline, spore di felci e di funghi, colonie algali, frutti e semi, carboni e legni. Studiando questi reperti, un palinologo / paleobotanico è in grado di delineare la storia del paesaggio e delle sue trasformazioni lungo l'arco di tempo rappresentato dai sedimenti del bacino in esame.

La ricerca in oggetto ha evidenziato la presenza di numerosi siti di interesse archeologico, contraddistinti da reperti ascrivibili a differenti periodi. Dal rinvenimento di tali siti è nato l'interesse (necessità) di capire quale fosse l'aspetto del paleoambiente d'alta quota, durante i periodi di frequentazione antropica del passato e di comprendere in che misura la presenza dell'uomo influenzò l'evoluzione del paesaggio. Per tali motivi, nell'estate del 2009 l'equipe del CNR - Istituto per la Dinamica del Processi Ambientali di Milano, ha eseguito una serie di carotaggi stratigrafici esplorativi nelle aree limitrofe ai siti di interesse archeologico. I carotaggi erano finalizzati all'individuazione di una successione stratigrafica ottimale su cui eseguire le indagini paleobotaniche, geochimiche e radiocarboniche, volte alla ricostruzione della storia dei paleoambienti del Mont Fallère. Dopo una serie di carotaggi poco soddisfacenti, che hanno intercettato depositi sabbiosi e talora ossidati, la scelta è infine caduta sulla torbiera delle Crotte Basse (2365 m slm).

2.3.1 La torbiera Crotte Basse: carotaggi e campionamenti

Nel luglio 2009 e 2010, il personale del C.N.R. – IDPA ha svolto due campagne naturalistiche per gli studenti dell'Università di Milano, finalizzate all'individuazione del settore più promettente in relazione alle indagini paleoecologiche da svolgersi presso la torbiera Crotte Basse; in queste occasioni sono state eseguite prospezioni e carotaggi manuali in diversi settori della stessa, situata in una depressione sotto il rifugio Mont Fallère (fig. 2.20). Come detto, scopo dei carotaggi era la ricerca di una successione stratigrafica che offrisse informazioni paleoambientali a supporto dello scavo archeologico in corso a poche centinaia di metri di distanza. Le stratigrafie dei principali carotaggi eseguiti durante l'estate del 2009 (Pini e Ravazzi, 2010) e del 2010 (Pini e Ravazzi, 2011c) sono di seguito riportate e commentate.

Fig. 2.20: Immagine panoramica della torbiera Crotte Basse durante l'esecuzione dei carotaggi CRO BASS 3 (estate 2009). In alto, al centro della fotografia, il rifugio in costruzione (tratta da: Pini, 2014).

Fig. 2.21: Esecuzione di carotaggio manuale nella torbiera Crotte Basse (estate 2010). (tratta da: Pini, 2014).

Descrizione del sito e localizzazione dei carotaggi. La torbiera Crotte Basse (2365 m slm) è situata sul versante meridionale del Mont Fallère. L'origine della depressione che ospita la torbiera è dovuta molto probabilmente alla DGPV (Deformazione Gravitativa Profonda di Versante) di P. Leysser o di Saint-Nicolas – Saint-Pierre (Baster, 1995; Forno *et al.*, 2013). La torbiera si presenta di forma semiellittica, con asse maggiore di circa 120 m e asse minore lungo circa 40 m. Come detto, al fine di testare le potenzialità della torbiera per studi paleoecologici (tipologia dei sedimenti, potenza del deposito, presenza di macrofossili vegetali da impiegare per datazioni radiometriche), nell'estate 2009 sono stati eseguiti 9 carotaggi manuali, 5 sulla sponda orientale del bacino (indicati con gli acronimi CRO BASS 2, seguito da una lettera progressiva, e CRO BASS 4) e 5 sulla sponda meridionale (acronimo CRO BASS 3, seguito da una lettera progressiva). Altri carotaggi manuali sono stati eseguiti nell'estate 2010, in prossimità dei fori di sondaggio della serie CRO BASS 3 dell'estate 2009 (fig. 2.21).

Stratigrafia dei carotaggi manuali (2009-2010). Il sondaggio CRO BASS 3: eseguito a titolo esplorativo, con carotiere a doccia in prossimità della sponda meridionale della torbiera, ha individuato il punto migliore per la realizzazione di successivi carotaggi con carotiere russo.

Il sondaggio CRO BASS 3b: eseguito con carotiere russo verso la sponda meridionale della torbiera, a poche decine di centimetri dal sondaggio CRO BASS 3.

Il sondaggio CRO BASS 3c: eseguito con carotiere russo verso la sponda meridionale della torbiera, a poche decine di centimetri dal sondaggio CRO BASS 3b.

Il sondaggio CRO BASS 3e: eseguito con carotiere russo verso la sponda meridionale della torbiera, a poche decine di centimetri dal sondaggio CRO BASS 3b.

I sondaggi CRO BASS 5 e 5b: eseguiti con carotiere russo in prossimità dei sondaggi della serie CRO BASS 3 ma in posizione più depocentrale.

Il sondaggio CRO BASS 7: eseguito con carotiere russo in prossimità dei sondaggi della serie CRO BASS 3, ma in posizione più depocentrale allo scopo di recuperare il tratto della successione stratigrafica al di sotto di 500 cm di profondità.

SONDAGGIO CRO BASS 3	
Profondità(cm)	**descrizione litologica**
241 - 256	sedimento non in posto, rimaneggiato dalle operazioni di carotaggio
256 - 265	gyttja nerastra
265 - 269	torba fulva a muschi
269 - 276	gyttja detritica a legno e rametti (resti di dimensioni > 5 cm)
276 - 306	gyttja nera poco detritica con semi e resti di legno a 286 e 296 cm
306 - 339	limi micacei grigio-azzurrognoli con sostanza organica e miche
339 - 341	limi sabbiosi grigio-azzurrognoli con pietrisco

Tab. 2.1: Descrizione stratigrafica del sondaggio CRO BASS 3

SONDAGGIO CRO BASS 3b	
Profondità (cm)	descrizione litologica
0 -119	torba feltrosa intrisa d'acqua
146 – 194	torba fulva a Cyperaceae e muschi
194 – 207	gyttja detritica con resti vegetali
207 – 296	gyttja poco/non detritica con mica. A 296 cm: seme di *Larix*
296 – 329,5	limi grigio scuro, granulometria fine ed aggregazione ben espressa, con semi. A 307 cm: frammento di legno.
329,5 - 350	limo sabbioso con scheletro al 10%

Tab. 2.2: Descrizione stratigrafica del sondaggio CRO BASS 3b

SONDAGGIO CRO BASS 3c	
Profondità (cm)	descrizione litologica
80 – 130	torba feltrosa intrisa d'acqua.
153 – 191	Torba
191 – 203	gyttja marrone scuro
213 – 296	gyttja micacea marrone scura con sporadici legni tra 231 - 232 cm
296 – 308	Limo
308 – 333	limo sabbioso liquefatto (non recuperato)

Tab. 2.3: Descrizione stratigrafica del sondaggio CRO BASS 3c

SONDAGGIO CRO BASS 3e	
Profondità (cm)	descrizione litologica
0 – 194	torba feltrosa intrisa d'acqua
194 – 292	Gyttja. A 217 cm: frammenti di carbone. Tra 224 – 225 cm: frammenti di legno.
292 - 318	limi grigiastri
318 - 345	limi sabbiosi / sabbie limose. A 332 - 333 cm: grosso cristallo tabulare di quarzo.
a 489	raggiunto fondo carota (ghiaie sabbiose, non recuperate)

Tab. 2.4: Descrizione stratigrafica del sondaggio CRO BASS 3e

SONDAGGIO CRO BASS 5	
profondità (cm)	descrizione litologica
52 – 121	torba feltrosa intrisa d'acqua
141 – 178	torba a rizomi e foglie di Cyperaceae
178 – 183	intervallo più ricco in fango di colore marrone
183 – 189	torba a rizomi e resti legnosi
189 – 197	gyttja detritica
197 – 198	torba giallastra
198 – 210	gyttja detritica marrone scuro
219 – 260	gyttja detritica ricca in resti vegetali
260 – 280	gyttja detritica, ma meno ricca in resti vegetali
280 – 346	gyttja detritica uniforme
357 – 366	gyttja grigia con poco detrito vegetale
366 – 416	gyttja olivastra, forse leggermente laminata, con semi di piante acquatiche
429 – 435	gyttja limosa, sabbia assente
435 – 440	gyttja color nocciola cupo – marrone a laminazione sfumata
440 – 466	limo con sabbia finissima (componente di mica fine). Livelli organici a 455, 457, 459, 462 e 465 cm.
466 – 490	limo con sabbia finissima, laminato con livelletti di gyttja a distanze regolari di 7-8 mm
490 – 507	limo con sabbia finissima
507 – 532	limo/gyttja: intervallo con apparente lieve aumento del contenuto in sostanza organica e con riduzione della frazione sabbiosa. Lamine grigie dovute alla presenza di mica e lamine nocciola da sostanza organica.
532 – 536	transizione verso il livello sottostante
536 – 563,5	limi con modesta componente di sabbia finissima. Lamine di 3-5 mm e bande nerastre centimetriche da probabile sostanza organica.

Tab. 2.5: Descrizione stratigrafica del sondaggio CRO BASS 5

SONDAGGIO CRO BASS 5b	
profondità (cm)	descrizione litologica
520 – 535	limo/gyttja
535 – 561	limi con interlivelli nerastri di spessore plurimillimetrico
561 – 563,5	lamina nera da sostanza organica. Limite netto verso il livello sottostante.
563,5 - 566	limi grigio - azzurrognoli

Tab. 2.6: Descrizione stratigrafica del sondaggio CRO BASS 5b

SONDAGGIO CRO BASS 7	
profondità (cm)	descrizione litologica
534 – 550	Limi apparentemente privi di sabbia. Laminazione nocciola chiaro e nerastra (cfr. sondaggio CRO BASS 5).
550 – 578,5	Limi grigio – azzurrognoli in alternanza con limi sabbiosi. Fino a 565 cm: laminazioni di granulometria (livelli sabbiosi scuri e livelli limosi grigio chiaro)
578,5 – 581,5	come sopra, ma importanti livelli micacei sabbiosi

Tab. 2.7: Descrizione stratigrafica del sondaggio CRO BASS 7

Correlazione stratigrafica dei sondaggi 2009 e 2010. La correlazione stratigrafica tra le successioni carotate nel 2009 e nel 2010 è presentata nelle fig. 2.22 e 2.23. La linea rossa tratteggiata indica la transizione tra torbe e gyttja, la linea verde quella tra gyttja e limi, la linea blu quella tra limi azzurri e limi marroni:

- la transizione tra torbe feltrose ricche in acqua e gyttja si colloca a profondità comprese tra 188 – 194 cm di profondità in tutti i sondaggi realizzati. Ciò suggerisce che lo strato di torba che chiude superiormente la successione stratigrafica delle Crotte Basse ha spessore grossomodo costante sia nel settore marginale della torbiera sia in posizione più depocentrale;

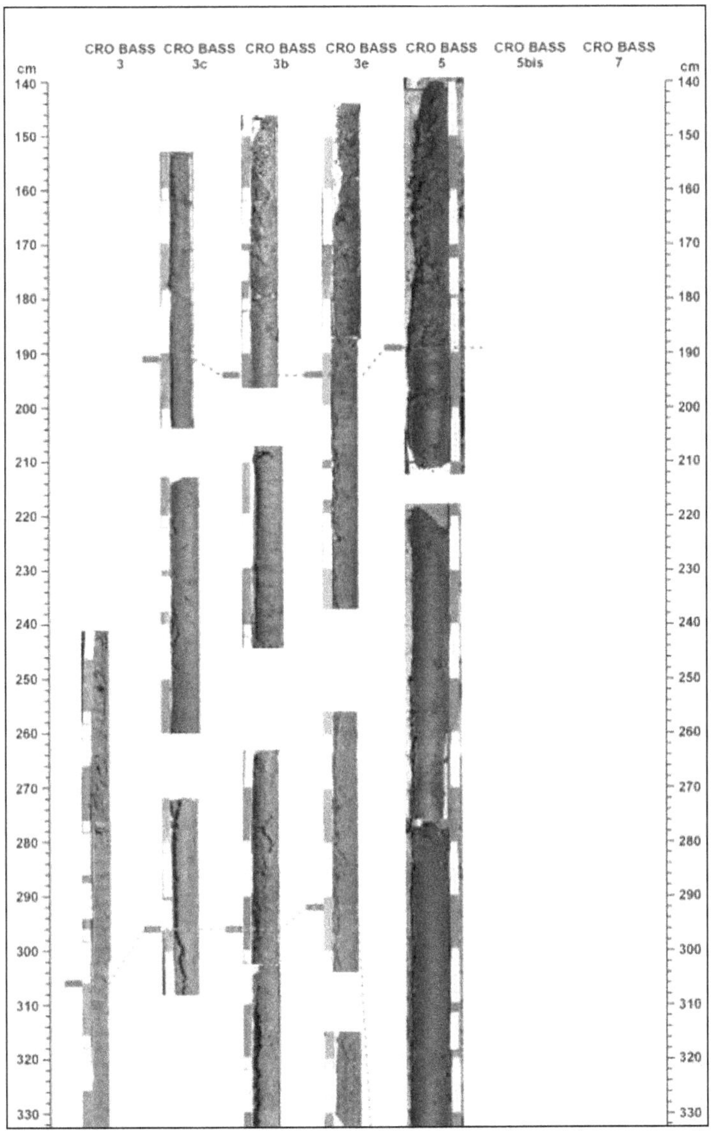

Fig. 2.22: Correlazione litostratigrafica tra i sondaggi 2009 e 2010, porzione superiore (0 – 330 cm). (tratta da: Pini, 2014)

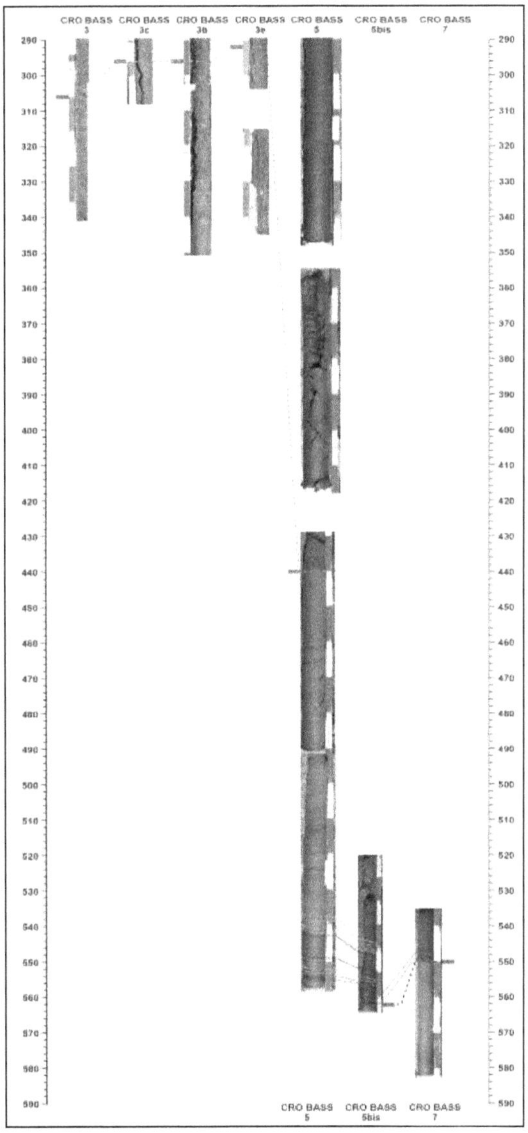

Fig. 2.23: Correlazione litostratigra-fica tra i sondaggi 2009 e 2010, porzione media e inferiore (290 – 580 cm). (tratta da: Pini, 2014)

- la transizione tra gyttja e limi è stata evidenziata a profondità maggiore nel sondaggio CRO BASS 5 (posizione depocentrale) rispetto a quelli eseguiti in prossimità del margine della torbiera. Ciò suggerisce che lo spessore dei depositi aumenta sensibilmente verso il centro della torbiera.

Interpretazione della successione stratigrafica delle Crotte Basse. La successione stratigrafica conservata nella torbiera Crotte Basse documenta le fasi della storia tardoglaciale - olocenica del bacino. Dopo il ritiro dei ghiacciai durante il Tardoglaciale, fenomeni di rilascio di versante determinarono la formazione della depressione che oggi ospita la torbiera. La sedimentazione bacinale comprende le seguenti fasi:

I fase – sedimenti a ridotto contenuto organico (limi, limi sabbiosi, sabbie limose, ghiaie sabbiose), rinvenuti alla base dei sondaggi, testimoniano una deposizione avvenuta in un contesto lacustre (dedotto dalla presenza di colonie algali di *Pediastrum* e *Botryococcus* nei sedimenti) in cui talora confluivano materiali più grossolani dai versanti adiacenti. La parte superiore di questi sedimenti contiene resti vegetali legnosi (cfr. CRO BASS 3b), ad indicare l'insediamento di alberi (conifere) in prossimità del bacino;

II fase – depositi di gyttja testimoniano una sedimentazione lacustre in contesto di ricca vegetazione acquatica e terrestre (stagno). Nei dintorni dello stagno l'ambiente presentava una densa copertura vegetale. La presenza di vegetazione arborea legnosa in prossimità del bacino è testimoniata dal rinvenimento di rametti, legno e semi di conifere;

III fase – il passaggio da sedimenti tipo gyttja a torbe, ricche in fusticini e semi di Cyperaceae e Sparganiaceae e muschi, indica la trasformazione dello stagno in torbiera;

Campionamento per analisi pollinica, analisi geochimica LOI e analisi pedochimiche. Le carote di sedimento estratte dalla torbiera delle Crotte Basse sono state oggetto di campionamenti per studi pollinici, geochimici con tecnica LOI (Loss-On-Ignition) e pedochimici (studio delle forme di fosforo – organico, inorganico, assimilabile, totale – presente nei sedimenti). Il campionamento per analisi pollinica è consistito nel prelievo tramite campionatore volumetrico di cubetti di sedimento pari a 1 cm^3 o suoi multipli. Ogni campione è stato pesato e poi avviato ai trattamenti di laboratorio mirati a concentrare la frazione organica pollinica e ad eliminare la componente minerale. È stato studiato un numero complessivo di 119 campioni di sedimento. Il prelievo di campioni volumetrici per analisi geochimiche (LOI, ovvero Loss On Ignition - perdita al fuoco) è stato svolto contestualmente al campionamento pollinico. I campioni per LOI provengono dai medesimi livelli campionati per analisi pollinica. Per le analisi pedochimiche è stato necessario prelevare da ciascun livello di interesse sezioni semicircolari di carota, dello spessore di circa 2-3 cm. In totale, sono stati analizzati 115 campioni di sedimento.

Prelievo di materiali per datazioni ^{14}C AMS e età ottenute. Campioni di macrofossili vegetali da utilizzare per datazione radiocarbonica (^{14}C AMS) sono stati prelevati da livelli individuati nelle medesime carote sottoposte a campionamento per analisi pollinica e LOI. I campioni scelti, le profondità di provenienza e le età ^{14}C ottenute sono presentati in tab. 8.

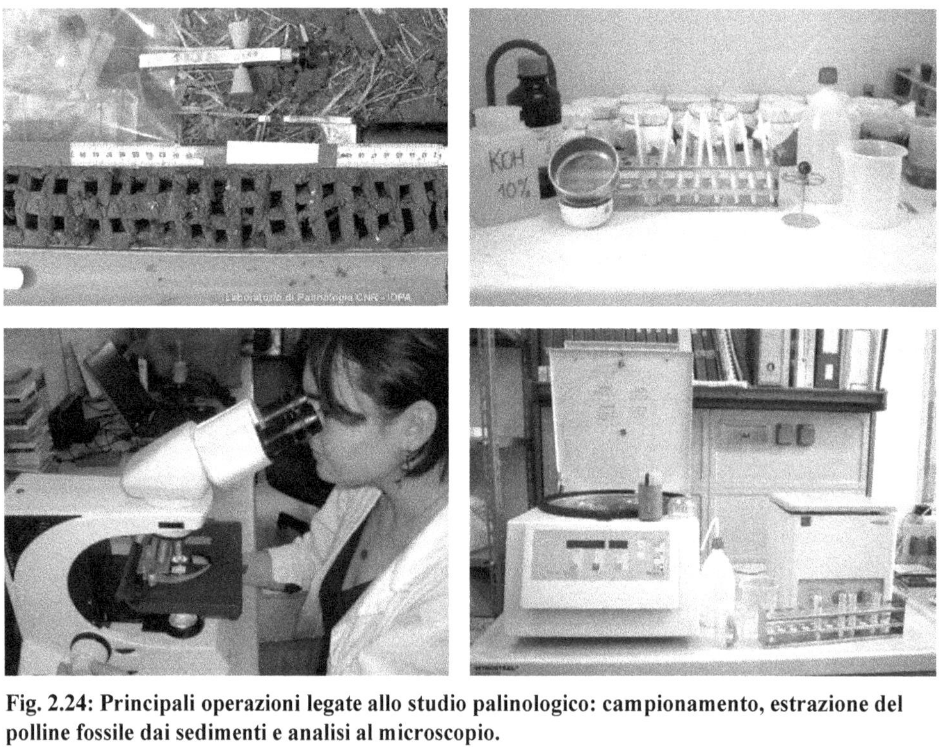

Fig. 2.24: Principali operazioni legate allo studio palinologico: campionamento, estrazione del polline fossile dai sedimenti e analisi al microscopio.

TABELLA DATAZIONI 14C, Monte Fallére
laboratorio: Angstrom Laboratory, University of Uppsala & Queen's Univ. of Belfast
aggiornamento tabella: giugno 2013

sigla laboratorio	sigla sito e profondità (cm)	materiale datato	peso secco (mg)	età 14C BP	età calibrate BP (Calib 6.1.1, 2 sigma range)	età calibrate BC (Calib 6.1.1, 2 sigma range)	valore centrale intervallo di calibrazione
Us-39561	**CRO-BASS 3b** 179 cm	frammento di legno	560	2428 ± 33	2543 - 2352 (74,3%) 2616 - 2589 (6%) 2699 - 2635 (19,7%)	594 - 403 (74,3%) 667 - 640 (6%) 750 - 686 (19,7%)	2447 cal BP 510 cal BP
Ua-38899	**CRO-BASS 3e** 223 cm	frammento di legno	232	3566 ± 30	3749 - 3727 (4,5%) 3793 - 3763 (6,8%) 3931 - 3822 (82,9%) 3969 - 3942 (5,8%)	1800 - 1778 (4,5%) 1844 - 1814 (6,8%) 1982 - 1873 (82,9%) 2020 - 1993 (5,8%)	3866 cal BP 1916 cal BC
Us-39563	**CRO-BASS 3e** 232 - 233 cm	frammento di legno	355	3979 ± 40	4332 - 4296 (5%) 4530 - 4347 (94,4%) 4545 (0,07%) 4566 - 4559 (0,5%)	2383 - 2347 (5%) 2581 - 2398 (94,4%) 2596 (0,07%) 2617 - 2610 (0,5%)	4461 cal BP 2511 cal BC
UBA-22872	**CRO-BASS 3c** 245,5-247 cm	frammento di legno	15,6	4781 ± 31	5341 - 5339 (0,4%) 5592 - 5467 (99,6%)	3392 - 3390 (0,4%) 3643 - 3518 (99,6%)	5518 cal BP 3568 cal BC
Ua-38900	**CRO-BASS 3b** 281 cm	carbone	12	5529 ± 34	6398 - 6284 (100%)	4449 - 4335 (100%)	6328 cal BP 4378 cal BC
Us-39562	**CRO-BASS 3b** 304 - 305 cm	frammento di legno	216	5425 ± 38	6143 - 6125 (2,4%) 6299 - 6180 (97,6%)	4194 - 4176 (2,4%) 4350 - 4231 (97,6%)	6237 cal BP 4287 cal BC
Ub-17785	**CRO-BASS 5** 400 - 406 cm	aghi *Pinus*	13	6807 ± 29	7682 - 7593 (100%)	5733 - 5644 (100%)	7643 cal BP 5693 cal BC
Ub-17784	**CRO-BASS 5** 409 - 412 cm	rametti *Pinus*	12	7104 ± 28	7902 - 7861 (27,9%) 7982 - 7921 (71%) 7996 - 7989 (1,1%)	5953 - 5912 (27,9%) 6033 - 5972 (71%) 6047 - 6040 (1,1%)	7942 cal BP 5992 cal BC
Ub-17783	**CRO-BASS 5** 504 - 507 cm	rametti *Betula*	11	8689 ± 45	9779 - 9540 (99,3%) 9859 - 9851 (0,4%) 9883 - 9878 (0,3%)	7830 - 7591 (99,3%) 7910 - 7902 (0,4%) 7934 - 7929 (0,3%)	9635 cal BP 7685 cal BC

Tab. 2.8: Età ^{14}C ottenute per la successione stratigrafica della torbiera delle Crotte Basse.

2.3.2 Costruzione e significato dei diagrammi pollinici

Gli spettri pollinici ottenuti dai sedimenti delle Crotte Basse sono stati elaborati con i programmi Tilia 1.11 (Grimm, 1992), TGView 2.0.2 (Grimm, 2004) e infine Corel Draw 9.0 per migliorarne il layout grafico. A partire dai dati bruti di conteggio, sono stati calcolati i valori % che esprimono l'abbondanza dei diversi taxa nei livelli analizzati. I valori % utilizzati per la rappresentazione delle curve polliniche sono stati calcolati a partire da una somma pollinica che comprende alberi, arbusti e piante erbacee di ambiente terrestre, ad eccezione delle Gramineae. Le graminacee sono entità comuni nelle aree di alta quota: a questa famiglia appartengono inoltre alcuni generi tipici di aree umide perilacustri e palustri, che grazie alla loro elevatissima produzione pollinica possono mascherare l'abbondanza di altri taxa. Anche le piante acquatiche e palustri sono escluse dalla somma pollinica.

Le tappe dell'evoluzione paleoambientale del Mont Fallère, a partire da circa 12900 anni cal. BP, sono presentate nel paragrafo successivo, insieme agli elementi cronologici e paleobotanici che concorrono a delineare il quadro stratigrafico.

2.3.3 La storia della vegetazione del Mont Fallère tra circa 12900 e 1800 anni cal. BP

Vengono qui presentati i principali record pollinici dalla torbiera delle Crotte Basse. Il primo (fig. 2.25) è utilizzato per illustrare le principali tappe della storia ambientale dal Tardoglaciale all'Età romana, mentre il secondo (fig. 2.29) presenta un focus sull'intervallo temporale a partire dal 6400 cal. BP. La cronologia di riferimento utilizzata per il limite Tardoglaciale / Olocene e per l'Olocene è quella proposta da Orombelli e Ravazzi (1996), Ravazzi *et al.* (2007) e Walker *et al.* (2009).

Vegetazione erbacea e sedimentazione lacustre (Allerød, tra circa 12900 - 12700 anni cal. BP). La base del diagramma pollinico in fig. 2.25 testimonia la presenza di vegetazione arborea a conifere alle medie quote del Mont Fallère. Questa fase, che precede un evento di forte abbassamento del limite degli alberi ed espansione di vegetazioni steppiche riferibile al Dryas Recente rappresenta la parte finale dell'interstadio di Bølling - Allerød (14700 - 12700 anni cal. BP). Durante questa fase, le aree di alta quota del Mont Fallère erano prive di copertura vegetale legnosa e ricoperte da formazioni erbacee dominate da Gramineae, accompagnate da *Artemisia*. Le % polliniche suggeriscono che pini e betulle fossero presenti sul Mont Fallère alle quote inferiori (probabilmente attorno ai 1500 - 1700 m di quota), mentre boschi di latifoglie erano presenti a maggiore distanza sul fondovalle. Il record stratigrafico dalla successione 2010 delle Crotte Basse mostra la presenza di una fase tardoglaciale di sedimentazione lacustre di alta quota. I caratteri litologici indicano che l'ambiente di sedimentazione era tranquillo, senza corsi d'acqua importanti ad alimentare il bacino delle Crotte Basse: l'apporto sedi-

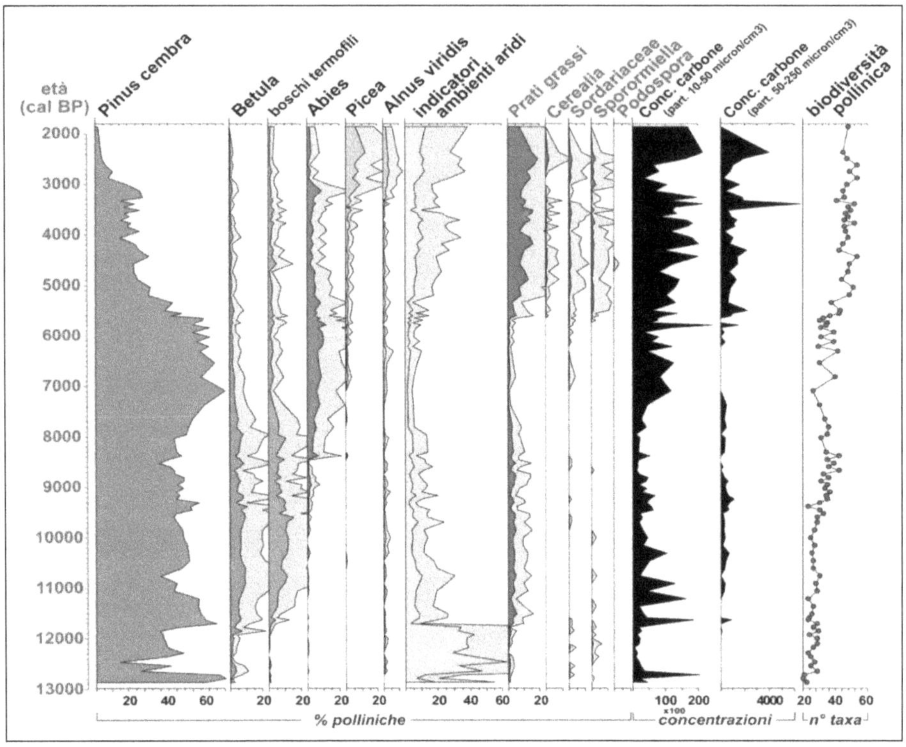

Fig. 2.25: Torbiera delle Crotte Basse: diagramma pollinico % a curve selezionate. (tratta da: Pini, 2014).

mentario e idrico era probabilmente a carico delle precipitazioni e delle acque di ruscellamento che drenavano i pendii adiacenti il bacino.

Steppe aride a xerofite (Dryas Recente, tra circa 12700 - 11700 anni cal. BP). Durante il Dryas Recente, l'ultimo episodio di clima temperato freddo e arido che precede l'inizio dell'Olocene, vegetazioni steppiche si espandono alle medie e alte quote del Mont Fallère. Le condizioni climatiche, caratteristiche del Dryas Recente, determinarono, dunque, l'abbassamento del limite degli alberi, in espansione durante l'interstadiale di Bølling - Allerød, e la diffusione di vegetazioni pioniere erbacee e arbustive, dominate da *Artemisia*, Chenopodiaceae, Ephedraceae e con *Helianthemum, Centaurea scabiosa, Armeria* (fig. 2.26) e altri taxa erbacei.

Dinamiche forestali dell'Olocene Antico (tra circa 11700 - 8500 anni cal. BP). Il limite Tardoglaciale / Olocene è riconosciuto nel record della fig. 2.25 come un passaggio brusco, che segna la transizione tra spettri pollinici dominati da erbe e arbusti pionieri di ambiente steppico e spettri dominati da polline di entità arboree e arbustive (nel caso specifico delle Crotte Basse: pino cembro, pino silvestre/mugo e betulla, con % progressivamente crescenti di latifoglie termofile, soprattutto di nocciolo). La netta flessione dell'NAP (Non Arboreal Pollen) e il corrispondente aumento dell'AP (Arboreal Pollen) rappresentano la "firma pollinica" che segna il limite Tardoglaciale / Olocene in tutti i diagrammi dell'area alpina e prealpina (si veda, ad esempio: Tinner *et al.*, 1999; Pini, 2002; Finsinger *et al.*, 2006; Vescovi *et al.*, 2007). I dati pollinici suggeriscono che la vegetazione forestale a conifere (sia *Pinus cembra* che *Pinus sylvestris/mugo*) era già insediata alle quote inferiori sul massiccio del Mont Fallère nella primissima parte dell'Olocene. L'assenza di stomi di pino nei depositi analizzati alle Crotte Basse suggerisce che il polline di questa conifera provenisse da quote inferiori ai 2000 m, dove i pini costituivano una fascia di vegetazione in rapido addensamento. Gli ambienti d'alta quota erano

Fig. 2.26: a (sopra): pianta e granulo pollinico di eliantemo (genere Helianthemum); b (sotto) pianta di Armeria, entità petrofila che non richiede un ambiente pedogenizzato per potersi sviluppare ma affonda le proprie radici nel pietrame. (tratta da: Pini, 2014)

Fig. 2.27: Rametto e granulo pollinico di *Pinus cembra* (fotografia al MO, x630). (tratta da: Pini, 2014).

Fig. 2.28: Rametto e granulo pollinico di Abies (fotografia al microscopio ottico, x630). (tratta da: Pini, 2014).

invece popolati da vegetazione erbacea e arbustiva, con *Juniperus*, *Betula*, *Alnus viridis*, *Artemisia*, Gramineae e Cichorioideae. È probabile che sporadici esemplari di larice fossero insediati al di sopra del limite della foresta. Durante la prima parte dell'Olocene il bacino delle Crotte Basse era un piccolo lago con acque poco profonde popolate da specie algali planctoniche (*Scenedesmus*, diverse specie di *Botryococcus* e *Pediastrum*, accompagnate da *Tetraedron*) e potamogeti. Attorno al bacino era presente una ridotta cintura perilacustre a Cyperaceae, *Potentilla*, *Sparganium* t. *emersum* e *Thalictrum*.

Espansione e stabilizzazione delle foreste di pino cembro ad alta quota (Olocene Antico - Medio, tra circa 8500 - 5600 anni cal. BP). A partire da circa 8500 anni cal. BP i dati pollinici mostrano il rapido innalzamento del limite della foresta e la diffusione di boschi di conifere dominati da pino cembro attorno al bacino delle Crotte Basse. A partire da circa 8400 anni cal. BP *Abies* (l'abete bianco) si diffonde negli ambienti di alta quota del Monte Fallère: la presenza di questa specie a quote probabilmente prossime ai 2350 m è testimoniata dal rinvenimento di stomi a partire da 312 cm di profondità della successione 2009. L'arrivo in quota dell'abete bianco segna la fine della fase di massima diffusione degli indicatori di vegetazioni erbacee di prati secchi e nardeti a suggerire che questo evento abbia un controllo climatico legato ad un aumento delle precipitazioni che favorisce la diffusione di *taxa* che prediligono un clima più piovoso e umido, come appunto l'abete bianco. Pino cembro, abete bianco e larice costituivano quindi dense foreste d'alta quota attorno alle Crotte Basse a partire dalla metà del IX millennio cal. BP. L'arrivo della foresta a 2365 m di quota e il suo progressivo addensamento determina importanti trasformazioni nell'ambiente acquatico delle Crotte Basse. Lo specchio lacustre delle Crotte Basse si popola di colonie di *Botryococcus*; la vegetazione acquatica e perilacustre a macrofite (*Potamogeton* e *Sparganium* tipo *emersum*) si espande.

Apertura della foresta ed espansione dei pascoli alpini nel tardo Neolitico / prima età del Rame (a partire da circa 5600 anni cal. BP). A partire da circa 5600 anni cal. BP, il record pollinico delle Crotte Basse registra importanti cambiamenti nella struttura del paesaggio vegetale, con una marcata riduzione delle foreste di conifere e il progressivo aumento degli indicatori di prati grassi (fig. 2.33). La fase di deforestazione si colloca, dal punto di vista cronologico, in corrispondenza dell'inizio di una lunga fase di frequentazione antropica delle alte quote alle pendici del Mont Fallére, indicata nella curva di densità cumulata delle date ^{14}C ottenute dai siti di interesse archeologico ivi rinvenuti (fig. 2.29). Ciò suggerisce che questa trasformazione ambientale abbia origine antropica. L'aumento di spore di funghi coprofili e di concentrazione del fosforo nel sedimento suggerisce che a partire dal tardo Neolitico / prima età del Rame alle alte quote del Monte Fallére venissero praticate attività di alpeggio e transumanza stagionale, con movimenti verticali che a partire da insediamenti stabili nel fondovalle portavano gruppi umani ad alta quota durante la stagione favorevole. Le dense foreste di conifere, che per quasi 4000 anni caratterizzarono le aree di alta quota del Mont Fallère, vengono interessate da intensa deforestazione: questi cambiamenti furono messi in atto molto probabilmente da popolazioni preistoriche che si portavano sopra i 2300 m per attività agro-pastorali stagionali. Una prima fase di riduzione forestale, datata a circa 5600 anni cal. BP (tardo Neolitico / prima età del Rame) colpì le popolazioni d'alta quota di pino cembro e, in minor misura, l'abete bianco. Questo evento è riconoscibile nel diagramma pollinico delle Crotte Basse dal crollo dei valori % di *Pinus cembra* e dalla comparsa, con curva pressoché continua, di particelle di carbone macroscopiche. L'apertura delle foreste creò ampie aree per l'espansione dei pascoli alpini; con diffusione di vegetazioni nitrofile di pascolo con *Rumex* t. *acetosa*, *Ranunculus* tipo *acris*, *Asphodelus albus*, *Plantago* t. *lanceolata* e *Urtica* (fig. 2.30). La presenza di aree per lo stazionamento del bestiame è indicata dall'abbondanza di spore di funghi coprofili (Sordariaceae e *Sporormiella*: fig. 2.31), associate a deiezioni animali. Dallo studio delle carote polliniche in oggetto, risulta anche la presenza di vegetazione tipica di aree secche, disturbate con *Artemisia* ed *Helianthemum*. La presenza di frammenti di carbone di lunghezza > 50 micron, testimonia verosimilmente lo svolgimento di attività antropiche, in prossimità delle Crotte Basse. Le evidenze di colture cerealicole sono piuttosto ridotte, ad indicare attività limitate al fondovalle aostano e alle zone di media quota.

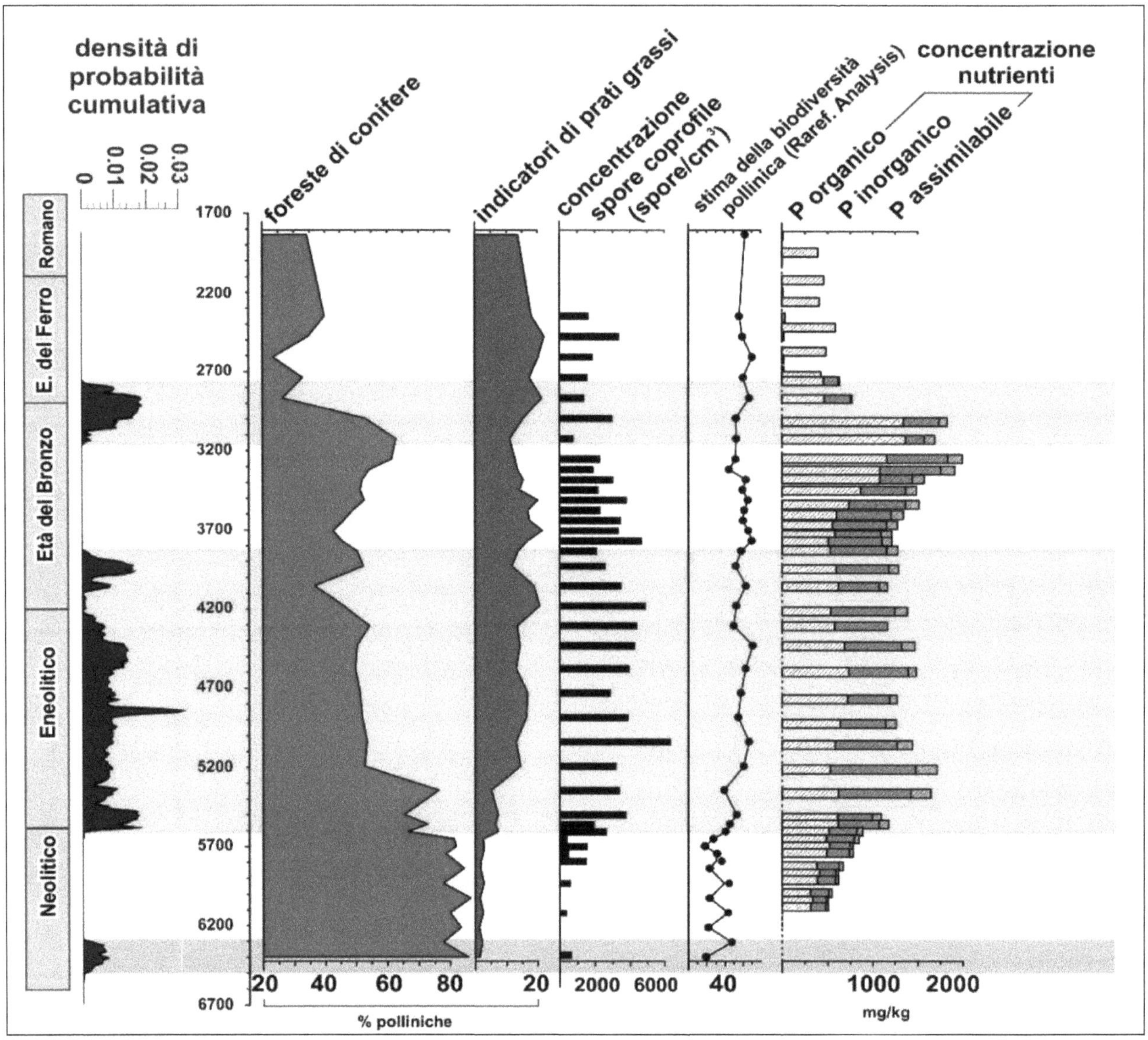

Fig. 2.29: Torbiera delle Crotte Basse; a partire da circa 5600 anni cal. BP, alla riduzione delle foreste di conifere si contrappone la diffusione di indicatori di prati grassi e di concentrazione di spore coprofile e di nutrienti, segnali di attività di alpeggio e pascolo. (tratta da: Pini, 2014).

Fig. 2.30: Vegetazione nitrofila a *Urtica* che si sviluppa dopo la stabulazione di bestiame e accumulo di deiezioni animali. (tratta da: Pini, 2014).

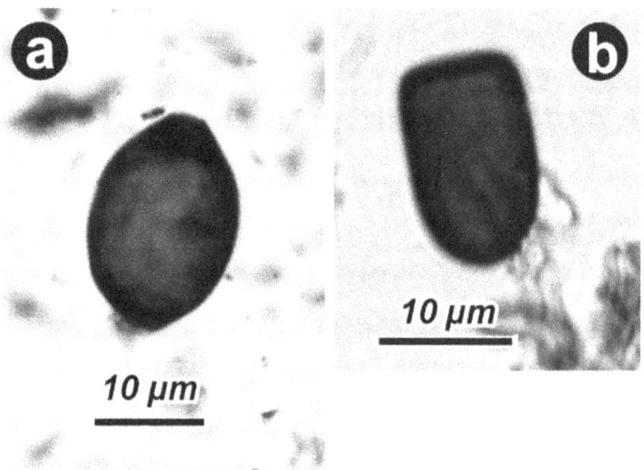

Fig. 2.31: Spore di a: Sordariaceae; b: Sporormiella. Queste spore indicano la presenza, nel sito di accumulo del deposito, di funghi coprofili che si sviluppano su deiezioni animali. (tratta da: Pini, 2014).

Le trasformazioni dell'ambiente terrestre si accompagna a cambiamenti nelle fitocenosi algali del bacino delle Crotte Basse. La deforestazione fu probabilmente responsabile dell'aumento della luminosità nello specchio lacustre / palustre, favorendo l'espansione di masse algali planctoniche di *Scenedesmus* e *Botryococcus*. L'alterazione dell'equilibrio chimico delle acque, causato dalle attività pastorali (da bacino eutrofico a mesotrofico), determinò successivamente il crollo di quasi tutte le specie planctoniche e la diffusione di forme bentoniche, come *Spirogyra*.

Dal II al I millennio a.C. Durante l'età del Bronzo sul Mont Fallère persisterono pascoli alpini, che suggeriscono una frequentazione continuativa. Polline di indicatori antropogenici e di numerose apofite abbonda nei depositi delle Crotte Basse: questi dati, accompagnati da elevate concentrazioni di microparticelle di carbone nel sedimento, suggeriscono la presenza di attività umane nei dintorni del sito esaminato. L'età del Ferro segna un'ulteriore fase di declino forestale. Una nuova riduzione delle foreste di conifere è ascrivibile a livelli datati a circa 2900 anni cal. BP (circa 194 cm di profondità nella successione delle Crotte Basse). Questo evento si accompagna localmente alla trasformazione del settore meridionale del bacino delle Crotte Basse in una torbiera.

2.4 Le indagini archeologiche (A. Guerreschi, L. Raiteri)

Nel "comprensorio" del Mont Fallère, le indagini di carattere archeologico, svolte tra il 2009 ed il 2012 – dal Dipartimento Soprintendenza per i beni e le attività culturali della Regione autonoma Valle d'Aosta e dall'Università degli Studi di Ferrara, grazie alla firma di una convenzione tra i due enti – hanno comportato una fase prettamente progettuale e una serie di attività legate alle due principali metodiche per il recupero delle evidenze sul campo: la ricognizione territoriale e lo scavo.

La fase progettuale, finalizzata all'individuazione di una modalità di *survey* adeguata ad affrontare le problematiche legate alla visibilità archeologica in alta quota, ha riguardato la predisposizione di una "carta di sintesi", una serie di prospezioni geofisiche e la formalizzazione di una scheda di ricognizione, che da un lato comprendesse le modifiche suddette, dall'altro rendesse più snella la procedura relativa alla raccolta dei dati.

Dal punto di vista operativo, la ricerca ha riguardato: due campagne di prospezioni territoriali (2010 e 2011); quattro campagne di scavo archeologico presso il sito MF1 (2009-2012); un sondaggio preliminare (2010) e una campagna di scavo (2011) nel sito MF3; una campagna di scavo (2012) nel sito MF6.

2.4.1 Attività progettuale (A. Guerreschi, L. Raiteri)

2.4.1.1 La "carta di sintesi" (L. Delle Piane, P. Gabriele)

La "carta di sintesi" esprime la volontà di creare uno strumento altamente funzionale dal punto di archeologico e facilmente applicabile durante la ricerca. Mentre dal punto di vista concettuale nasce dall'idea (cfr. *supra*) di voler raccogliere in un'unica carta una serie di dati estremamente eterogenei e caratterizzati dalla presenza / assenza di interesse archeologico, dal punto di vista operativo tale "carta" è stata realizzata dallo Studio GDP Consultants di Saint-Christophe (AO) che ha saputo, attraverso l'utilizzo di tecniche di analisi spaziale in ambiente GIS (acronimo di Geographic Information System), integrare lo studio geologico-geomorfologico dell'area (Delle Piane e Gabriele, 2009) con una serie di indicazioni di carattere archeologico e geografico dettate dall'impostazione progettuale della ricerca in oggetto. Complessivamente, lo studio (Delle Piane e Gabriele, 2009) ha riguardato la digitalizzazione su piattaforma GIS delle informazioni archeologiche, geografiche, geologiche e geomorfologiche oltre all'analisi spaziale GIS, riguardante la creazione di semplici regole informatiche di selezione ed esclusione (si/no, corrispondenti a valore 1/0), partendo dalla parametrizzazione dei fattori di cui sopra considerati favorevoli o sfavorevoli. In particolare, il riconoscimento e la rappresentazione cartografica dei diversi elementi geologici e geomorfologici sono stati definiti durante le campagne di rilievo sul terreno di cui al paragrafo 2.2 (fase di acquisizione dati). Per la definizione dei filtri analitici, relativi ad aspetti archeologici e geografici si è fatto riferimento a una serie di criteri-guida attraverso l'analisi di un modello di insediamento "mediatore" derivato da studi pluridecennali in Trentino-Alto Adige (Raiteri, 2009a): in ripari sottoroccia; alla base di grandi massi erratici; alla base di accumuli di frana; direttamente su passi; in posizioni naturalmente dominanti sul territorio circostante; direttamente su creste; in prossimità di piccoli laghi. Geograficamente si è pensato di selezionare aree caratterizzate da una debole pendenza ($P < 20°$), da un'esposizione che escludesse settori prevalentemente a N ($22.5° < E < 337.5°$) e da una quota altimetrica compresa tra 1900 e 2400 m s.l.m. ca., definita nell'impostazione progettuale. In merito al GIS, per ogni strato informativo (corrispondente ai fattori suddetti) sono state create delle griglie tematiche (*grid*) costituite da celle quadrate aventi lato di 2 m, pari alla risoluzione del modello digitale del terreno (DTM) utilizzato. Operativamente, ad ogni singola cella, appartenente ai relativi fattori (archeologici, geografici, geologici e geomorfologici), è stato assegnato un valore pari a 0, nei casi in cui non persisteva la condizione imposta (ad esempio valore 0 per pendenza superiore a 20°) e un valore pari a 1, nei casi in cui la condizione era verificata (ad esempio per una pendenza inferiore a 20°). Ai fini della ricerca archeologica, il valore 0 è stato associato a un giudizio "non interessante" ovvero "non visibile" mentre il valore 1 è stato associato a un'area caratterizzata da un'elevata visibilità archeologica oppure potenzialmente interessante e visibile. Per ognuno dei fattori sopra descritti si è ottenuta una mappa tematica, caratterizzata in definitiva da un *grid* suddiviso in aree (celle o gruppi di celle) con valore 0 e aree con valore 1. Le mappe tematiche e la relativa "carta di sintesi" sono presentate nelle seguenti figure:

- **fattori archeologici** (fig. 2.32-2.36);

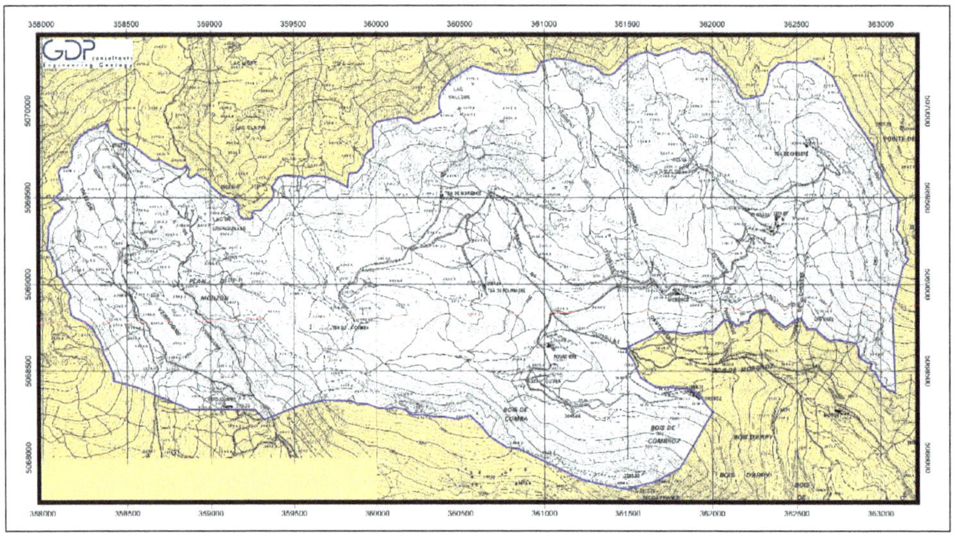

Fig. 2.32: "comprensorio del Mont Fallère" (celle con valore 1 = bianco; celle con valore 0 da escludere = colore) (tratta da Delle Piane e Gabriele, 2009).

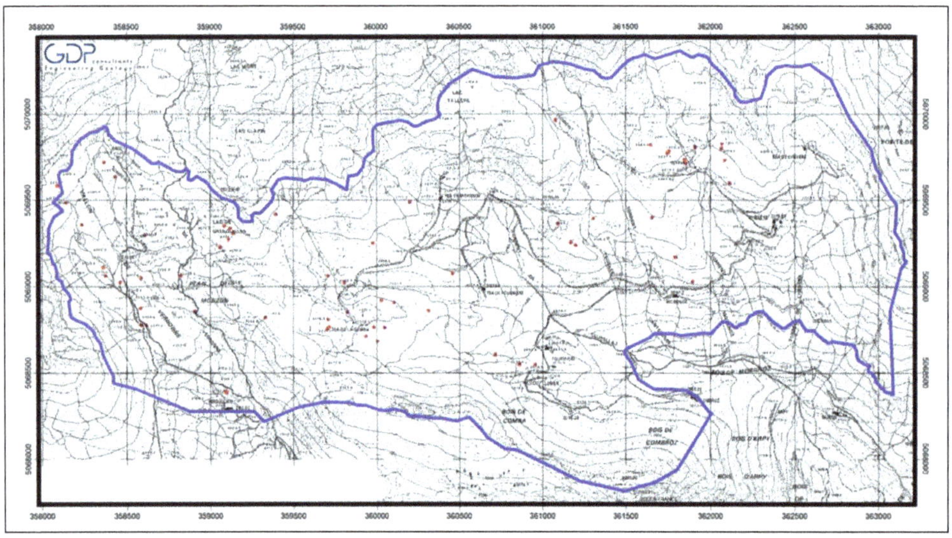

Fig. 2.33: Fattore E (massi erratici) - buffer di 10 metri intorno al masso. (tratta da Delle Piane e Gabriele, 2009).

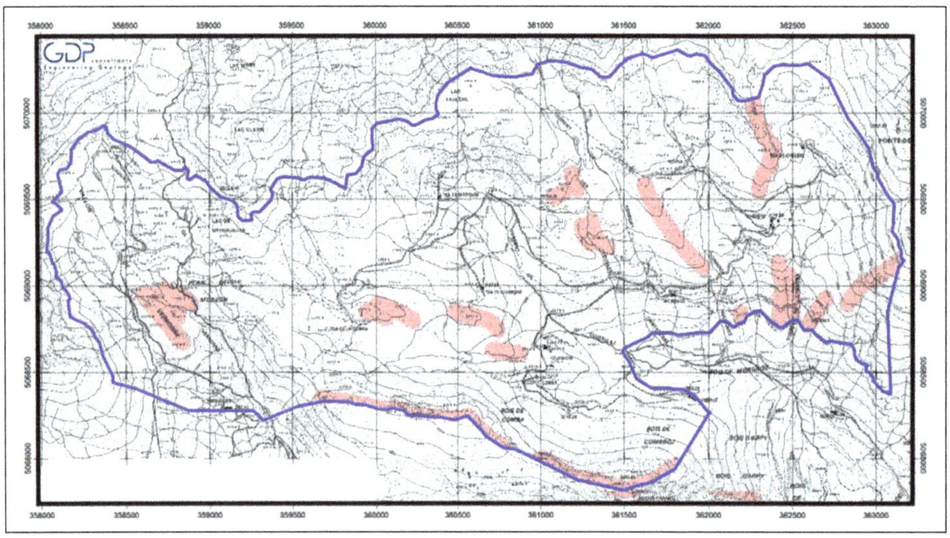

Fig. 2.34: Fattore C (creste e dorsali morfologiche) - buffer di 50 metri per lato. (tratta da Delle Piane e Gabriele, 2009).

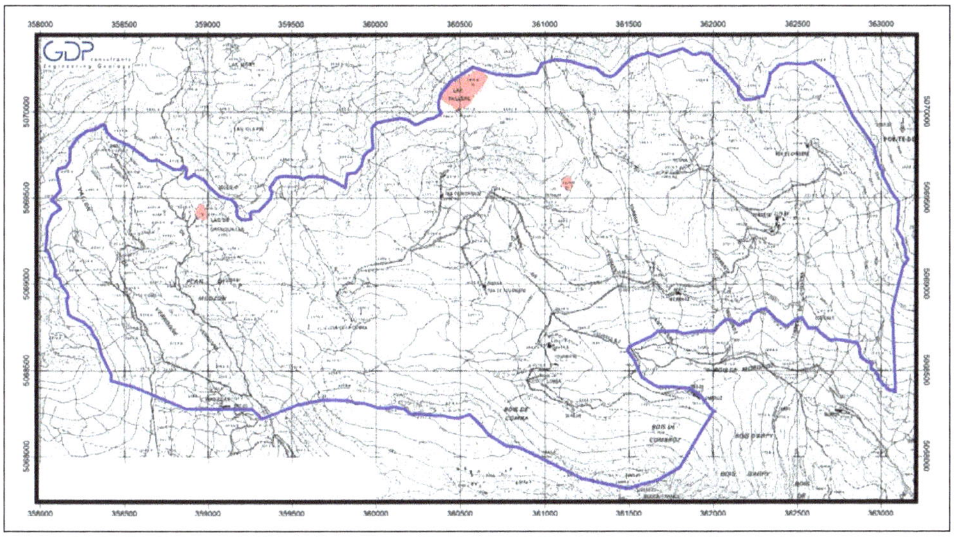

Fig. 2.35: Fattore L (laghi) - buffer di 50 metri lungo le sponde. (tratta da Delle Piane e Gabriele, 2009).

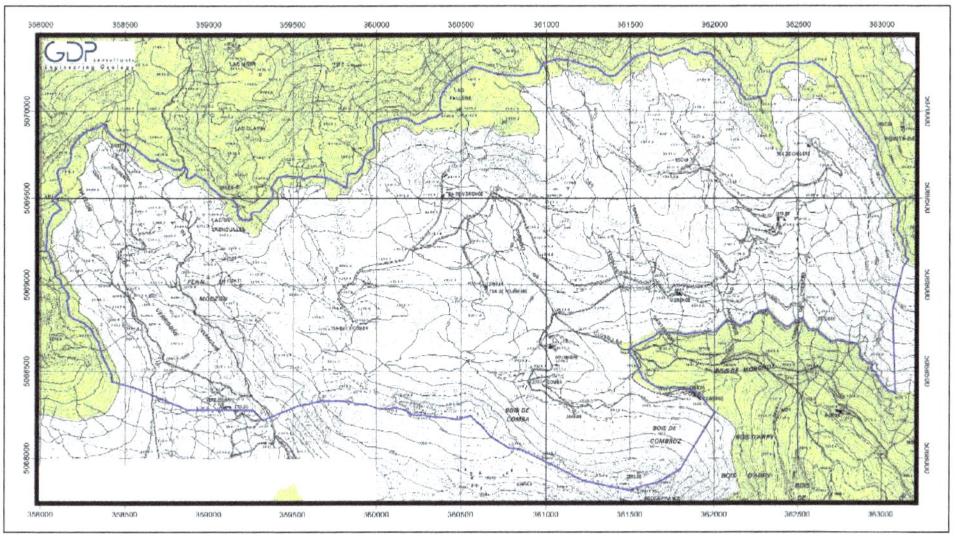

Fig. 2.36: Quota di riferimento – fascia altimetrica compresa tra 1960 e 2400 m slm (celle con valore 1 = bianco; celle con valore 0 da escludere = colore. (tratta da Delle Piane e Gabriele, 2009).

- **fattori geografici** (fig. 2.37-2.38);

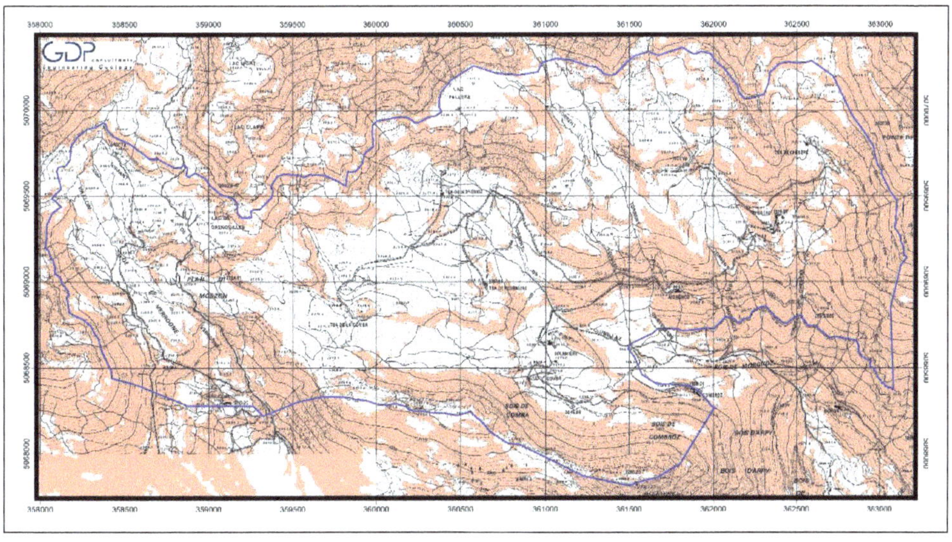

Fig. 2.37: Classi di pendenza favorevole – parametro compresa tra 0 e 20°. (celle con valore 1 = bianco; celle con valore 0 (da escludere) = colore. (tratta da Delle Piane e Gabriele, 2009).

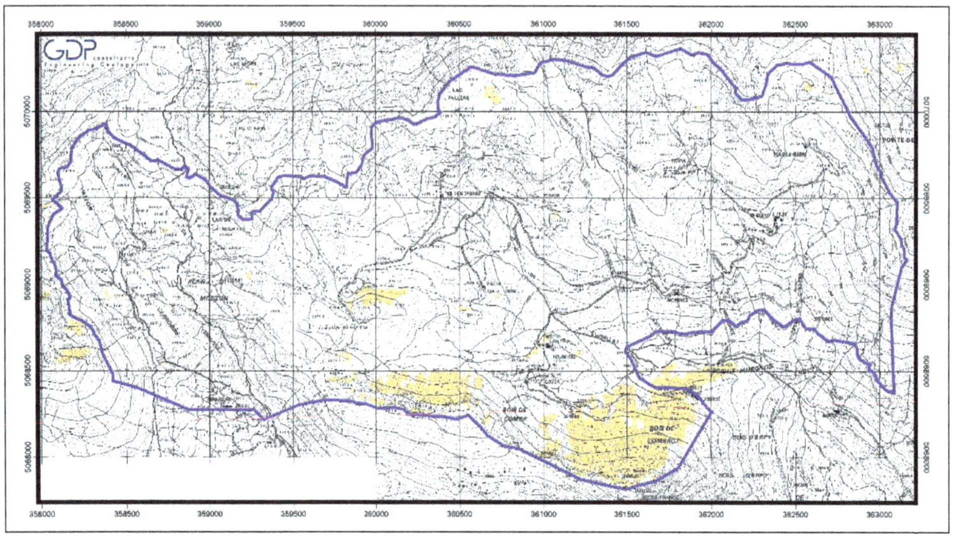

Fig. 2.38: Esposizione – esclusione dei siti con piena esposizione a N (azimut tra 337.5° e 22.5°) (celle con valore 1 = bianco; celle con valore 0 da escludere = colore). (tratta da Delle Piane e Gabriele, 2009).

- **fattori geologici e geomorfologici** (fig. 2.39-2.41);

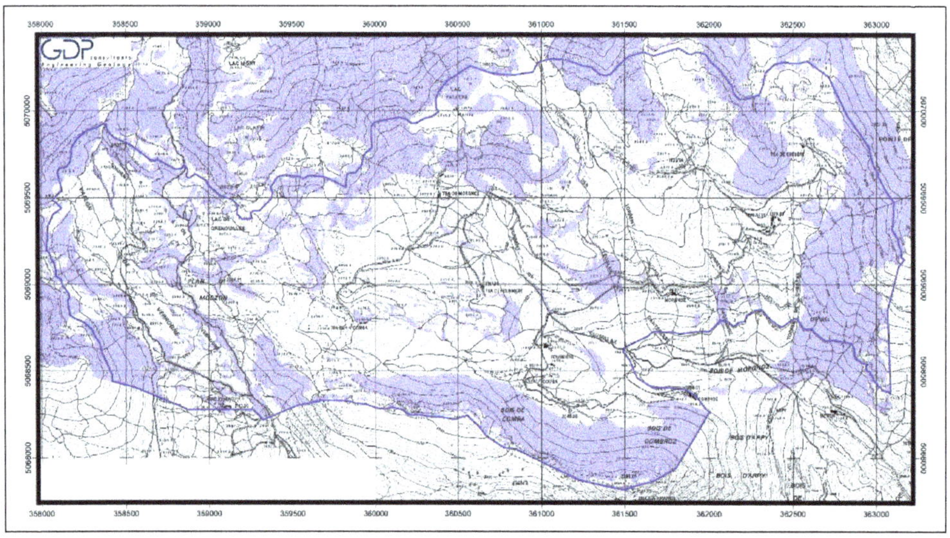

Fig. 2.39: Litologia superficie – presenza di depositi con caratteristiche favorevoli (celle con valore 1 = bianco; celle con valore 0 da escludere = colore. (tratta da Delle Piane e Gabriele, 2009).

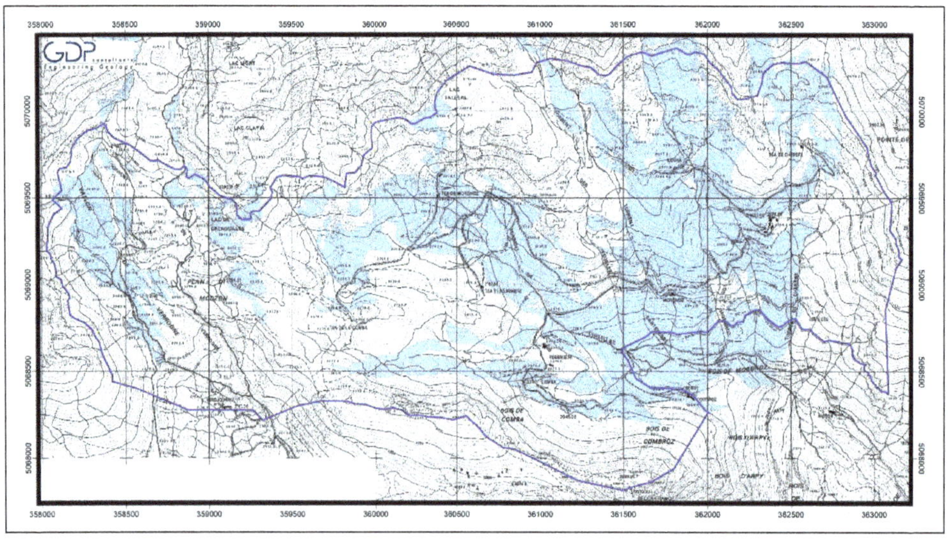

Fig. 2.40: Depositi glaciali di ablazione – strato informativo separato da Geo) (celle con valore 1 = bianco; celle con valore 0 da escludere = colore. (tratta da Delle Piane e Gabriele, 2009).

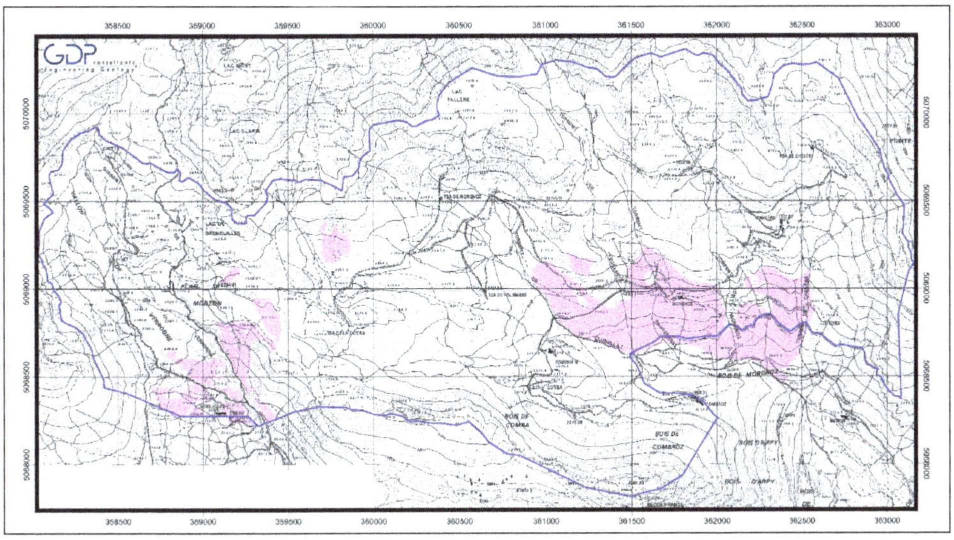

Fig. 2.41: Depositi glaciali rimaneggiati – strato informativo separato da Geo) (celle con valore 1 = bianco; celle con valore 0 da escludere = colore. (tratta da Delle Piane e Gabriele, 2009).

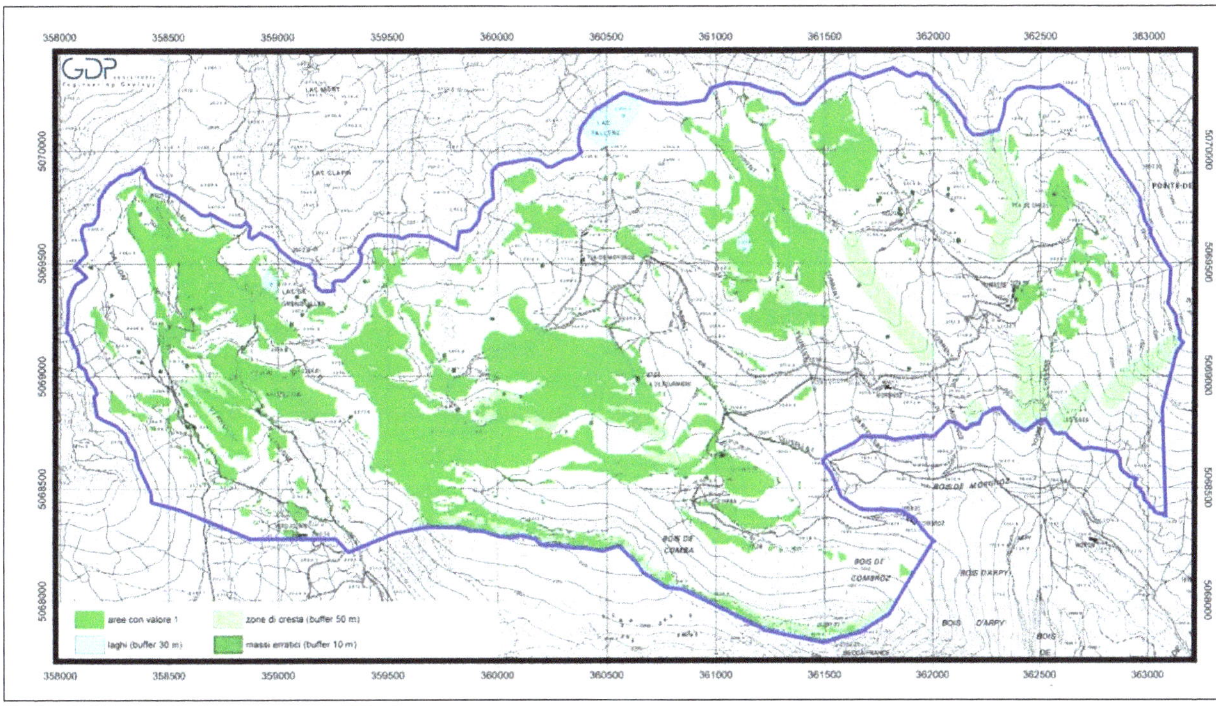

Fig. 2.42: "carta di sintesi" (l'area delimitata in verde è considerata ai fini della ricerca archeologica di potenziale interesse - reticolato geografico: 500 m - sistema di riferimento: UTM32N-ED50. (tratta da Delle Piane e Gabriele, 2009).

La figura 2.42 permette di apprezzare la **"carta di sintesi"** relativa alle aree di potenziale interesse archeologico e sovrapponibile topograficamente al "comprensorio" del Mont Fallère. L'elaborato in oggetto (fig. 2.42), consultato durante le ricognizioni territoriali del 2010 e del 2011, è risultato molto utile sia per quel che riguarda i risultati conseguiti e per la praticità d'uso.

2.4.1.2 Le indagini geofisiche (C. Comina, M.G. Forno, M. Gattiglio, F. Gianotti, L. Sambuelli)

Sono state effettuate indagini geofisiche mediante tomografie elettriche finalizzate al riconoscimento di strutture geologiche, sepolte lungo il fondovalle del T. Verrogne, connesse con l'evoluzione della deformazione gravitativa profonda di Punta Leysser, e alla verifica della presenza di un lago colmato in prossimità del sito MF3, evidenziato in superficie da una morfologia suborizzontale. Le tomografie sono state eseguite lungo due transetti perpendicolari tra loro (ERT1 e ERT2), finalizzati a valutare l'assetto strutturale del substrato e a indagare la natura dei sedimenti superficiali (Comina *et al.*, 2015) (Fig. 2.43). Sono stati realizzati due stendimenti ciascuno per una lunghezza complessiva di 190 m, ottenuti con 72 canali a distanza intra-elettrodica di 2 m e la tecnica del *roll-along*.

I risultati delle tomografie geofisiche permettono una ricostruzione geologica più dettagliata di quella basata esclusivamente sui rilievi geologici di terreno, confermando l'esistenza del lago colmato (Fig. 2.43) e permettendo inoltre di valutare le variazioni della sua profondità e le caratteristiche

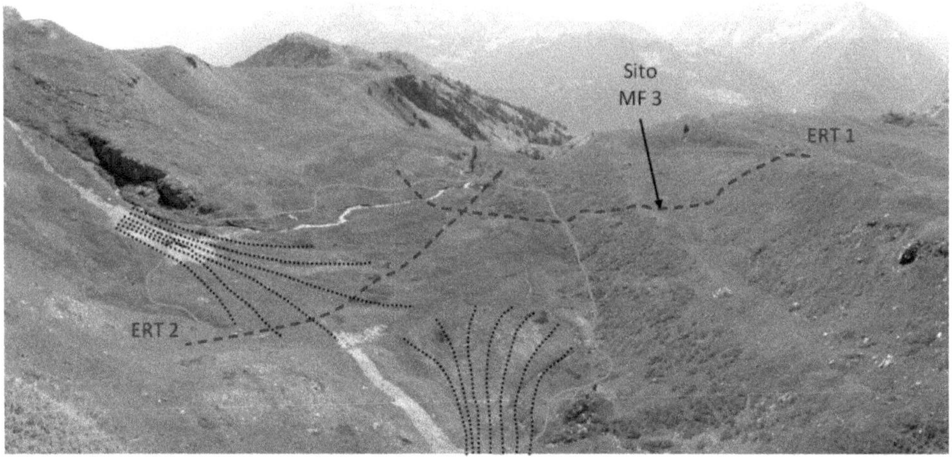

Fig. 2.43: Area indagata da una tomografia elettrica trasversale (ERT1) e una longitudinale (ERT2). È evidenziato il perimetro del lago colmato definito da morfologia suborizzontale (in azzurro) e la distribuzione dei conoidi torrentizi (in nero).

dei sedimenti di riempimento. In dettaglio, la presenza del substrato affiorante alle estremità del profilo ERT 1 è confermata da elevati valori di resistività (superiori a 2000 Ohm.m) (Fig. 2.44). Lo stesso substrato mostra una riduzione dei valori di resistività nel settore sudoccidentale con l'aumento della profondità (a-a[1] in Fig. 2.44A con valori compresi tra 750 e 2000 Ohm.m), evidenziando la probabile transizione da rocce sature di acqua in profondità a rocce prive di acqua intertiziale nella parte superficiale (Fig. 2.44B). Nello stesso settore il substrato mostra due fasce a bassa resistività (la principale con valori tra 50 e 300 Ohm.m) inclinate di 40°-50° verso ovest e verso est, verosimilmente connesse con rocce molto fratturate e allentate. Queste fasce, avendo caratteristiche e giacitura analoghe rispetto a strutture gravitative osservate direttamente sul terreno, possono essere legate a superfici di scivolamento inclinate in senso opposto (connesse con fratture normali e antitetiche). In particolare il sito MF3 è localizzato in corrispondenza alla blanda depressione allungata sviluppata all'intersezione tra queste superfici di scivolamento. Nel settore sudorientale della tomografia (b-b[1] in Fig. 2.44A) è individuabile una ampia depressione modellata nel substrato, verosimilmente connessa con la sovraescavazione glaciale, colmata da tre livelli a diversa resistività riferibili a differenti corpi sedimentari quaternari con spessore complessivo di circa 5 m (Fig. 2.44B). Questi sono interpretati come corrispondenti a depositi subglaciali addensati (con valori tra 500 e 750 Ohm.m), sabbie lacustri (con valori tra 300 e 500 Ohm.m) e depositi palustri torbosi (con valori tra 150 e 300 Ohm.m). Per definire la natura dei depositi, è stata confrontata la resistività media di sedimenti

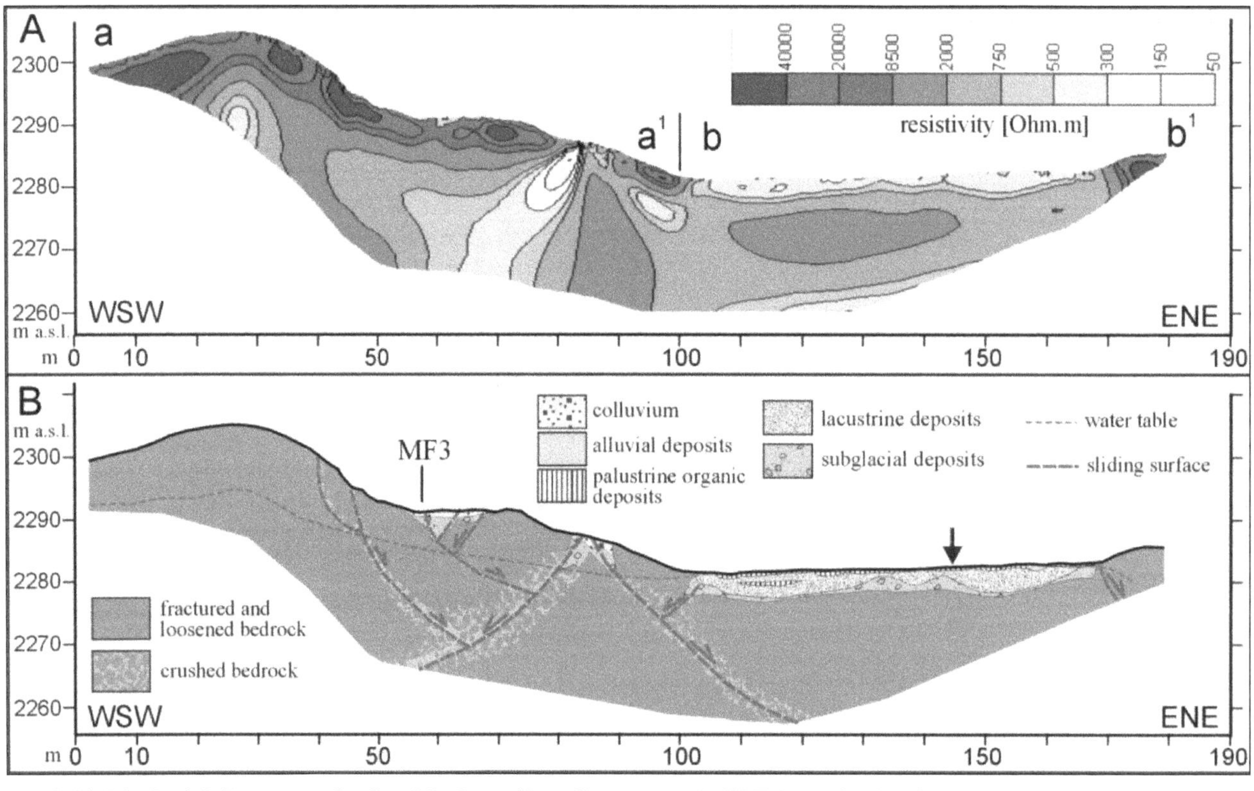

Fig. 2.44: Risultati delle tomografie elettriche lungo il profilo trasversale ERT 1. A: distribuzione dei valori di resistività; B: ricostruzione geologica lungo il profilo con riportati le strutture gravitative ipotizzate e la distribuzione della copertura quaternaria (da Comina *et al.*, 2015).

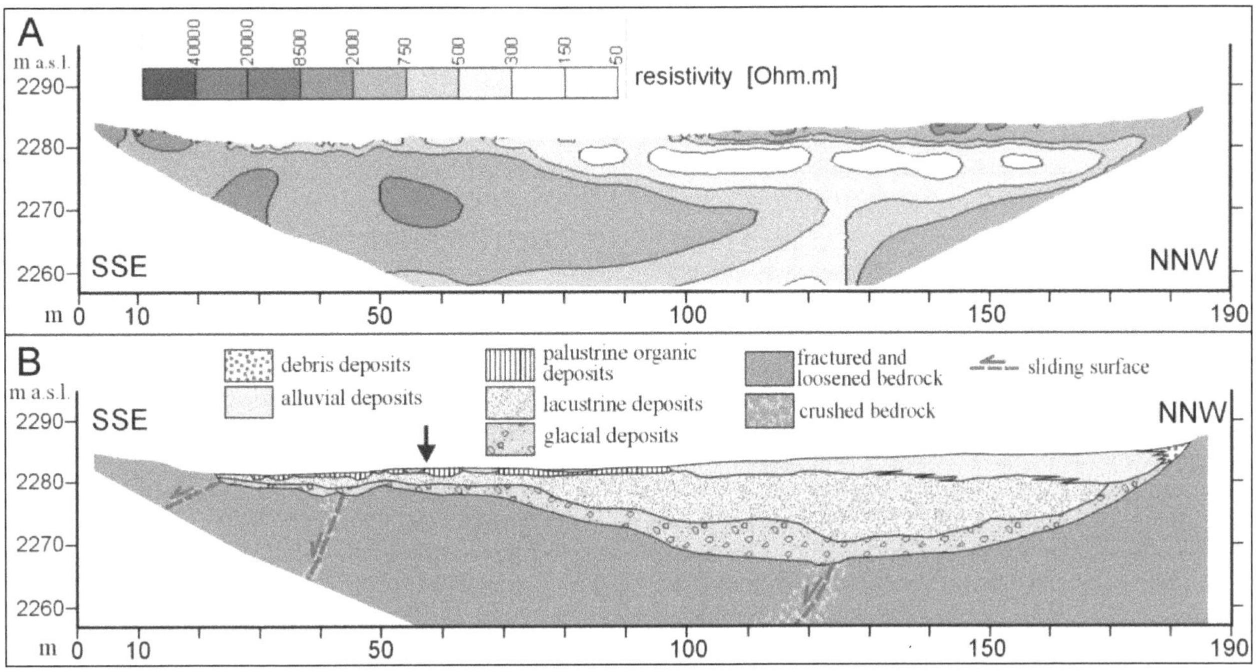

Fig. 2.45: Risultati delle tomografie elettriche lungo il profilo longitudinale ERT 2. A: distribuzione dei valori di resistività; B: ricostruzione geologica lungo il profilo con riportati le strutture gravitative ipotizzate e la distribuzione della copertura quaternaria (da Comina *et al.*, 2015).

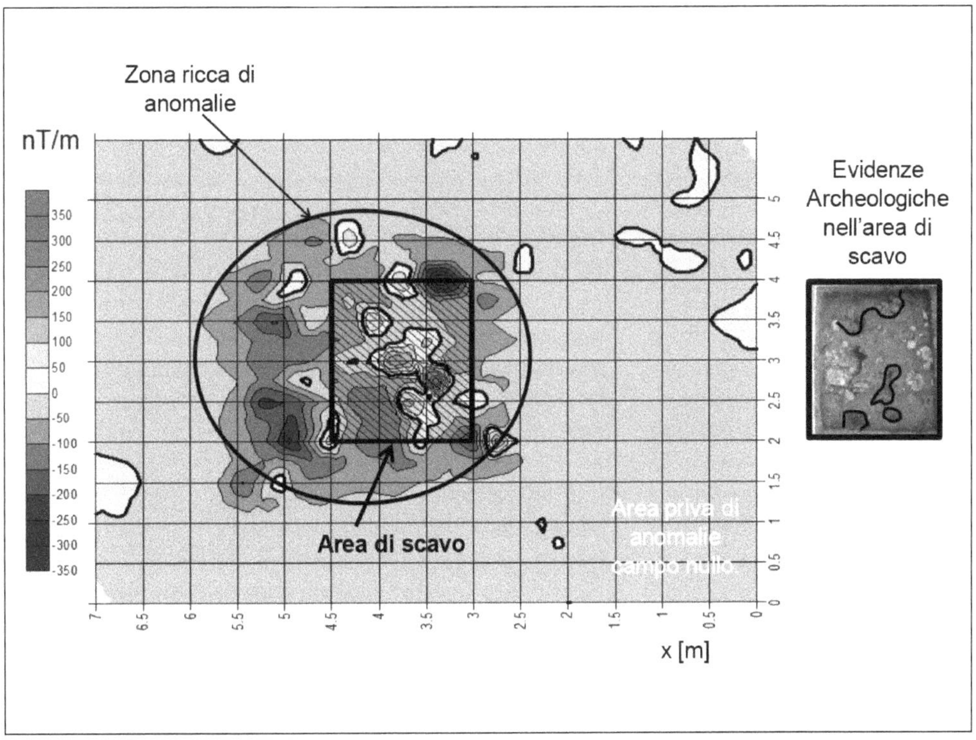

Fig. 2.46: A) Rappresentazione delle anomalie magnetiche nel sito MF6 e nelle aree limitrofe, confrontate con le aree circostanti. B) Evidenze archeologiche di terreno rubefatto nel sito MF6 a seguito delle attività di scavo.

saturi e la resistività dei sedimenti analizzati considerando la resistività dell'acqua del Torrente Verrogne, caratterizzata da bassa percentuale di sali disciolti. Le caratteristiche della copertura quaternaria osservata nel settore nordorientale del profilo trasversale ERT1 è in accordo con i valori osservati lungo il profilo longitudinale ERT2 (Fig. 2.45). Analogamente ai dati precedenti, al di sopra di rocce con elevata resistività, verosimilmente corrispondenti al substrato roccioso, si osservano, nel settore sudorientale del profilo, tre livelli sovrapposti con bassa resistività, verosimilmente corrispondenti a sedimenti interpretati come subglaciali, lacustri e palustri. Lo spessore di questi sedimenti aumenta da 5 m in corrispondenza al margine sudorientale del bacino (progressiva 30 in Fig. 2.45A) a 15 m in corrispondenza al settore assiale (progressiva 130) (Fig. 2.45B). È da sottolineare come il depocentro del lago colmato non coincida con il centro del bacino ma sia localizzato nel suo settore nordoccidentale, permettendo di ipotizzare una esarazione glaciale differenziale. In questo settore, inoltre, i corpi sedimentari descritti appaiono coperti da sedimenti con maggiore resistività (con valori superiori ai 750 Ohm.m) in accordo con la presenza superficiale di sedimenti ghiaiosi costituenti conoidi torrentizi, evidenziati sul terreno da superfici con inclinazione lievemente maggiore rispetto al resto del bacino (Fig. 2.43). Il substrato sepolto mostra alcune fasce con bassa resistività inclinate di 40-60° verso SSE. In accordo con i dati geologici superficiali raccolti in tutta l'area di studio (versante meridionale del M. Fallère), queste fasce possono essere interpretate come volumi di rocce allentate connesse con la deformazione gravitativa. Pertanto le indagini geofisiche hanno evidenziato fratture nel substrato, gradini di scivolamento e gradini in contropendenza di origine gravitativa, riferibili alla DGPV di Punta Leysser, come possibile causa della formazione del lago colmato stesso e della blanda depressione che ospita il sito MF3 (Comina *et al*, 2015).

Sono state inoltre effettuate indagini geofisiche mediante rilievi geomagnetici, per sopperire alla mancanza di evidenze superficiali relativa a insediamenti preistorici. Tali indagini si sono concentrate principalmente sull'acquisizione di dati di gradiente magnetico per valutarne l'applicabilità come metodo di prima prospezione. La possibilità di introdurre nella ricerca in argomento una serie di test geofisici deriva dalle potenzialità del metodo magnetico che permette di individuare manufatti in ferro e/o terreno rubefatto o alterato dal fuoco, garantendo una buona precisione sino ad una profondità di circa un metro. Per la buona riuscita delle indagini nell'area oggetto di studio, le prove geofisiche sono state precedute da un preciso posizionamento cartografico delle aree da testare e dei siti archeologici coinvolti. Le prove magnetiche sono state eseguite nelle aree riferite ai siti MF3, MF6 e MF7 e zone limitrofe per valutare la potenzialità del metodo. In particolare è stata indagata la risposta, per esempio, alla presenza di terreno rubefatto di un focolare localizzato nel sito MF6, struttura evidenziata da precedenti indagini archeologiche (Fig. 2.46). Le prove eseguite hanno permesso di identificare notevoli disomogeneità del campo magnetico nei pressi dei siti archeologici testati evidenziando la presenza di dipoli e monopoli magnetici. Si è potuto constatare una notevole differenza tra l'andamento delle anomalie magnetiche riferibili alle strutture già evidenziate durante le precedenti indagini (scavi archeologici) rispetto al campo approssimativamente nullo nei dintorni (Fig. 2. 46). Le prove geofisiche in oggetto, che verranno valutate archeologicamente nel prosieguo della ricerca, possono permettere quindi di fare un notevole salto di qualità in termini di visibilità archeologica, evidenziando strutture sepolte anche in aree non ancora coperte da scavi archeologici.

2.4.2 Attività operative e risultati conseguiti
(A. Guerreschi, L. Raiteri)

2.4.2.1 Il *survey*

Il termine ricognizione archeologica (in inglese *field survey*) comprende una serie di tecniche e di applicazioni necessarie all'individuazione di testimonianze archeologiche che hanno lasciato sul terreno delle tracce più o meno consistenti. Considerando lo sviluppo della disciplina in Italia nonché in ambito internazionale si deduce una doppia valenza in merito alla pratica del *survey*: da un lato la mera ricerca di nuove evidenze archeologiche, dall'altro l'idea di poter definire, tramite il rinvenimento di manufatti e strutture antiche, la trasformazione nel tempo del paesaggio antico. Senza entrare nel merito della discussione, è utile segnalare che nel caso specifico il *survey* è da intendersi così come indicato nella prima definizione.

In particolare, la ricognizione territoriale ovvero il lavoro diretto sul campo ha riguardato una serie di operazioni ben precise; ogni ricognizione, riconducibile alla disamina di una zona particolarmente promettente individuata e indagata secondo il modello definito nell'impostazione della ricerca (Raiteri 2009a), è stata seguita dalla compilazione di una scheda denominata "utr" (unità territoriale di ricognizione) e dal diario di ricognizione. Tali documenti, resi particolarmente semplici e snelli, hanno rivestito un ruolo di tutto rilievo all'interno della ricerca e rappresentano la memoria storica della stessa, descrivendone il *modus operandi*. La scheda di ricognizione "utr" (fig. 2.47a-e), che non intende in alcuna maniera sostituire il diario di ricognizione – elaborato considerato « come una valvola di sfogo, uno spazio non formalmente strutturato che possa contenere tutte quelle informazioni, osservazioni e riflessioni che non trovano posto nella griglia predisposta per la documentazione. » (Cambi e Terrenato, 1994) – permette di registrare una serie di dati in modalità analitica quali ad esempio la scelta e la posizione della zona da indagare, il tipo e la tecnica di indagine, l'intensità adottata, la visibilità riscontrata. Le aree tematiche e i differenti campi, organizzati in database relazionali, consentono in ogni momento il confronto tra le schede e, soprattutto al termine della ricerca, garantiscono un'analisi critica dei risultati ottenuti. In occasione del rinvenimento di reperti archeologici, gli stessi sono stati inseriti in apposite bustine di plastica insieme ad un cartellino di riconoscimento (sigla di progetto – anno – n. scheda utr – posizionamento geografico – tipologia di materiale). L'aspetto cartografico del dato è stato curato con il sistema GPS (Global Positioning System / Sistema Globale di Posizionamento) tramite il reticolo chilometrico nella proiezione conforme UTM-ED50 (relativo al sistema UTM dove il sistema geodetico di riferimento è l'ED50) al fine di posizionare, nel miglior modo possibile, i materiali rinvenuti nonché le unità territoriali soggette a ricognizione. Risulta necessario, per completezza, aggiungere che in merito alle risultanze delle attività legate al *survey* si parla di "sito" in qualità di unità territoriale caratterizzata da una concentrazione di resti antropici; così come sostengono alcuni autori: «va quindi tenuto presente che in questa accezione il sito corrisponde solo indirettamente ad un'unità del popolamento antico e diviene piuttosto un'astrazione creata dal ricercatore per classificare le tracce rinvenute.» (Cambi e Terrenato, 1994).

utr 1

SCHEDA UNITÀ TERRITORIALE DI RICOGNIZIONE

utr n. 1

del

operatore:

1 - LOCALIZZAZIONE GEOGRAFICO - AMMINISTRATIVA

Comune: **Frazione:** **Località:**

Localizzazione catastale:

Strade:

Cartografia di riferimento:

Coordinate GPS: 0.0 0.0 **Quota s.l.m.:** 0.0

2 - METODOLOGIA ADOTTATA

2.1 - TIPOLOGIA DI INDAGINE

Tipologia di ricognizione archeologica (survey)

- sistematica
- non sistematica
  - autoptica (diretta) con requisiti e/o filtri
  - campionamento su modello
  - random (occasionale)
  - altro:

2.2 - TECNICA DI INDAGINE

diretta sul campo

- ricerca di superficie a vista
- ricerca sotto la superficie
  - shovel test
  - shovel test con campionamento sistematico organizzato in poligono
  - sondaggio

altro

- analisi foto aeree
- analisi remote sensing
- indagini geofisiche

Creato con AdHoc di AdHoc 3D Solutions s.r.l. (www.adhoc3d.com) Pagina 1 di 5

Fig. 2.47a: Scheda "utr"- unità territoriale di ricognizione.

utr 1

2.3 - VISIBILITÀ

Visibilità relativa (il valore 5 indica maggiore visibilità relativa)	1	2	3	4	5

Osservazioni sulla visibilità relativa:

2.4 - INTENSITÀ DELL'INDAGINE

Intensità della ricerca	distanza che i ricognitori tengono sul terreno (compilare solo nel caso di ricerca di superfifie a vista)	1 metro	
		2 metri	
	ripetitività ricognizione	sì	se sì inserire n. e data della scheda utr precedente:
		no	

3 - MODALITÀ DI INDIVIDUAZIONE DELLA ZONA

Utilizzo modello d'insediamento	sì	in ripari sottoroccia
		alla base di grandi massi erratici
		alla base di frana
		direttamente su passi
		posizioni naturalmente dominanti sui territori sottostanti
		direttamente su creste
		all'aperto in prossimità di piccoli laghi
	no	

Utilizzo filtro geomorfologico (vedi carta di sintesi)	sì	**Note:**
	no	

Requisiti di carattere geomorfologico e antropico (esposizione del terreno sottostante la cotica erbosa)	sì	erosione meteorica
		dilavamento pluviale-nivale
		incisioni della cotica erbosa (buche, tane)
		azione alternata di gelo-disgelo
		oscillazioni stagionali del livello di alcuni laghetti
		passaggio di mezzi (antropico)
		passaggio su sentieri e mulattiere (antropico)
		lavorazioni varie (antropico)
		altro:
	no	

Utilizzo filtro rappresentato da indagini geofisiche	sì	**Note:**
	no	

Creato con AdHoc di AdHoc 3D Solutions s.r.l. (www.adhoc3d.com) Pagina 2 di 5

Fig. 2.47b: Scheda "utr"- unità territoriale di ricognizione.

utr 1

4 - DESCRIZIONE DELL'AREA INTERESSATA DAL RINVENIMENTO

Descrizione del luogo:

Andamento del terreno:

Vegetazione:

Descrizione empirica del suolo:

5 - INDICAZIONI PRELIMINARI SULL'EVIDENZA RINVENUTA

Tipologia:

Descrizione del luogo:

Primo inventario:

6 - INDICAZIONI CRONOLOGICHE

Datazioni per culture	sì	preistoria protostoria romana medioevo moderno contemporaneo altro:
	da definire	

Osservazioni:

Creato con AdHoc di AdHoc 3D Solutions s.r.l. (www.adhoc3d.com) Pagina 3 di 5

Fig. 2.47c: Scheda "utr"- unità territoriale di ricognizione.

utr 1

7 - DOCUMENTAZIONE FOTOGRAFICA

Fotografie	**sì**	**no**

Creato con AdHoc di AdHoc 3D Solutions s.r.l. (www.adhoc3d.com) Pagina 4 di 5

Fig. 2.47d: Scheda "utr"- unità territoriale di ricognizione.

utr 1

8 - SCHIZZO PLANIMETRICO DELL'AREA

9 - DATI DI COMPILAZIONE

SQUADRA CHE HA COLLABORATO ALLA RICOGNIZIONE TERRITORIALE

Cognome e nome	Qualifica	Ente di appartenenza

RESPONSABILE

Data	Ora/meteo	Responsabile

Creato con AdHoc di AdHoc 3D Solutions s.r.l. (www.adhoc3d.com) Pagina 5 di 5

Fig. 2.47e: Scheda "utr"- unità territoriale di ricognizione.

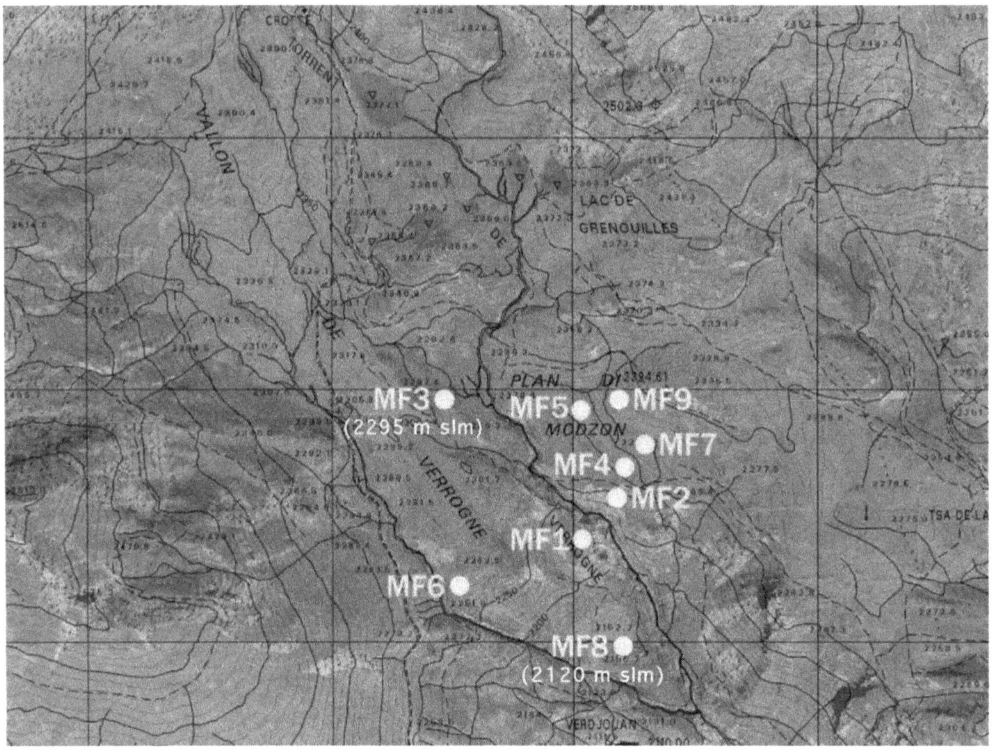

Fig. 2.48: Ortofoto riferita al comprensorio del Mont Fallère con la localizzazione dei siti ad una quota compresa tra 2120 m s.l.m. e 2295 m s.l.m.

Le attività svoltesi nel "comprensorio" del Mont Fallère, durante l'estate del 2010 e del 2011, hanno permesso l'individuazione di sei siti (MF4-MF9), considerando che MF3 era stato rinvenuto nelle prospezioni del 2008 (Raiteri, 2009b) e che i siti MF1 e MF2 erano stati identificati nelle raccolte di superficie del 1998 e 1999 (Mezzena e Perrini, 1999) (fig. 2.48).

2.4.2.2 Lo scavo archeologico

Lo scavo, considerato come la principale tecnica della disciplina archeologica, consiste sostanzialmente nella progressiva asportazione dei livelli di terreno, denominati strati archeologici ovvero US (Unità Stratigrafiche), effettuata nell'ordine inverso rispetto a quello con cui essi si sono formati. Una volta individuato e delimitato il deposito da indagare, l'area interessata viene coperta da una quadrettatura ancorata a una serie di stazioni topografiche di origine certa. Nel caso oggetto di studio, tale quadrettatura è stata organizzata in quadrati di 1 metro per 1 metro, ulteriormente suddivisi in 4 settori, di dimensioni 0,50 m per 0,50 m, corrispondenti alle lettere A, B, C e D. In questa maniera è stato possibile posizionare planimetricamente tutte le strutture ed i reperti individuati, con il grado di precisione di cui sopra. A scavo iniziato, il materiale derivante dall'asportazione degli strati è stato sottoposto a lavaggio con acqua, utilizzando setacci (nel caso specifico con maglia di 1,5 mm) per la raccolta dei reperti minuti, e vagliato (controllo a tavolino) al fine di riconoscerne le principali caratteristiche. I reperti archeologici individuati sono stati riposti in piccole bustine di plastica, accompagnati da cartellino di riconoscimento indicante: località, anno, sito, quadrato, settore e US di provenienza. In merito alla documentazione archeologica sono state annotate e documentate tutte le osservazioni sui sedimenti, sulla disposizione dei reperti e sulle strutture evidenti; sono stati, inoltre, realizzati i consueti rilievi planimetrici per ogni strato, le sezioni cumulative nonché le riprese fotografiche.

Nella ricerca in oggetto, per il momento, sono stati indagati con le procedure sopra descritte (saggio preventivo e/o campagna di scavo) tre siti (MF1, MF3 e MF6) dei nove (MF1-MF9) complessivamente rinvenuti.

In merito alla presentazione dei risultati conseguiti durante le ricerche, al sito MF1 sono dedicati i capitoli III e IV, mentre gli altri siti (MF2-MF9) sono descritti nel prossimo paragrafo, con le indicazioni delle principali indagini svolte.

2.4.2.3 I siti MF2-MF9

Scoperto nel 1999 (Mezzena e Perrini, 1999), il **sito MF2** si riferisce ad una raccolta di manufatti in cristallo di rocca ed è localizzato su una dorsale con orientazione NS, che si affaccia verso W sull'incisione del T. Verrogne orientale (fig. 2.49). Il materiale archeologico, raccolto direttamente sul substrato roccioso, era concentrato in un'area di circa due metri quadrati.

Il **sito MF3**, rinvenuto durante le ricognizioni del 2008, a circa 400 m verso NO rispetto al sito MF1, è localizzato in corrispondenza di una blanda depressione allungata in senso NS (fig. 2.50) e sospesa rispetto all'adiacente Plan di Modzon; tale depressione profonda circa un metro risulta colmata da depositi costituiti da blocchi angolosi interpretabili verosimilmente come depositi glaciali (Comina *et al.*, 2015). Al di sopra delle formazioni suddette si sviluppano sedimenti siltoso-sabbiosi giallastri, considerati come depositi colluviali (Forno *et*

Fig. 2.49: Ripresa da NE, effettuata dal sito MF2 verso SW. Come da descrizione di cui sopra i due siti (MF2 in primo piano e MF1 al di là dell'incisione del T. Verrogne) si trovano uno di fronte all'altro.

SITO MF2 – raccolta materiali					
Anno di prelievo	**modalità di recupero**	**industria litica**			**perc. %**
		manufatti ritoccati	**debitage (generico)**	**n.**	
Anno 1999	Raccolta di superficie (random)	---	22	---	91.6
Anno 2008	Prospezioni territoriali (Survey VdA 2008)	---	1	---	4.2
Anno 2010	Prospezioni territoriali (Survey VdA 2010)	---	1	---	4.2
Totale		---	24	---	100.0

Tab. 2.9: Schema riassuntivo relativo alle raccolte del sito MF2.

Fig. 2.50: Ripresa del paleolago effettuata da N. Al centro dell'immagine si nota il T. Verrogne orientale mentre il sito MF3 è localizzato ad W del paleolago.

al., 2014). Le indagini archeologiche realizzate nel 2010 e nel 2011, rispettivamente con un saggio preliminare e con una campagna di scavo, hanno evidenziato al di sopra di sedimenti siltosi-sabbiosi giallastri la presenza di materiale archeologico; tale materiale, concernente supporti in cristallo di rocca e selce (99 % cristallo di rocca e 1 % selce), derivante dalle operazioni di scheggiatura, è da riferirsi secondo una prima analisi tipologica al Neolitico medio-recente. L'inquadramento crono-culturale è, peraltro, confermato da una datazione al radiocarbonio su un frammento di carbone di legno

SITO MF3 – raccolta materiali					
anno di prelievo	**modalità di recupero**	**industria litica**			**perc. %**
		manufatti ritoccati	**debitage (generico)**	**N.**	
Anno 2008	Prospezioni territoriali (Survey VdA 2008)	---	---	1	0.1
Anno 2010	Saggio preliminare	1	15	1	1.2
Anno 2011	I campagna di scavo	9	1365	6	98.7
Totale		10	1380	8	100.0

Tab. 2.10: Schema riassuntivo relativo alle raccolte del sito MF3. L'industria litica è composta da n 1381 supporti in quarzo ialino e n 17 supporti in selce.

SITO MF3 – industria litica		
composizione dell'industria	**numero**	**perc. %**
Débitage (generico)	1380	98.7
Nuclei	8	0.6
Manufatti ritoccati	6	0.4
Frammenti di manufatti ritoccati	4	0.3
Totale	1398	100.0

Tab. 2.11: Composizione dell'industria litica del sito MF3.

SITO MF3 – elaborati grafici			
Tipologia (Gruppo)	**Numero Fig. 2.51**	**Materiale (scala)**	**Sito – raccolta – anno**
Geometrico	1	Quarzo ialino (2:1)	3 – I camp. (750A US1) – 2011
Geometrico	2	Quarzo ialino (2:1)	3 – I camp. (750B US1) – 2011
Geometrico	3	Quarzo ialino (2:1)	3 – I camp. (750B US1) – 2011
Geometrico	4	Quarzo ialino (2:1)	3 – I camp. (650C US1) – 2011
Grattatoio (G7?)	5	Quarzo ialino (2:1)	3 – I camp. (650C US1) – 2011

Tab. 2.12: Ritoccati rappresentativi dell'industria litica del sito MF3.

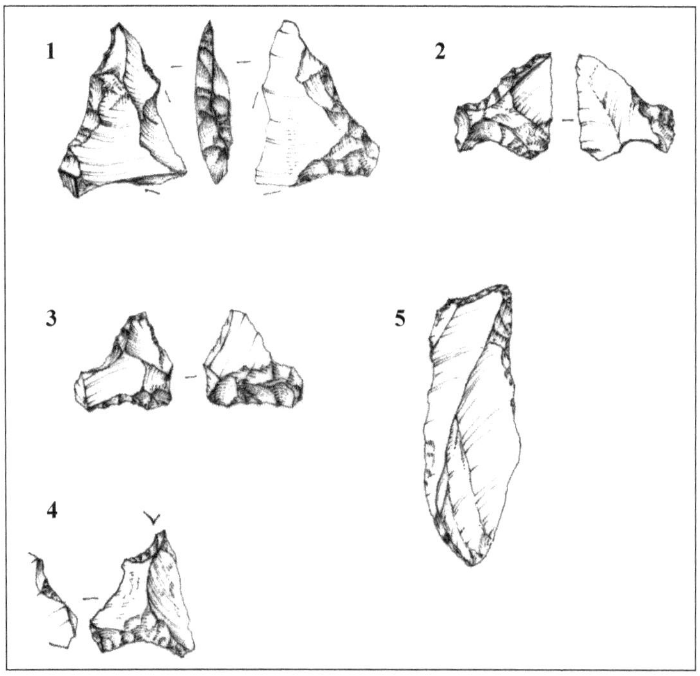

Fig. 2.51: Strumenti rappresentativi dell'industria litica del sito MF3. Scala 2:1 (disegni realizzati da G. Almerigogna).

Fig. 2.52: Ripresa effettuata dal sito MF4 (da NE) verso i siti MF2 e MF1.

SITO MF4 – raccolta materiali					
anno di prelievo	**modalità di recupero**	**industria litica**			**perc. %**
		manufatti ritoccati	**debitage (generico)**	**n.**	
Anno 2010	Prospezioni territoriali (Survey VdA 2010)	---	2	---	100.0
Totale		---	2	---	100.0

Tab. 2.13: Schema riassuntivo relativo alla raccolta del sito MF4.

(LTL12268A-CeDaD – MF3 Q650A us1, 4550 - 4350 anni cal. BC).

Il **sito MF4**, individuato nell'estate del 2010 e localizzato a circa 50 m verso NE, rispetto al sito MF2 (fig.2.52), in un area sub-pianeggiante, è caratterizzato in superficie dalla presenza di substrato roccioso. La raccolta si riferisce a due supporti in cristallo di rocca, verosimilmente riconducibili a residui di scheggiatura.

Rinvenuto durante la ricognizione territoriale del 30 settembre 2010, il **sito MF5**, si riferisce a 9 supporti in cristallo di rocca da considerarsi probabilmente come residui di lavorazione. Il sito – localizzato su una dorsale in roccia, situata al limite meridionale del Plan di Modzon e caratterizzata da un andamento sub-pianeggiante che de-

Fig. 2.53: Ripresa effettuata da NE. In primo piano si nota il sito MF5 (picchetto di riconoscimento) mentre in secondo piano sono presenti i siti MF7 e MF9.

SITO MF5 – raccolta materiali					
anno di prelievo	**modalità di recupero**	**industria litica**			**perc. %**
		manufatti ritoccati	**debitage (generico)**	**n.**	
Anno 2010	Prospezioni territoriali (Survey VdA 2010)	---	9	---	100.0
Totale		---	9	---	100.0

Tab. 2.14: Schema riassuntivo relativo alla raccolta del sito MF5.

gradava verso S con una leggera pendenza – è situato nelle vicinanze (150 m ca.) dei siti MF7 e MF9 (fig. 2.53).

Sull'orlo del vallone del T. Verrogne occidentale, in analogia con il sito MF1, è stato individuato nell'autunno del 2010 il **sito MF6**. Le indagini archeologiche, riguardanti una raccolta di superficie (2010) e la realizzazione di un piccolo saggio (2,00 m x 1,50 m), hanno evidenziato diverse strutture tra cui due focolari e 383 frammenti litici (99 % in quarzo ialino e 1 % in selce). L'assenza di un approfondito studio tecno-economico oltre alla scarsità di supporti tipologicamente riconosciuti non hanno permesso l'adeguato inquadramento crono-culturale. A questa mancanza sono venute in soccorso alcune datazioni al radiocarbonio, effettuate su frammenti di carbone di legno, che hanno permesso di attribuire al sito

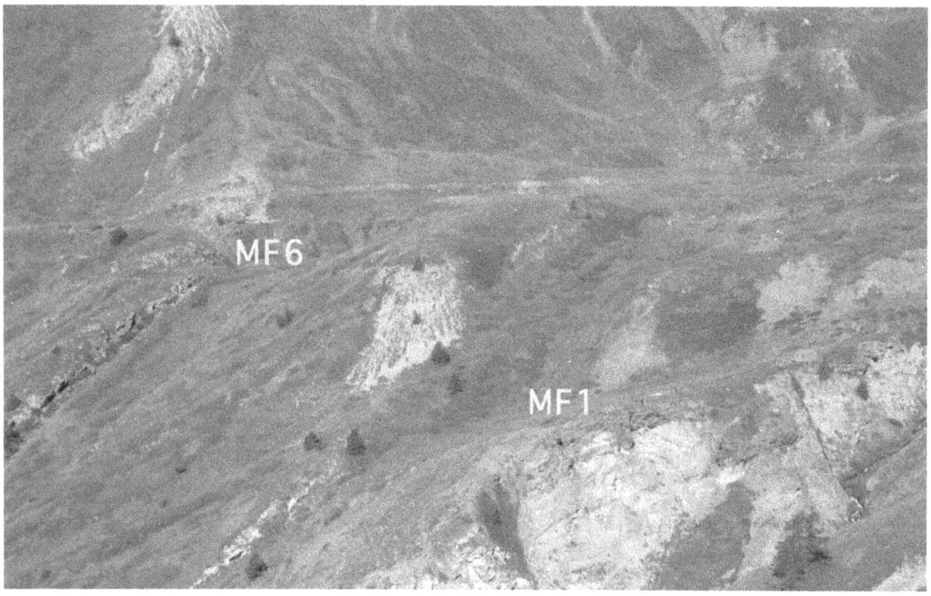

Fig. 2.54: Ripresa effettuata da E (dal sentiero che porta alla Becca France). L'immagine evidenzia le analogie riferite alla posizione tra i siti MF1 e MF6.

SITO MF6 – raccolta materiali					
anno di prelievo	**modalità di recupero**	**industria litica**			**perc. %**
		manufatti ritoccati	**debitage (generico)**	**n.**	
Anno 2010	Prospezioni territoriali (Survey VdA 2010)	---	29	---	7.6
Anno 2012	I campagna di scavo	3	350	1	92.4
Totale		3	379	1	100.0

Tab. 2.15: Schema riassuntivo relativo alle raccolte del sito MF6.

SITO MF6 – industria litica		
composizione dell'industria	**numero**	**perc. %**
Débitage (generico)	379	92.4
Nuclei	1	0.3
Manufatti ritoccati	3	0.8
Frammenti di manufatti ritoccati	-	0
Totale	383	100.0

Tab. 2.16: Composizione dell'industria litica del sito MF6.

SITO MF6 – datazioni C14			
codice laboratorio (tipologia materiale)	**codice campione (provenienza)**	**data convenz. (bp)**	**data calibrata (bc) (prob. %)**
UBA-21993 (CHRONO) Fram. carbone di legno	MF6 Q70B-us1b	2759 ± 30	979 – 829 cal. BC (99,3%)
UBA-21994 (CHRONO) Fram. carbone di legno	MF6 Q90C/D-us2	2870 ± 33	1130 – 967 cal. BC (89,9%)
UBA-22866 (CHRONO) Fram. carbone di legno	MF6 Q69B-us1d	4057 ± 35	2679 – 2475 cal. BC (90,1%)
UBA-22867 (CHRONO) Fram. carbone di legno	MF6 Q89C-us14	3634 ± 27	2045 – 1917 cal. BC (89,8%)
UBA-22868 (CHRONO) Fram. carbone di legno	MF6 Q69A-us1	2801 ± 32	1040 – 893 cal. BC (95,4%)

Tab. 2.17: Tabella riassuntiva relativa alle datazioni radiocarboniche del sito MF6.

tre principali frequentazioni corrispondenti: al Rame, al Bronzo antico e al Bronzo finale/prima età del Ferro (Tab. 2.17).

Il **sito MF7**, individuato nell'estate del 2011 durante una prospezione territoriale, si caratterizza per la particolare posizione geografica; il sito è situato in corrispondenza dell'antico versante destro del ghiacciaio del vallone Clusellaz (Unità C, cfr. *supra*) collassato nel Tardiglaciale e rimodellato dal ghiacciaio del vallone Verrogne (Unità V, cfr. *supra*) (fig. 2.57). Tale area – attualmente contraddistinta da un andamento pianeggiante, dalla presenza tota-

Fig. 2.55: Ripresa effettuata da SW. In primo piano si nota il sito MF7 durante le indagini relative al *survey*.

SITO MF7 – raccolta materiali					
anno di prelievo	**modalità di recupero**	**industria litica**			**perc. %**
		manufatti ritoccati	**debitage (generico)**	**n.**	
Anno 2011	Prospezioni territoriali (Survey VdA 2011)	3	181	1	100.0
Totale		3	181	1	100.0

Tab. 2.18: Schema riassuntivo relativo alla raccolta del sito MF3.

Fig. 2.56: Ripresa effettuata da NEE. Nell'immagine si notano i siti MF7, MF2 e MF1.

Fig. 2.57: Ripresa da NNW. La linea tratteggiata indica la posizione dell'antico versante destro del ghiacciaio del V.ne Clusellaz (Unità C).

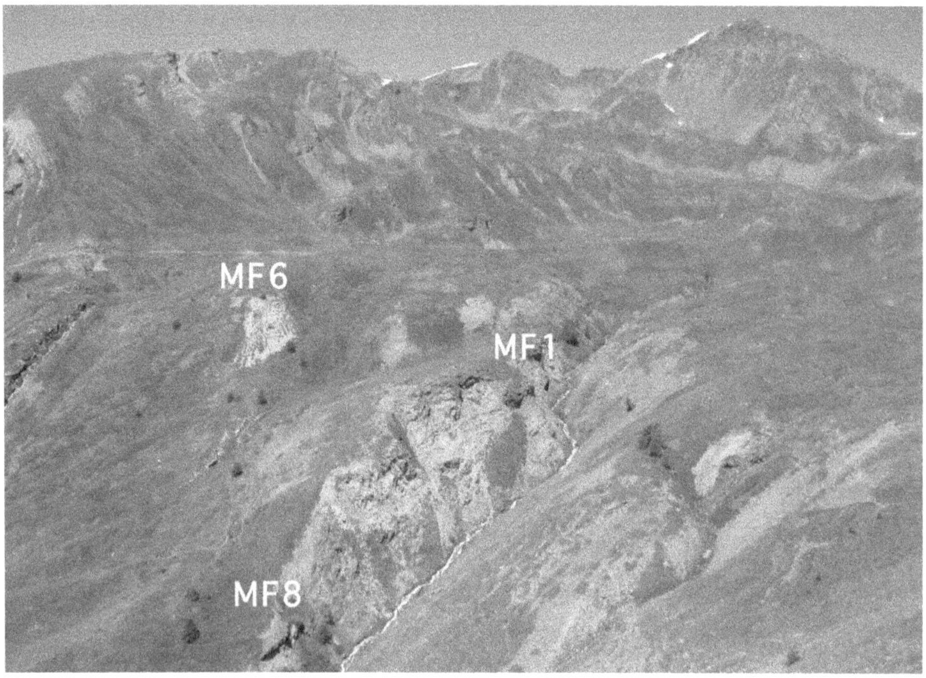

Fig. 2.58: Ripresa da SEE. Settore occidentale del "comprensorio del Mont Fallère" con indicati i siti MF1, MF6 e MF8.

le di manto erboso e dalla vicinanza di un esile torrente – ha evidenziato durante l'indagine una serie consistente (in rapporto al tipo di indagine) di manufatti in cristallo di rocca.

Rinvenuto durante le prospezioni territoriali del 2011, in un pianoro a circa 100 m verso S rispetto al sito MF1, il **sito MF8** evidenzia due supporti in cristallo di rocca (*débris*) e alcuni frammenti di carbone di legno. Una datazione al radiocarbonio riferisce il ritrovamento al Bronzo antico (LT-L12269A-CeDaD – MF8 *shovel test* 2, 2150 – 1890 cal. BC).

Il **sito MF9**, individuato nell'autunno del 2011, è localizzato a circa 70 m verso E rispetto al sito MF5 (fig.2.59), in corrispondenza di una piccola dorsale. La raccolta si riferisce ad un solo frammento in cristallo di rocca, verosimilmente riconducibile a un residuo di scheggiatura.

SITO MF8 – raccolta materiali					
anno di prelievo	**modalità di recupero**	**industria litica**			**perc. %**
		manufatti ritoccati	**debitage (generico)**	**n.**	
Anno 2011	Prospezioni territoriali (Survey VdA 2011)	---	14	---	100.0
Totale		---	14	---	100.0

Tab. 2.19: Schema riassuntivo relativo alla raccolta del sito MF8.

Fig. 2.59: Ripresa effettuata da NWW dal sito MF5 in direzione del sito MF9.

SITO MF9 – raccolta materiali					
anno di prelievo	**modalità di recupero**	**industria litica**			**perc. %**
		manufatti ritoccati	**debitage (generico)**	**n.**	
Anno 2011	Prospezioni territoriali (Survey VdA 2011)	---	1	---	100.0
Totale		---	1	---	100.0

Tab. 2.20: Schema riassuntivo relativo alla raccolta del sito MF9.

Capitolo 3

Il sito MF1 (Mont Fallère)

Riassunto

Il sito MF1, rinvenuto occasionalmente nel 1998 e localizzato su una dorsale caratterizzata da un orientamento N-S, si affaccia verso E direttamente sull'incisione del ramo orientale del T. Verrogne. I materiali archeologici provenienti dalle raccolte di superficie (1998 e 2005) erano distribuiti sulla parte sommitale della dorsale, per circa 1000 m^2. Lo scavo archeologico attuato tra gli anni 2009 e 2012 e lo studio sedimentologico condotto contestualmente hanno consentito di fare luce sulla genesi del deposito dal quale tali manufatti provengono e di recuperare evidenze utili alla comprensione delle dinamiche insediative dell'area. Sopra un substrato con giacitura della foliazione di circa 20° verso W, si sviluppavano depositi di riporto, costituiti da frammenti litici decimetrici provenienti dal sottostante substrato, mescolati a una matrice sabbioso-siltosa di colore bruno-giallastro derivante da originari depositi glaciali; tali livelli, riferibili alla sistemazione dell'area da parte dell'uomo a scopo abitativo (età del Rame), risultavano sepolti da una serie di depositi colluviali direttamente sottostanti il manto erboso. I prodotti colluviali erano costituiti da una prevalente matrice fine di colore bruno-rossastro, inglobante piccoli frammenti lapidei angolosi di provenienza locale e manufatti litici. Le operazioni di post-scavo, finalizzate alla periodizzazione delle diverse Unità Stratigrafiche (US), hanno permesso di evidenziare la presenza di sette fasi, riferibili a quattro periodi. Dall'analisi stratigrafica è risultato evidente che gran parte dei manufatti litici, prevalentemente su cristallo di rocca e tipologicamente riferibili al Mesolitico antico (Sauveterriano) rinvenuti negli strati colluviali superficiali sono da considerarsi in giacitura secondaria e che tali livelli hanno sigillato una serie di frequentazioni in giacitura primaria, tra le quali appare di primaria importanza quella riferibile all'età del Rame. Alcuni frammenti di carbone di legno e una nocciola, selezionati in base alla posizione nella sequenza stratigrafica, sono stati sottoposti a datazione radiocarbonio AMS. Ben sei date (strati 17-44 e 21), a cui si aggiunge la datazione relativa alla nocciola, attestano una frequentazione corrispondente all'età del Rame (Rame II); per quanto riguarda i depositi colluviali, le datazioni confermano le correlazioni stratigrafiche e indicano varie fasi di frequentazione riconducibili alla fine del Boreale/inizio dell'Atlantico (Mesolitico) nonché al tardo Neolitico/inizio età del Rame.

Le ricerche nel sito MF1 hanno anche comportato uno studio sedimentologico (2010) dei livelli denominati T1, T2 e T3 campionati nella sezione ovest del quadrato 633C (sondaggio preliminare 2009); la tessitura a supporto di matrice e la struttura massiva, la loro bassa selezione e la presenza di clasti angolosi distribuiti in modo caotico in una matrice dominante ne confermano l'interpretazione come depositi colluviali. Si tratta dunque di livelli formati dal lento movimento sul versante di colate di fango per soliflusso – verosimilmente in ambiente periglaciale, durante le fasi climatiche fredde e secche – ovvero per ruscellamento diffuso sui versanti durante le fasi calde e umide.

Il capitolo termina con un approfondimento di carattere geologico e geomorfologico relativo alla frequentazione del sito MF1. L'area del Plan di Modzon, situata nel "comprensorio" del Mont Fallère a poca distanza dal sito MF1, presenta una morfologia del tutto particolare nell'ambito del paesaggio valdostano. Essa corrisponde all'ampio fondovalle di un bacino tributario circondato da imponenti cime montuose. La peculiare morfologia dell'area è il risultato di una stretta interconnessione tra le caratteristiche delle rocce affioranti, il modellamento glaciale con sviluppo di un fenomeno di diversione e l'attività di una delle maggiori deformazioni gravitative profonde di versante della regione. La percezione, da parte dell'uomo preistorico, di un paesaggio di alta montagna favorevole all'insediamento potrebbe verosimilmente essere collegata a un insieme di elementi presenti al Plan de Modzon, tutti conseguenti agli effetti del modellamento glaciale sincrono alla deformazione gravitativa. Tra questi citiamo:

- la presenza di una morfologia articolata in bassi rilievi e depressioni, che permette un'ampia visuale e che contestualmente offre numerosi ripari;
- la facilità di accesso diretto dalla valle principale attraverso un versante relativamente poco inclinato, corrispondente al settore maggiormente deformato della DGPV;
- l'abbondanza di acqua sia nelle incisioni fluviali sia in alcuni bacini lacustri, che riutilizzano le trincee gravitative;
- la scarsa pericolosità geologica legata ad alluvioni, frane e valanghe, in virtù della mancanza di un pronunciato versante sinistro, della grande estensione areale del ripiano e della sua morfologia articolata;
- l'esposizione favorevole, oltre che per l'orientazione a sud, anche per la scarsa evidenza del fianco vallivo sinistro connessa con la diversione glaciale;
- la facilità di effettuare appostamenti di caccia, in relazione alle irregolarità morfologiche locali, connesse con lo sviluppo dei gradini di scivolamento gravitativo;
- l'idoneità all'attività di pascolo, favorita dalla morfologia debolmente acclive.

Nell'area di Plan di Modzon appare quindi del tutto verosimile che la "forma del paesaggio", condizionata da fenomeni di origine geologica, abbia influito sulla scelta insediativa dell'uomo: ciò è documentato dalla presenza di numerosi siti archeologici che coprono un arco temporale corrispondente agli ultimi 9000 anni, dalla Preistoria recente ai nostri giorni.

Abstract

The MF1 site, found by chance in 1998 and located on a ridge characterized by a N-S orientation, faces towards E directly on the incision of the eastern branch of the T. Verrogne. The archaeological materials from the surface collections (1998 and 2005) were distributed on the top part of the ridge, for about 1000 m^2. The archaeological excavation carried out between the years 2009 and 2012 and the sedimentological studies conducted simultaneously made it possible to shed light on the genesis of the deposit from which these artefacts come and to retrieve useful evidence to aid understanding of the settlement dynamics of the area. Above a foliated substrate with a westward inclination of about 20°, formed backfilled deposits composed of decimetric lithic fragments, coming from the underlying substrate, mixed with a sandy-silty matrix of yellowish-brown colour, derived from what were originally glacial deposits; these levels, attributable to human adjustments of the area for settlement purposes (Chalcolithic), were buried by a series of colluvial deposits directly below the turf. The colluvial products were formed by a prevailing fine matrix of reddish-brown colour, encapsulating small angular stone fragments of local origin and lithic artefacts. The post-excavation operations, aimed at the periodization of the different Stratigraphic Units (SU), have shown the presence of seven phases, referable to four periods. From the stratigraphic analysis, it became evident that a large part of the lithic artefacts found in the superficial colluvial layers, which were mainly of hyaline crystal and typologically referable to the early Mesolithic (Sauveterrian), are to be considered in secondary deposition and that such levels have sealed several occupations of primary deposition, amongst which the one related to the Chalcolithic appears paramount. Some wood charcoal fragments and a hazelnut, selected according to their position in the stratigraphic sequence, were dated with by radiocarbon (AMS). As many as six dates (layers 17-44 and 21), to which the hazelnut dating is to be added, attest towards an occupation corresponding to the Chalcolithic (Copper Age II); while regarding the colluvial deposits, datings confirm the stratigraphic correlations and indicate various occupation phases ascribable to the end of the Boreal/early Atlantic (Mesolithic), as well as to the late Neolithic/early Chalcolithic.

Research in MF1 site also involved a sedimentological study (2010) of levels named T1, T2 and T3, which were sampled in the west section of square 633C (shovel test 2009); the matrix supported texture and the structure of the gravel, as well as their low selection and the presence of angular clasts distributed chaotically in a dominant matrix, confirm them to be colluvial deposits. They are therefore layers formed by the slow movement of mudslides down the slope (solifluction)– most likely in a periglacial environment, during the cold and dry climatic phases - or by a widespread surface runoff on the slopes during the hot and humid phases.

The chapter ends with a geological and geomorphological in-depth study concerning the occupation of MF1 site. The area of Plan di Modzon, located on Mont Fallère, not far from the MF1 site, has a very peculiar morphology within the Aosta Valley landscape. It corresponds to the broad valley floor of a tributary basin surrounded by towering mountain peaks. The peculiar morphology of the area is the result of a close interconnection between the characteristics of the outcropping rocks, the glacial modelling with the resulting development of a diversion phenomenon and the activity of one of the most deep-seated gravitational slope deformations in the region. The perception, by prehistoric groups, of a high mountain landscape favourable to settlement could conceivably be linked to a set of features present at the Plan di Modzon, all resulting from the effects of glacial modelling and gravitational deformation happening simultaneously. Among these we mention:

- presence of a morphology articulated into low elevations and depressions, which allows a wide line of vision and at the same time offers numerous shelters;
- direct and easy access from the main valley through a scarcely inclined slope, corresponding to the most deformed sector of the DSGSD;
- abundance of water in both fluvial incisions and in some lake basins, which reuse gravitational trenches;
- scarce geological hazard concerning floods, landslides and avalanches, due to the absence of a pronounced slope left of the valley, to the large extension of the shelf and to its articulated morphology;
- favourable exposure, not only due to the southern orientation, but also to the scarce trace of the left valley slope connected with the glacial diversion;
- ease in implementing ambush hunting, due to local morphological irregularities, connected with the formation of gravitational slide steps;
- suitability for grazing activities, favoured by the slightly steep morphology of the slopes.

In the Plan di Modzon area, it is therefore quite likely that the "shape of the landscape", conditioned by phenomena of geological origin, influenced the choice of human settlement: this is documented by the presence of numerous archaeological sites that cover a time span corresponding to the last 9000 years, from recent prehistory to the present day.

Fig. 3.1: Il sito MF1 ripreso da NE. L'immagine mostra la dorsale sulla quale è localizzato il sito MF1, la parte superiore dell'incisione del T. Verrogne orientale, la tenda utilizzata come base logistica e l'area capanna (sulla sinistra dell'immagine) durante le indagini archeologiche del 2009.

3.1 Introduzione (L. Raiteri)

Individuato occasionalmente da un escursionista nell'estate del 1998, il sito MF1 è localizzato su una dorsale caratterizzata da un'orientazione N-S, che si affaccia verso E direttamente sull'incisione del T. Verrogne orientale (fig. 3.1); tale dorsale, osservata in profilo trasversale, appare molto stretta e sensibilmente sospesa rispetto all'incisione del corso d'acqua.

I materiali archeologici, provenienti dalle raccolte di superficie (1998-2005), risultano distribuiti sulla parte sommitale della dorsale, per circa 1000 m^2 (fig. 3.2). Per questo motivo e in seguito alle osservazioni effettuate in occasione delle indagini stratigrafiche – concentratesi nel settore meridionale della formazione rocciosa, denominato "area capanna" (scavi 2009-2012) – si può ipotizzare che il sito MF1 si estenda su gran parte dell'area e corrisponda

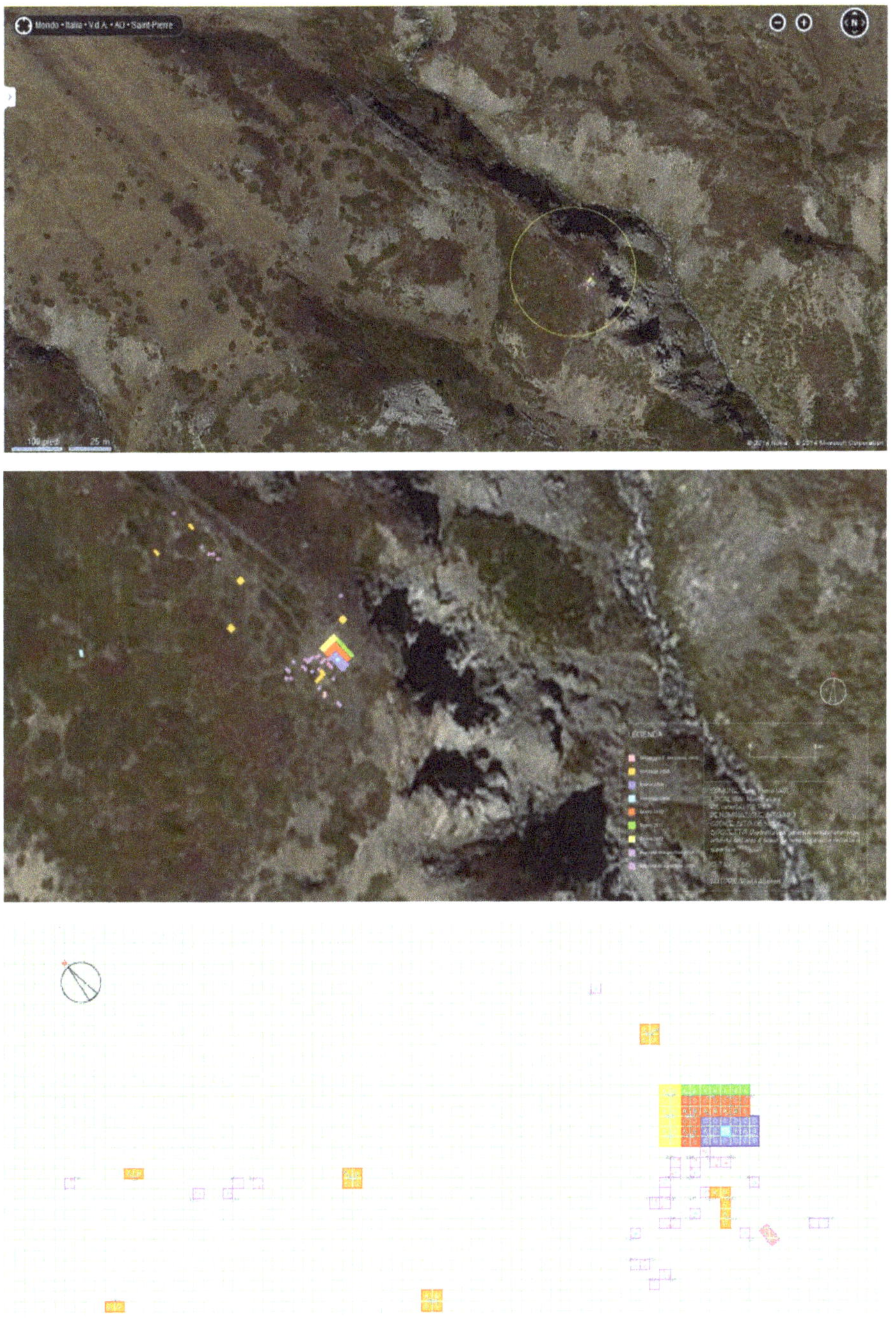

1

2

3

Fig. 3.2: Il sito MF1 –
1) quadro generale dell'area;
2) ingrandimento dell'ortofoto precedente che indica la posizione del sito MF1 sulla dorsale;
3) quadrettatura del sito MF1 con evidenziate le aree indagate distinte per anno (in arancione sono indicati i sondaggi del 2008) (elaborazione: P. Allemani).

da un lato a manufatti litici rinvenuti in superficie e negli strati immediatamente sottostanti, trasportati verosimilmente da una serie di episodi colluviali, e dall'altro a una frequentazione riferibile al Rame II, concernente i resti di un'unità abitativa.

Per quanto riguarda la formazione del deposito, emerge che sopra un substrato con giacitura della foliazione di circa 20° verso W, si sviluppavano depositi di riporto, costituiti da frammenti litici decimetrici provenienti dal sottostante substrato, mescolati a una matrice sabbioso-siltosa di colore bruno-giallastro derivante da originari depositi glaciali; tali livelli, riferibili alla sistemazione dell'area da parte dell'uomo a scopo abitativo (età del Rame), risultavano sepolti da una serie di depositi colluviali direttamente sottostanti il manto erboso. I prodotti colluviali erano costituiti da una prevalente matrice fine di colore bruno-rossastro, inglobante piccoli frammenti lapidei angolosi di provenienza locale e manufatti litici (Forno et al., 2013).

3.2 Lo scavo archeologico (P. Di Maio, A. Guerreschi, L. Raiteri, E. Vesan)

Le indagini archeologiche, condotte durante le quattro campagne dal 2009 al 2012, hanno riguardato complessivamente i quadrati 532AC, 533-536, 632ACD, 633-636, 732-736 (fig. 3.4). La posizione del sito, i limiti imposti dall'alta quota (temperatura e condizioni climatiche variabili) oltre alla ridotta durata delle campagne di scavo (20 gg a luglio), hanno condizionato notevolmente le strategie di intervento adottate; come emerge dalla schema della figura 3.4, non è stato possibile procedere ad uno scavo in estensione sull'intera superficie (12 mq) del settore denominato area capanna, ma si è proceduto di anno in anno all'apertura di piccoli "saggi" con l'obiettivo di esaurirne l'indagine entro fine campagna, così da non compromettere l'integrità del giacimento archeologico. Tale scelta ha precluso in parte quella visione d'insieme che andrebbe sempre ricercata in uno

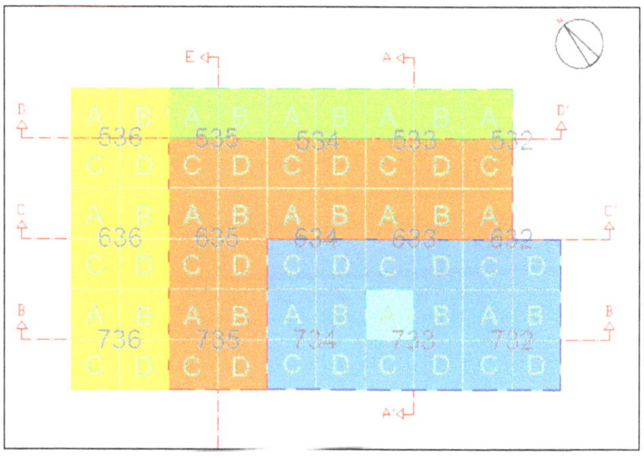

Fig. 3.4: Il sito MF1 – area capanna. Schema relativo alle diverse campagne di scavo (2009-blu; 2010-arancione; 2011-verde; 2012 giallo), alla quadrettatura di scavo e alla posizione delle sezioni (elaborazione: P. Allemani).

Fig. 3.3: Il sito MF1 – *area capanna*. Indagini archeologiche relative alla I campagna di scavo. Al centro dello scavo si può notare il sondaggio 733A che ha portato all'individuazione dell'area capanna (2009).

scavo archeologico, rendendo più complessa l'identificazione degli strati e richiedendo una maggiore attività di post-scavo.

3.2.1 La sequenza stratigrafica e la messa in fase
(P. Allemani, F. Martinet, L. Raiteri)

Le successive operazioni, legate alla correlazione stratigrafica, alla messa in fase e alla periodizzazione delle diverse Unità Stratigrafiche, hanno permesso di evidenziare la presenza di VII fasi, articolate in 4 periodi.

L'immagine 3.5 mostra il diagramma stratigrafico e la periodizzazione, mentre la successiva figura 3.6, relativa alla sezione cumulativa C-C', presenta la successione stratigrafica con una serie di indicazioni riferite alle principali UUSS; risulta evidente, per quel che riguarda il settore "area capanna" (fig. 3.3-3.6), che gran parte dei manufatti litici rinvenuti nei livelli superficiali (UUSS 1, 38, 39/28, 29, 53, 57, 58/41, 40/43) sono da considerarsi in giacitura secondaria e che tale livelli colluviali hanno sigillato una serie di frequentazioni in giacitura primaria (UUSS 27, 28, 32, 33, 29/57, 58/34=22, 36/51, 35/17=44, 18, 19, 48, 48 bis, 49, 49 bis, 21), tra le quali appare di primara importanza quella relativa all'età del Rame. In particolare, i manufatti di cui sopra – relativamente ai livelli 1, 38, 39, 54 e 55 – hanno evidenziato una serie di caratteristiche confrontabili con industrie di tipo Sauveterriano; a questo materiale corrisponde, inoltre, una datazione riferita ad un frammento di carbone di legno, rinvenuto durante l'indagine del sondaggio 963AB del 2008 nello strato immediatamente sottostan-

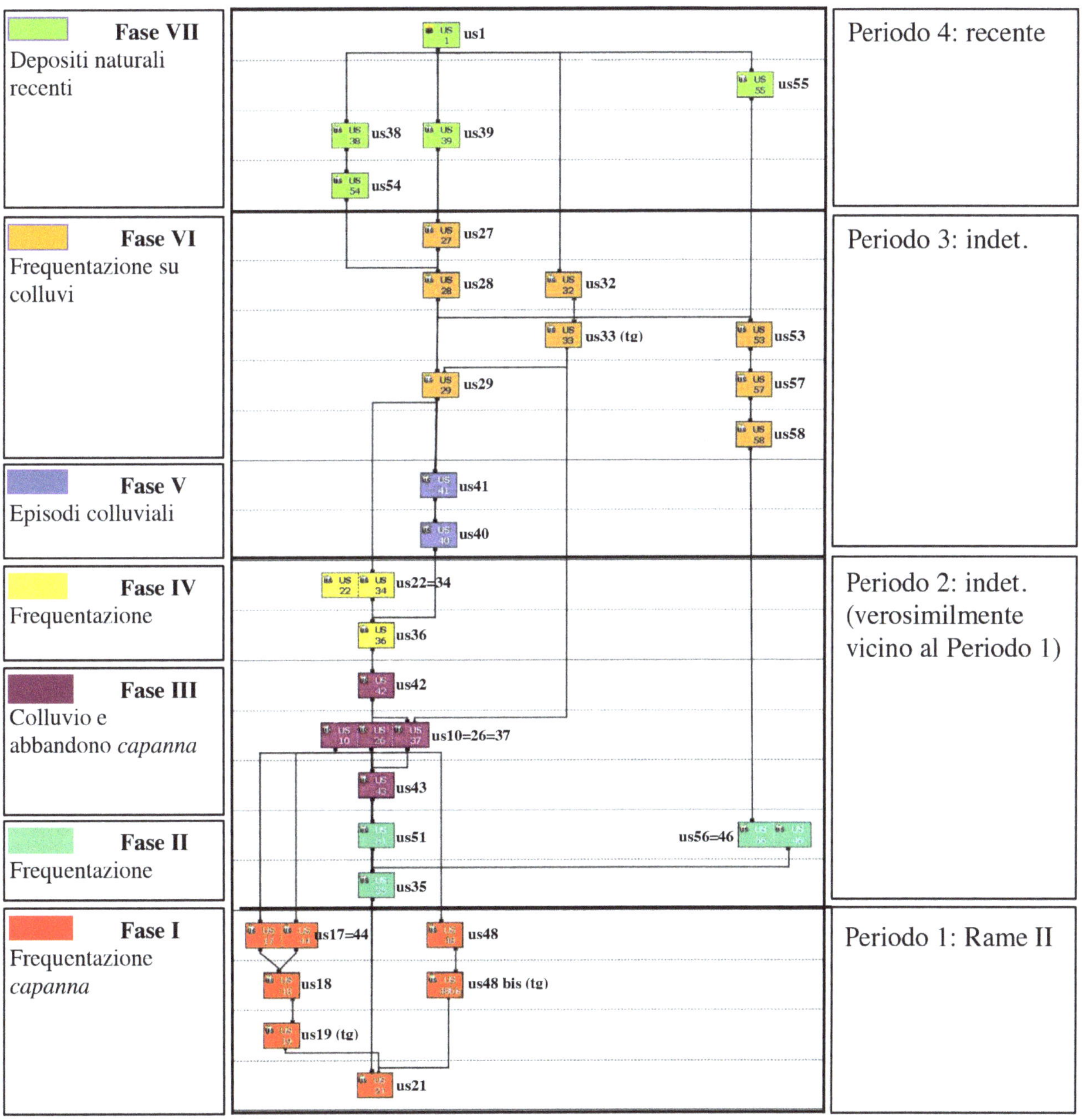

Fig. 3.5: Diagramma stratigrafico e periodizzazione relativi al sito MF1 - *area capanna* (2009-2012) (autori: F. Martinet/L. Raiteri; elaborazione grafica: P. Allemani).

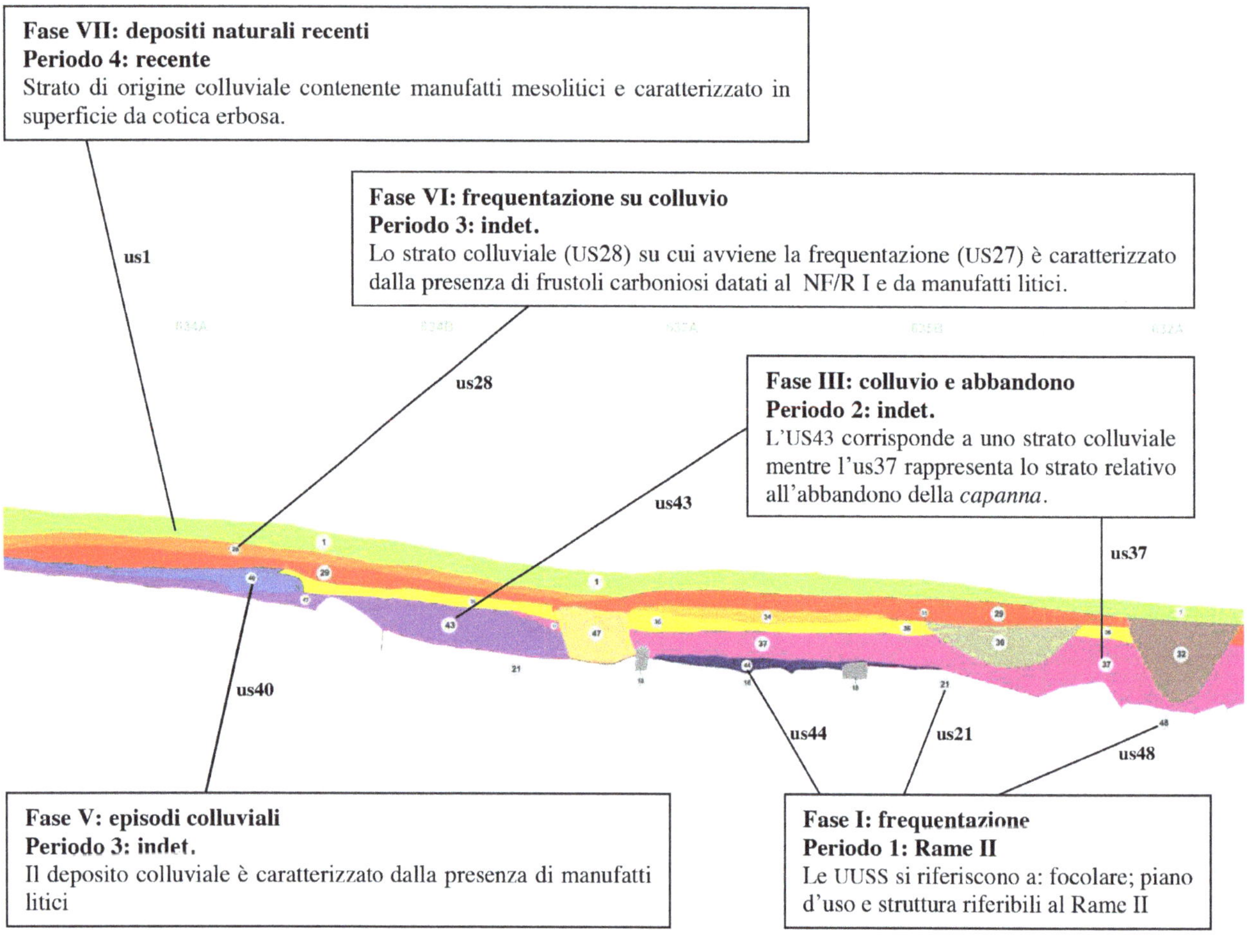

Fig. 3.6: L'*area capanna* – sito MF1. Parte di sezione C-C' relativa ai qq. 634, 633 e 632A (autori: F. Martinet/L. Raiteri; elaborazione grafica: P. Allemani).

te alla cotica erbosa: LTL4006A (CeDaD) Q.963B 6700 – 6490 cal. BC. Come detto, il settore "area capanna" del sito MF1 ha restituito anche evidenze archeologiche relative all'età del Rame: uno strato (US21) con tracce evidenti di frequentazione e di uso (aree rubefatte, concentrazione carboniosa), sul quale s'imposta un focolare (US17=44) che conserva una quantità consistente di carboni di legno (vedi tab. 3.2 - datazioni) contenuti entro una *cuvette*, delimitata da alcune lastrine litiche infisse nel terreno; tali evidenze risultano, probabilmente, in associazione con una struttura situata nella porzione meridionale dello scavo costituita da elementi lapidei (US48). Allo strato US21 (vedi tab. 3.2 - datazioni) sono associate anche una piccola ascia in pietra verde levigata, attribuibile all'età del Rame ed una nocciola datata a 2795-2562 anni cal. BC.

Nel corso delle indagini archeologiche sono state, inoltre, individuate una serie di frequentazioni che testimoniano, per il settore "area capanna" del sito MF1, fasi di attività più recenti rispetto a quella sopra descritta: un livello di frequentazione (US36) in fase con un piano di concotto (US34), uno strato (US28) consistente in un deposito colluviale – contenente manufatti litici e frustoli carboniosi in giacitura secondaria riferibili al Neolitico finale/prima età del Rame (vedi tab. 3.2 - datazioni) – corrispondente a una frequentazione attestata da un livello di argilla rubefatta (US27) e da un probabile piano di frequentazione (US57), portato alla luce durante la campagna di scavo del 2012 e caratterizzato dalla presenza di concentrazioni di carboni e terreno rubefatto.

3.2.2 Lo studio sedimentologico (I. Baster, P. Gabriele)

Lo studio, eseguito dai geologi della GDP Consultants di Saint-Christophe (AO) (Gabriele e Baster, 2010), ha riguardato alcuni strati del sito MF1, campionati all'inizio della I campagna di scavo (anno 2009). In particolare, le attività riferite al settore "area capanna" si sono concentrate sull'analisi sedimentologica di terreno e su una serie di esami eseguiti in laboratorio in merito ai livelli T1, T2 sup, T2 inf, T3 prelevati dalla sezione W del q. 633C (vedi fig.3.7), corrispondente alla sezione E del q. 733A (sondaggio preliminare).

Le analisi di laboratorio hanno permesso di caratterizzare la tessitura della matrice e di mettere in evidenza eventuali variazioni granulometriche. Lo studio della frazione maggiore a 0.075 mm (sabbia e ghiaia) è stata eseguita tramite vagliatura meccanica, mentre per le frazioni minori di 0.075 mm (limo e argilla) l'analisi è stata condotta per sedimentazione.

Fig. 3.7: MF1 – *area capanna*. Sezione di scavo vista da W (q. 633C) e riferita alle unità T1 - T2 sup - T2 inf - T3 (I campagna di scavo – anno 2009). In primo piano, già indagata, si vede l'area riferita al saggio preliminare 733A.

Unità	Profondità (cm)	Colore (Munsell, soil color charts, ed.2000)	Descrizione
T1	0-10 cm	7.5 YR 5/4	Strato sottostante la cotica erbosa costitutito da depositi fini massivi con clasti sparsi non molto abbondanti (15-30%), presenza numerose radici.
T2 sup	11-17 cm	7.5 YR 5/6	Depositi fini massivi con clasti spigolosi disposti in modo caotico (20-40%), presenza radici.
T2 inf	18-22 cm	7.5 YR 5/6	Depositi fini massivi con clasti spigolosi disposti in modo caotico (20-30%), presenza radici.
T3	25-30 cm	10YR 5/6	Depositi fini massivi deposti direttamente sul substrato; clasti sparsi non molto abbondanti (< 15%).

Tab. 3.1: Descrizione dei livelli T1 - T2 sup - T2 inf - T3 riferiti al q. 633C in sez. W (tratto da Gabriele e Baster, 2010).

In merito ai risultati ottenuti si riferisce che: i campioni analizzati sono costituiti essenzialmente da ghiaie (37%), sabbie (35%), limi (25%) oltre ad una frazione argillosa minima (2-3%) che diminuisce verso gli strati superiori (fig. 3.13); le curve granulometriche risultano ben graduate e presentano una variazione continua della dimensione dei grani (fig. 3.12)

La tessitura massiva di questi depositi, la presenza di clasti angolosi distribuiti in modo caotico in una matrice dominante oltre alla granulometria eterogenea permettono di interpretare gli strati come depositi colluviali. Si tratta molto probabilmente di depositi formati dal lento movimento sul versante di colate di fango per soliflusso – verosimilmente in ambiente periglaciale durante le fasi climatiche fredde e secche – ovvero per ruscellamento diffuso sui versanti durante le fasi calde e umide (Gabriele e Baster, 2010).

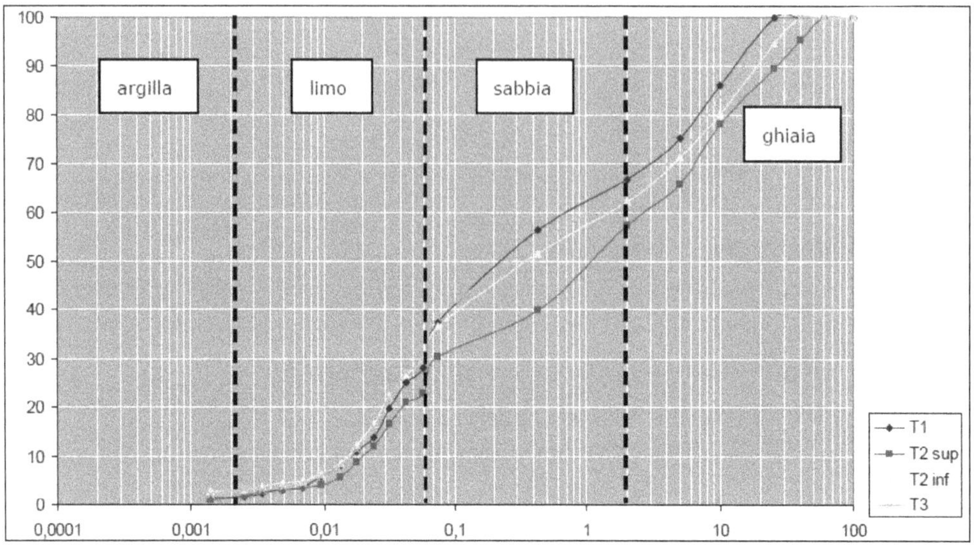

Graf. 3.1: Curve granulometriche cumulative dei campioni T1, T2 sup., T2 inf. e T3 eseguite presso il laboratorio Tecno Piemonte S.p.A. (tratto da Gabriele e Baster, 2010).

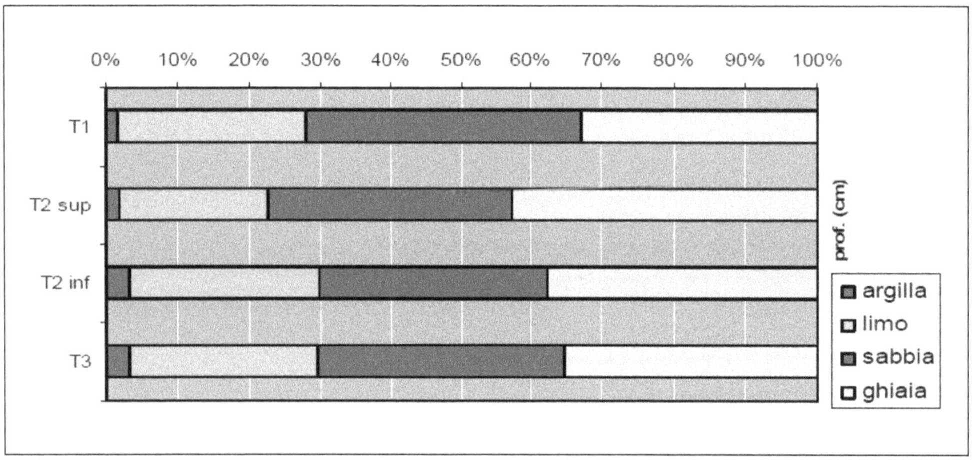

Graf. 3.2: Variazione percentuale delle componenti ghiaiosa, sabbiosa, limosa e argillosa nei campioni T1, T2 sup., T2 inf. e T3 (tratto da Gabriele e Baster, 2010).

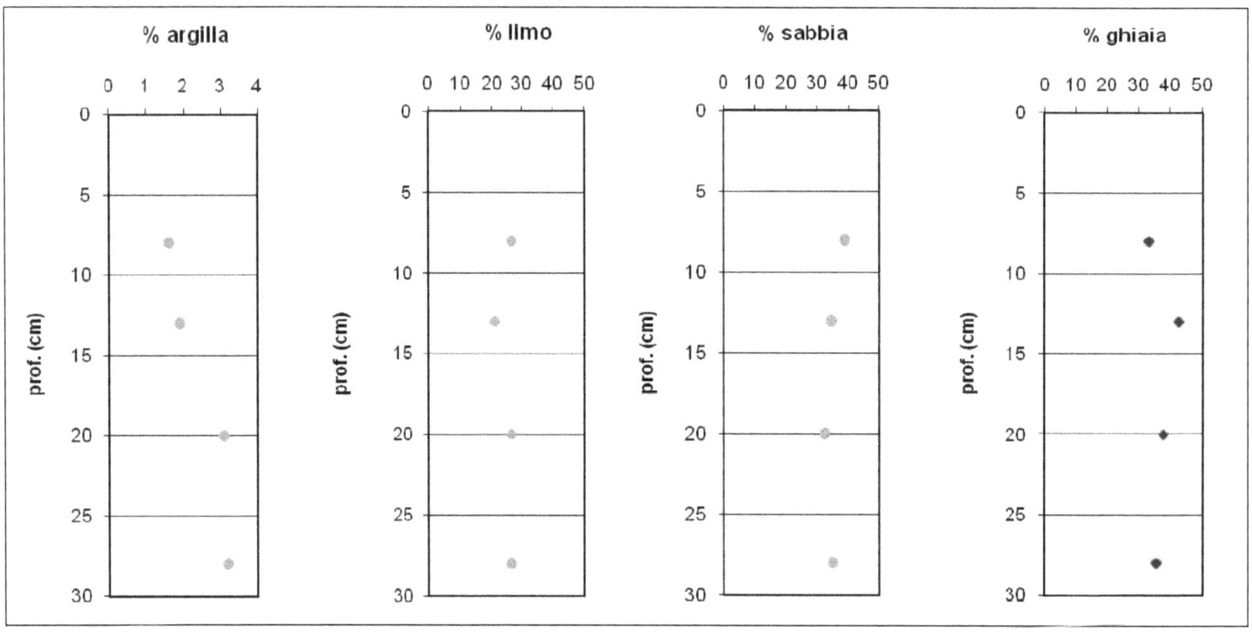

Graf. 3.3: Variazione in profondità della % argillosa, limosa, sabbiosa e ghiaiosa negli strati prelevati dalla sezione di scavo W del Q633C (tratto da Gabriele e Baster, 2010).

3.2.3 Le datazioni radiometriche

L'esigenza di completare lo studio realtivo al settore "area capanna" del sito MF1 nonché la necessità di avvalorare i dati della periodizzazione di cui al paragrafo precedente hanno comportato la realizzazione di una serie di datazioni al radiocarbonio. Tali analisi – realizzate su campioni selezionati in base alla sequenza stratigrafica presso il CEDAD (Centro di Datazione e Diagnostica - Dipartimento dell'Ingegneria e dell'Innovazione, dell'Università del Salento) – hanno riguardato alcuni frammenti di carbone di legno e una nocciola, appartenenti alle UUSS 17, 44, 21, 28 e 52. In particolare, i campioni indicati in tabella 3.2 sono stati sottoposti a datazione con il metodo del radiocarbonio mediante la tecnica della spettrometria di massa ad alta risoluzione (AMS). I macro-contaminanti presenti nei campioni, sono stati individuati mediante osservazione al microscopio ottico e rimossi meccanicamente. Il trattamento chimico di rimozione delle contaminazioni dal campione è stato effettuato sottoponendo il materiale selezionato ad attacchi chimici alternati acido-alcalino-acido. Il materiale estratto è stato successivamente convertito in anidride carbonica mediante combustione a 900°C in ambiente ossidante e, quindi, in grafite mediante riduzione. Si è utilizzato H_2 come elemento riducente e polvere di ferro come catalizzatore. La datazione convenzionale al radiocarbonio è stata corretta per gli effetti di frazionamento isotopico, sia mediante la misura del termine $\delta^{13}C$ effettuata direttamente con l'acceleratore, sia per il fondo della misura. In tabella, la colonna denominata "data convenzionale (BP)" riporta la datazione al radiocarbonio, con l'indicazione dell'errore assoluto della misura, mentre nella colonna "data calibrata (BC)", il valore indica la datazione in età di calendario ottenuta tramite l'utilizzo del software OxCal Ver. 3.10, basato sui dati atmosferici (Reimer P.J. *et al.*, 2004). Il risultato della calibrazione è riportato nella tabella seguente insieme ai dati riferiti al codice di laboratorio, al codice del campione e, come detto, alla data convenzionale.

In merito ai livelli selezionati, emerge che ben sei date relative agli strati 17=44 e 21, a cui si aggiunge la datazione relativa alla nocciola, attestano una frequentazione corrispondente all'età del Rame (Rame II), confermata peraltro dal rinvenimento di una piccola ascia (US 21) attribuibule allo stesso periodo.

Per quanto riguarda, invece, gli strati corrispondenti ai depositi colluviali le datazioni confermano le correlazioni stratigrafiche eseguite: la datazione riferita ad un livello superficiale del quadrato 963B (saggio 963AB, anno 2008), riconducibile alla fase finale del Boreale / iniziale dell'Atlantico, ben si accorda con la presenza di manufatti litici riferibili alla fine del Mesolitico antico.

SITO MF1 – datazioni C14			
codice laboratorio (tipologia materiale)	**codice campione (provenienza)**	**data convenz. (bp)**	**data calibrata (bc) (prob. %)**
LTL4006A (CeDaD) Fram. carbone di legno	MF1 Q.963B (saggio 963)	7795 +/- 45	6700 – 6490 cal. BC (93,9%)
LTL4390A (CeDaD) Fram. carbone di legno	MF1 Q633A us17 (area capanna)	4306 +/- 45	3030 – 2870 cal. BC (92,7%)
LTL4391A (CeDaD) Fram. carbone di legno	MF1 Q633D us17 (area capanna)	3983 +/- 40	2620 – 2400 cal. BC (91,6%)
LTL13307A (CeDaD) Fram. carbone di legno	MF1 Q633A us44 (area capanna)	4264 ± 45	3020 – 2850 cal. BC (72.2%)
LTL4389A (CeDaD) Fram. carbone di legno	MF1 Q733C us21 (area capanna)	4174 +/- 55	2900 – 2580 cal. BC (95,4%)
LTL4392A (CeDaD) Fram. carbone di legno	MF1 Q734C us21 (area capanna)	3908 +/- 45	2500 – 2270 cal. BC (90,1%)
Ua-38471 Nocciola	MF1 Q733C us21 (area capanna)	4095 +/- 52	2795 – 2562 cal. BC (70,6%)
LTL12386A (CeDaD) Fram. carbone di legno	MF1 Q534B us28 (area capanna)	4432 +/- 45	3140 – 2920 cal. BC (61,3%)
LTL12387A (CeDaD) Fram. carbone di legno	MF1 Q535B us28 (area capanna)	4678 +/- 45	3540 – 3360 cal. BC (83,2%)
LTL12388A (CeDaD) Fram. carbone di legno	MF1 Q535B us28 (area capanna)	4532 +/- 45	3370 – 3090 cal. BC (95,4%)
LTL13309A (CeDaD) Fram. carbone di legno	MF1 Q635A us52 (area capanna)	4789 ± 45	3660 – 3500 cal. BC (87,9%)

Tab. 3.2: Tabella riassuntiva relativa alle datazioni radiocarboniche del sito MF1. Le datazioni sono state calibrate con il software OxCal Ver. 3.10 basato sui dati atmosferici (Reimer PJ, *et al.* 2004).

3.3 Aspetti geologici relativi alla frequentazione del sito (A. Gurreschi, M.G. Forno, M. Gattiglio, F. Gianotti, L. Raiteri)

L'area del Plan di Modzon nel "comprensorio" del Mont Fallère, sviluppata ad una quota compresa tra 2260 e 2300 m nei pressi del sito MF1, presenta una morfologia del tutto particolare nell'ambito del paesaggio valdostano. Corrisponde all'ampio fondovalle di un piccolo bacino tributario, la Valle Verrogne, circondato da imponenti cime montuose. Risulta debolmente inclinato verso Sud e sospeso di alcune centinaia di metri, rispetto alla valle principale, tramite una evidente scarpata in roccia. Mostra nel dettaglio blande ondulazioni legate alla presenza di numerosi rilievi longitudinali, separati da depressioni allungate in cui si imposta il reticolato idrografico, ed appare privo di un evidente fianco vallivo sinistro.

La peculiare morfologia dell'area, così come indicato nel capitolo 2, è il risultato di una stretta interconnessione tra le caratteristiche delle rocce affioranti, il modellamento glaciale con sviluppo di un fenomeno di diversione e l'attività di una delle maggiori deformazioni gravitative profonde di versante della regione (DGPV di Punta Leysser, con estensione di oltre 20 km^2).

Il fondovalle della Valle Verrogne risulta particolarmente esteso a causa della scarsa altezza dello spartiacque sinistro, di separazione con la Valle Clusellaz. Questa particolarità (cfr. paragrafo 2.2.2) è da collegare con un fenomeno di diversione che ha interessato il Ghiacciaio di Verrogne (Forno *et al.*, 2004; Forno *et al.*, 2012a), favorito dall'apertura di importanti sistemi di frattura gravitativi con andamento N-S. Si può in particolare ipotizzare che il ghiacciaio originariamente drenasse verso ESE, attraverso la Valle Clusellaz (dove sono conservati anche depositi glaciali relativi all'LGM), e solo a partire dal Tardoglaciale abbia assunto invece un percorso verso S, attraverso l'attuale Valle Verrogne (dove sono estesamente conservati depositi glaciali relativi al Tardoglaciale). Questo fe-

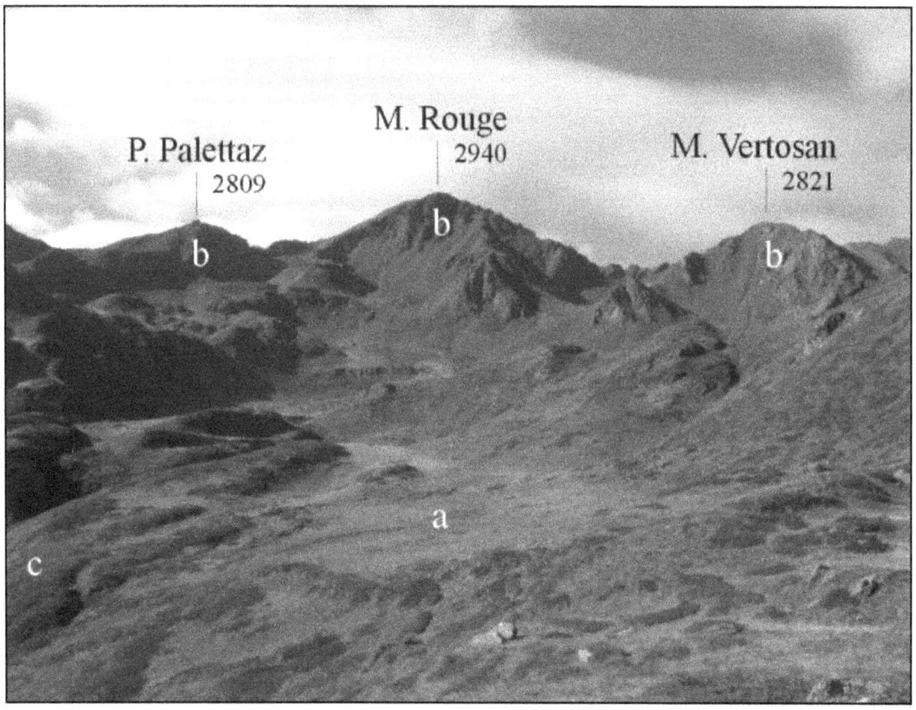

Fig. 3.8: Panoramica dell'area del Plan di Modzon ripresa da SE. Corrisponde a un ampio ripiano caratterizzato da numerosi rilievi montonati e ampie depressioni (a), delimitato verso Nord da imponenti cime montuose (b), e risulta sospeso rispetto alla valle principale tramite un'evidente soglia in roccia (c), caratterizzata a sua volta da numerosi gradini di scivolamento minori (modificato da Forno *et al.*, 2013).

Fig. 3.9: La deformazione gravitativa profonda di Punta Leysser (a), caratterizzata da fronte convesso in pianta (linea tratteggiata) e prominente verso la valle principale, osservata da S (Pointe De la Pierre) (da Forno *et al.*, 2014).

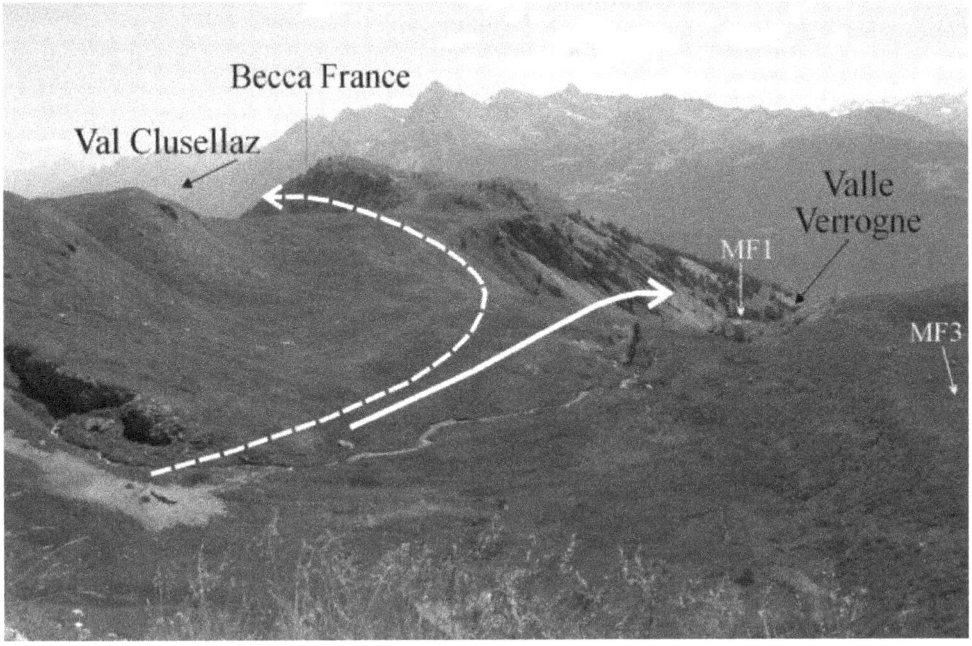

Fig. 3.10: La scarsa evidenza dello spartiacque sinistro della Valle Verrogne è legata ad un fenomeno di diversione glaciale connessa con un precedente percorso verso ESE, attraverso la Valle Clusellaz (linea tratteggiata), ed un successivo percorso verso S, attraverso la Valle Verrogne (linea continua) (da Forno *et al.*, 2014).

nomeno sarebbe responsabile della scarsa evidenza morfologica del fianco vallivo sinistro della Valle Verrogne e della relativa continuità di questa valle con la testata della Valle Clusellaz. Soprattutto per questa caratteristica, l'area si differenzia da altre valli glaciali, normalmente caratterizzate da fondovalle strettamente confinati da due versanti ripidi ed elevati.

Il modellamento gravitativo è invece testimoniato dalla diffusione di rocce molto fratturate, allentate e localmente disarticolate e da una serie di strutture gravitative, responsabili della morfologia articolata del ripiano. Tra le strutture gravitative sono particolarmente significativi gli estesi sdoppiamenti di cresta compresi tra la Punta Leysser e la Becca France, corrispondenti ad ampie depressioni allungate per oltre 2 km in direzione WNW-ESE (Fig. 3.10 in Forno *et al.*, 2014). Evidenti sono anche le trincee gravitative con orientazioni prevalentemente NW-SE e WNW-ESE, condizionate dall'andamento dei sistemi di frattura: danno luogo a meno estese depressioni allungate, con sviluppo tra alcune decine di metri e alcune centinaia di metri, ampliate dall'esarazione glaciale, che separano i rilievi montonati in roccia prima descritti. Localmente si osservano inoltre depressioni chiuse, che rappresentano l'espressione superficiale di trincee gravitative, alcune delle quali risultano colmate da sedimenti e altre ospitano tuttora piccoli bacini lacustri, oltre a gradini di scivolamento, che danno luogo alla formazione di scarpate con altezza tra alcuni metri e alcune decine di metri. Tali gradini, alquanto numerosi, si sviluppano anche immediatamente a valle di Plan di Modzon lungo la zona di debolezza rappresentata dal contatto tettonico tra le due diverse unità geologiche a cui si è prima accennato. La presenza di questi gradini fa sì che l'area di Plan di Modzon, pur essendo sensibilmente sospesa rispetto al fondovalle della Dora Baltea sviluppato intorno ai 700 m, si raccordi con quest'ultimo attraverso un versante complessivamente poco acclive che rende l'area facilmente accessibile dalla valle principale. La deformazione gravitativa profonda di versante, oltre a favorire il modellamento glaciale e la stessa diversione, ha quindi condizionato lo sviluppo della morfologia articolata del ripiano e ha reso meno acclive l'accesso dalla valle principale.

I rilievi montonati e le ampie depressioni descritti risultano poi localmente interessati da profonde incisioni osservabili lungo le attuali aste torrentizie. Tali incisioni appaiono delimitate da pareti subverticali di difficile accesso

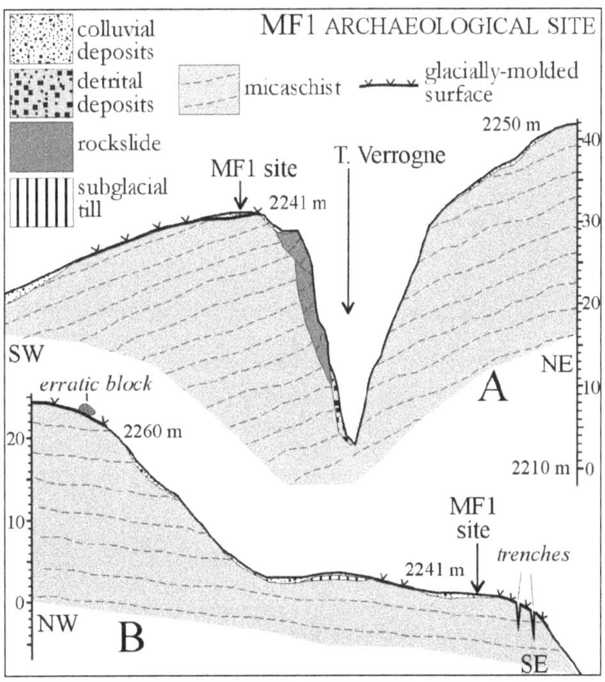

Fig. 3.11: Il profilo geologico schematico attraverso il sito archeologico MF1 evidenzia come il sito sia ubicato su un rilievo arrotondato, che risulta attualmente sospeso rispetto al corso d'acqua (T. Verrogne) tramite una profonda scarpata connessa con l'evoluzione gravitativa olocenica (modificato da Forno *et al.*, 2013).

che avrebbero reso i rilievi montonati non particolarmente favorevoli alla frequentazione antropica. La forte asperità di queste forme suggerisce invece come parte della loro evoluzione sia da ritenere successiva al modellamento glaciale e quindi di età olocenica. Si può di conseguenza ipotizzare che tali pareti siano connesse con l'apertura recente di fratture beanti e quindi non esistessero ai tempi della frequentazione antropica o fossero molto meno accentuate. Ad esempio il sito MF1 è ubicato su un rilievo montonato che risulta attualmente sospeso tramite una profonda scarpata rispetto all'attuale corso d'acqua (T. Verrogne). È pertanto ipotizzabile che ai tempi della frequentazione del sito la morfologia fosse sensibilmente diversa da quella attuale e non esistesse la scarpata che delimita il rilevo verso NE, connessa con l'apertura olocenica di una trincea gravitativa.

L'insieme delle forme descritte è da collegare essenzialmente con l'interazione tra la deformazione gravitativa profonda e il modellamento glaciale (Fig. 3.12). Alcune di queste strutture sono facilmente osservabili, altre non sono invece riconoscibili in superfice in quanto rimodellate dall'esarazione glaciale, risultando solo individuabili nel sottosuolo grazie alle indagini geofisiche. Il coinvolgimento di alcune di queste forme gravitative nel modellamento glaciale suggerisce che parte dell'evoluzione sia sincrona agli episodi tardoglaciali (Comina *et al.*, 2015).

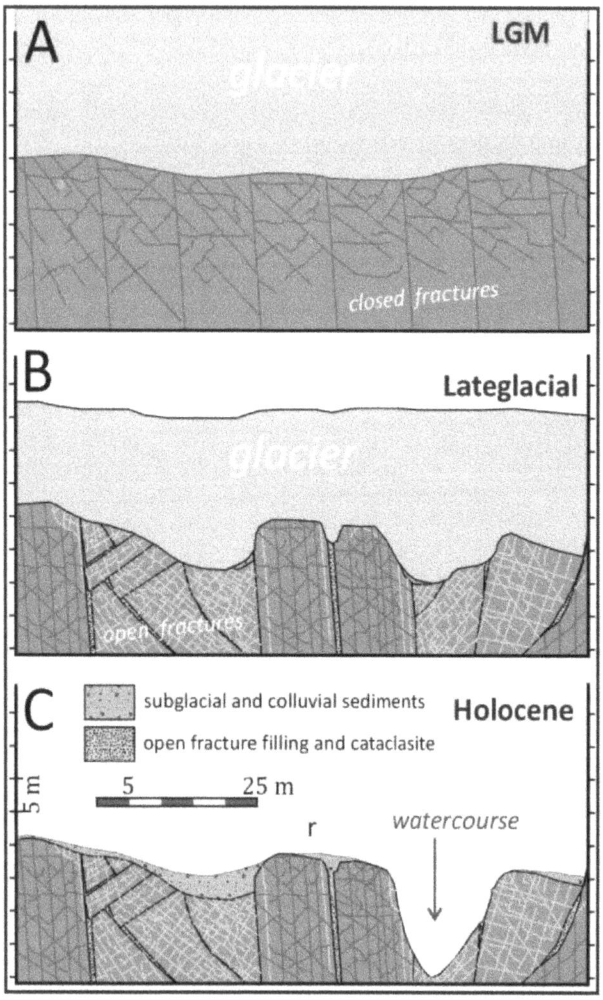

Fig. 3.12: Schema delle interazioni tra esarazione glaciale e sviluppo della deformazione gravitativa, da cui derivano alcune morfologie caratteristiche del Plan di Modzon (modificato da Forno *et al.*, 2016).

In generale, si può ipotizzare che la morfologia complessiva del ripiano, ubicato lungo un'importante valle glaciale, sia essenzialmente connessa con il modellamento glaciale a spese delle diverse rocce affioranti; la morfologia di dettaglio, per la presenza di numerosi sdoppiamenti di cresta, trincee, gradini di scivolamento e depressioni chiuse, e la diffusione delle rocce estremamente fratturate e allentate, deriverebbe invece essenzialmente dall'evoluzione dell'estesa deformazione gravitativa profonda di Punta Leysser; l'esiguità del versante sinistro è infine connessa con il modellamento glaciale e in particolare con l'ipotizzata diversione del Ghiacciaio di Verrogne, favorita dalla stessa deformazione gravitativa profonda.

Le particolari condizioni geologiche e morfologiche dell'area hanno anche determinato la percezione da parte dell'uomo preistorico di un paesaggio di alta montagna, al limite superiore del bosco, adatto alla frequentazione (Pini *et al.*, 2012a). Il Plan di Modzon costituiva un'area particolarmente idonea per l'insediamento antropico preistorico nel "comprensorio" del Fallère, per numerosi motivi. In dettaglio l'attività di caccia era presumibilmente favorita, oltre che dalla vicinanza al margine superiore del bosco e dalla presenza di numerosi corsi d'acqua e bacini lacustri, anche da un insieme di elementi morfologici. In particolare gli avvistamenti della selvaggina erano facilitati dall'estensione del ripiano e dalla sua ubicazione, sensibilmente sospesa rispetto alla valle principale e circondato da cime montuose elevate con buona visibilità. La stessa attività di caccia poteva essere favorita dalla morfologia molto irregolare nel dettaglio, con rilievi montonati e ampie depressioni, che permettevano l'individuazione di numerosi nascondigli. Le attività in genere erano anche facilitate dalla esiguità dello spartiacque orientale, associata all'esposizione a sud del ripiano, che consentiva una prolungata insolazione. Le caratteristiche morfologiche descritte (estensione, morfologia articolata e scarsa evidenza dello spartiacque orientale) hanno, infine, sensibilmente ridotto la pericolosità geologica del ripiano, rendendolo particolarmente favorevole all'insediamento antropico. Il sito risulta infatti scarsamente soggetto a fenomeni alluvionali, che tendono a concentrarsi in corrispondenza delle incisioni, e poco interessato da fenomeni franosi e valanghivi provenienti dai versanti più acclivi, relativamente distanti.

La percezione, da parte dell'uomo preistorico, di un paesaggio di alta montagna favorevole all'insediamento è in sintesi da collegare a un insieme di elementi tra cui ricordiamo:

- la presenza di superfici morfologiche aperte e con ampia visuale, conseguenti allo sviluppo della deformazione gravitativa profonda e della diversione glaciale;
- la facilità di accesso dalla valle principale attraverso un

versante relativamente poco inclinato, corrispondente al settore in cui si è maggiormente sviluppata la deformazione gravitativa profonda;
- l'agevole collegamento con la Valle Clusellaz per la mancanza di uno spartiacque elevato tra le due valli tributarie, con ulteriore ampliamento dell'area di frequentazione, conseguente alla diversione glaciale;
- l'abbondanza di acqua sia nelle incisioni fluviali, che riutilizzano le trincee gravitative, sia in alcuni bacini lacustri derivanti dal modellamento glaciale e gravitativo;
- la scarsa pericolosità geologica relativa a fenomeni alluvionali, frane e valanghe, legate alla grande estensione areale del ripiano, alla morfologia articolata e alla mancanza di un pronunciato versante sinistro, a seguito del modellamento glaciale e gravitativo;
- l'esposizione favorevole, oltre che per l'orientazione a sud, anche per la scarsa evidenza del fianco vallivo sinistro connessa con la diversione glaciale;
- la facilità di effettuare appostamenti di caccia, in relazione alle irregolarità morfologiche locali, connesse con lo sviluppo dei gradini di scivolamento gravitativo;
- l'idoneità all'attività di pascolo, favorita dalla morfologia debolmente acclive conseguente allo sviluppo dei fenomeni glaciali e gravitativi.

Nell'area di Plan di Modzon è quindi ipotizzabile che la "forma del paesaggio", condizionata da fenomeni di origine geologica, abbia influito sulla scelta dell'uomo riguardo alle aree adatte all'insediamento. È infine da sottolineare come altri siti archeologici in aree alpine siano posizionati all'incirca alla stessa altitudine e con condizioni morfologiche e vegetazionali in parte simili (Dalmeri e Lanzinger, 2001). Tale morfologia particolare ha attratto l'uomo preistorico, con la conseguenza che nell'area si è avuta, nel tempo, un'intensa frequentazione antropica testimoniata, sia dalla diffusione dei siti archeologici, sia dal loro utilizzo in periodi successivi e in particolare nel Mesolitico, nel Neolitico medio e nell'Età del Rame. Le caratteristiche geologiche e morfologiche che si sono avute nel tempo e che hanno reso l'area adatta alla frequentazione antropica, erano in parte diverse da quelle attuali. In particolare, le profonde incisioni attualmente osservabili erano verosimilmente appena accennate. Tali incisioni, verosimilmente connesse con l'apertura di fratture gravitative, si sarebbero in buona parte realizzate nell'ultimo intervallo di tempo (tardo Olocene) e quindi prevalentemente dopo la frequentazione antropica. La presenza di queste fratture recenti risulta particolarmente evidente in corrispondenza del sito MF1: esso appare attualmente conservato su una dorsale sensibilmente rilevata, sospesa tramite una netta scarpata con altezza fino alla trentina di metri rispetto al T. Verrogne. La morfologia attuale non risulta particolarmente adatta all'insediamento, ma si può ipotizzare che esso in origine fosse ubicato su un blando rilievo adatto anche all'insediamento e non solo alla frequentazione occasionale. È da sottolineare come, nelle aree alpine, una così ampia estensione dell'area di frequentazione e una notevole facilità di accesso risultino difficilmente realizzabili, in assenza dell'interazione di processi geologici peculiari come quelli descritti.

Capitolo 4

Analisi tecno-economica e tipologica dell'industria litica del sito MF1

Riassunto

Il capitolo descrive lo studio tecno-economico e tipologico dell'industria litica del sito MF1 e ne presenta i risultati. La prima fase dell'analisi ha riguardato la suddivisione dei singoli manufatti per categorie tecnologiche, in base al ruolo occupato nella catena operativa. Segue l'analisi tecnologica di tutti i supporti e dei nuclei, e quella tipologica dei ritoccati.

L'industria litica del sito MF1, proveniente da una serie di raccolte di superficie (1998, 1999, 2005 e 2008), da saggi preventivi (2008-2009) e dallo scavo archeologico del settore denominato "area capanna" (2009-2012) si compone di complessivi 3673 manufatti prevalentemente rappresentati da elementi su cristallo di rocca e secondariamente su selce (n. 81). In base all'analisi della stratificazione rinvenuta, dominata da depositi colluviali, e al confronto con le datazioni radiocarboniche ottenute, l'insieme litico è stato suddiviso in due gruppi di macro-unità stratigrafiche, rispettivamente denominati A (livelli colluviali superficiali) e B (strati sottostanti che coprono direttamente il fondo dell'unità abitativa). Per entrambi gli insiemi, composti rispettivamente da 2215 (gruppo A) e 1458 manufatti (gruppo B), si segnala un elevato tasso di frammentarietà, corrispondente al 60% circa dei reperti. Dallo studio tecnologico emerge che la fase della catena operativa maggiormente rappresentata per i due gruppi è quella della produzione (circa 35%) che, sommata all'inizializzazione-produzione e alla produzione-gestione, raggiunge il 54%; a questa, seguono l'inizializzazione (13% gruppo A; 20% gruppo B) e la gestione (5% gruppo A; 7% gruppo B), mentre i nuclei si attestano rispettivamente al 5,9% per il gruppo A e al 3,7% per il gruppo B. La trasformazione dei supporti vede una percentuale più importante per il gruppo A (21% ca.) rispetto al gruppo B (13% ca.). Per entrambi è evidente uno sfruttamento improntato alla ricerca di micro-schegge e schegge laminari e, in minor misura, di micro-lamelle. Prevale l'impiego di metodi di riduzione unidirezionali con riorientamenti frequenti sulla stessa superficie (sfruttamenti perificerici) o su superfici adiacenti. La percussione diretta è dominante ma a questa si affianca, soprattutto nelle fasi finali di sfruttamento, la percussione bipolare (oltre il 50% dei nuclei). Le maggiori differenze tra i gruppi sono evidenziate dallo studio tipometrico: il gruppo A è caratterizzato, in generale, dalla presenza di elementi di minori dimensioni, mentre per il gruppo B il dato appare più eterogeneo, con supporti che raggiungono misure lievemente maggiori; gli spessori sono compresi prevalentemente nella classe 1-2 mm per il gruppo A, mentre per il gruppo B prevalgono gli elementi con spessore compreso tra 3 e 5 mm. Anche per quanto riguarda il volume medio dei supporti interi emerge una differenza tra il gruppo A (volume medio dei supporti interi di 392,8 mm^3) e il gruppo B (volume medio dei supporti interi di 571,4 mm^3). Nonostante le suddette differenze, l'industria litica è, in generale, caratterizzata da valori tendenzialmente iper-microlitici. Da un punto di vista tipologico, tra i supporti modificati dal ritocco (n. 84 per il gruppo A e 22 per il gruppo B) gli strumenti sono prevalenti, rappresentati principalmente da troncature, raschiatoi e denticolati, mentre le armature sono dominate dagli elementi frammentari generici. Fra le armature integre del gruppo A sono presenti alcuni geometrici: triangoli scaleni, punte a dorso totale e dorsi e troncatura. Questi ultimi sono presenti anche nel gruppo B, accompagnati da una lama a dorso.

L'analisi tecnologica e tipologica è stata supporta da altre indagini che hanno consentito una ricostruzione delle catene operative in modo più ampio e completo: uno studio petrografico e micropaleontologico finalizzato all'identificazione delle materie prime e all'individuazione delle aree di approvvigionamento, un programma sperimentale di scheggiatura sui cristalli di quarzo e uno studio funzionale.

L'analisi delle materie prime ha evidenziato lo sfruttamento prevalente del quarzo (in prevalenza ialino) di origine locale (98%). Il quarzo rappresenta l'unica risorsa localmente disponibile ed è stato largamente utilizzato in tutte le industrie litiche scheggiate dell'area. Nel caso di MF1 gran parte dei manufatti presenta un aspetto trasparente e vetroso e la presenza di superfici naturali (facce) suggerisce la raccolta e lo sfruttamento di cristalli ben formati. Non mancano tuttavia manufatti di aspetto torbido e biancastro di minore qualità, ricavati dalle radici dei cristalli o alterati da stress tettonici o dal calore. Un modesto gruppo di manufatti su selci (n. 81) di provenienza extra-regionale si rivela particolarmente importante per ricostruire i contatti e le direttrici di spostamento degli antichi frequentatori del Mont Fallère. Sono rappresentati litotipi sia italiani (Sudalpino: Lombardia o Veneto) sia francesi (Rhône-Alpes e/o Provenza). Nella maggior parte dei casi si tratta di piccole schegge probabilmente derivanti dal ritocco dei manufatti.

Base fondamentale del programma sperimentale di scheggiatura sui cristalli di quarzo è stata la realizzazione di 20 serie ottenute dalla scheggiatura di altrettanti cristalli. Per la realizzazione delle serie si sono utilizzate le principali tecniche di scheggiatura in uso durante la Preistoria recente in ambito europeo: percussione diretta con percussore in pietra e organico, percussione bipolare, percussione indiretta e pressione. Obiettivo generale della produzione litica sperimentale è stato, in tutti i casi, l'ottenimento di lamelle e piccole schegge da utilizzare sia per confezionare armature e strumenti tramite l'applicazione di un ritocco, sia direttamente sfruttandone i bordi attivi. In generale, la tecnica più versatile tra quelle testate è la percussione diretta, che assicura una maggiore continuità in termini di produttività. Fra i vari percussori sperimentati, quello in palco di cervo e quelli litici in genere sono apparsi i più performanti. L'utilizzo della percussione bipolare, tuttavia, ha consentito di abbassare notevolmente la soglia massima di sfruttamento dei nuclei (fino a mezzo centimetro di lunghezza). I risultati sperimentali indicano che l'utilizzo combinato delle due tecniche (percussione diretta/percussione bipolare) rappresenta la modalità di sfruttamento del quarzo ialino più efficace, permettendo l'ottenimento di supporti standardizzati affiancato ad un elevato sfruttamento dei nuclei. Per quanto riguarda il ritocco dei supporti, la sperimentazione ha dimostrato la possibilità di ottenere *pattern* analoghi a quelli della selce. Il riconoscimento delle diverse tecniche impiegate può essere effettuato prevalentemente sulla base di criteri morfologici.

Dall'analisi funzionale condotta su tutti i supporti ritoccati e su un campione di supporti non ritoccati appartenenti a tutte le categorie tecnologiche, preliminarmente selezionati tramite controllo macroscopico, è emerso che circa un terzo delle tracce rilevate tra i manufatti del gruppo A consiste in fratture per flessione che presentano morfologie direttamente riferibili a impatti ad alta velocità. Sempre per il gruppo A, la presenza delle attività legate alla macellazione delle prede è indicata dalla preponderanza di tracce riferibili alla lavorazione di materiali medio-teneri. In riferimento ai reperti selezionati all'interno del gruppo di macro-unità B, l'analisi funzionale permette di formulare una serie di ipotesi diametralmente opposte. Circa il 10% delle tracce rinvenute è rappresentato da fratture per flessione dovute verosimilmente a impatti, mentre il 38%, 25% e 19% sono rispettivamente riconducibili alla lavorazione di materiali medio-duri, teneri e medio-teneri.

In sintesi, l'analisi degli insiemi litici analizzati ne consente la collocazione nell'ambito del Sauveterriano attestato nell'Italia settentrionale e nella Francia meridionale, pur con caratteristiche peculiari quali l'accentuato microlitismo, l'iper-sfruttamento dei supporti e l'elevato impiego della percussione bipolare. Si sottolinea, infine, che i due gruppi esaminati presentano tra loro differenze, che sembrano indicare la maggiore omogeneità del gruppo A rispetto al B, che sembra associare elementi sauveterriani a manufatti riferibili a un'altra fase di occupazione del sito, probabilmente più recente. Tali differenze trovano riscontro nelle osservazioni stratigrafiche (fenomeni d'inversione stratigrafica dovuti a eventi colluviali) e nei risultati delle datazioni radiocarboniche che indicano una data correlabile alla fine del Boreale per il gruppo A, mentre i livelli inferiori (gruppo B) hanno restituito date riferibili all'età del Rame.

Abstract

This chapter describes the techno-economic and typological study of the lithic assemblage of MF1 site and presents its results. The first stage of the analysis involved the assignment of the single artefacts to different technological categories, on the basis of their role in the reduction sequence. There then follows the technological analysis of all blanks and cores, and the typological analysis of retouched blanks.

The lithic industry of MF1 site, coming from a series of surface collections (1998, 1999, 2005 and 2008), from test-pits (2008-2009) and from the archaeological excavation of the sector called "area capanna" ("hut area") (2009-2012), consists of a total of 3673 artefacts, mainly represented by elements on hyaline crystal and secondarily on chert (No. 81). Based on analysis of the stratification, dominated by colluvial deposits, and on comparison with the radiocarbon datings obtained, the lithic assemblage was divided into two groups of macro-stratigraphic units, referred to as A (surface colluvial levels) and B (underlying layers that directly cover the bottom of the habitation unit) respectively. A high rate of fragmentation, corresponding to about 60%, is noted for both the groups, composed of 2215 artefacts for group A and 1458 for group B respectively.

The technological study shows that the most represented phase of the reduction sequence for the two groups is the production one (about 35%), which, if added to the initialization-production and to the production-maintenance ones, reaches about 54%; this is followed by the initialization phase (about 13% for group A; about 20% for group B) and by the maintenance phase (about 5% for group A; about 7% for group B), while the presence of cores stands at 5.9% for group A and at 3.7% for group B respectively. The transformation of the blanks sees a more important percentage for group A (about 21%) compared to group B (about 13%). For both, the aim of production is obtaining micro-flakes and laminar flakes and, to a lesser extent, micro-bladelets. The unidirectional reduction method prevails, with frequent reorientations of the cores, either on the same surface (peripheral exploitations) or on adjacent surfaces. Direct percussion is predominant, but the use of bipolar percussion is also attested, especially in the latest phases of the reduction process (more than 50% of the cores). The main differences between the groups are indicated by the typometric analysis: group A is characterized, in general, by the presence of smaller elements, while for group B the figure appears more heterogeneous, with blanks that reach slightly larger sizes; their thicknesses are included predominantly in the range of 1-2 mm for group A, while for group B elements with a thickness comprised between 3 and 5 mm prevail. Also, as far as the average volume of whole blanks is concerned, a difference between group A (average volume of whole blanks of 392.8 mm^3) and group B (average volume of whole blanks of 571.4 mm^3) stands out, with the latter being larger. Despite these differences, the lithic industry is generally characterized by a tendency towards hyper-microlithic values. From a typological point of view, among retouched blanks (84 for group A and 22 for group B) there is a prevalence of tools, mainly represented by truncations, scrapers and denticulates, while backed tools are dominated by fragmented generic elements. Among the intact backed tools of group A, some geometric microliths are present: scalene triangles, totally retouched backed points and backed blades and truncations. The latter ones are present also in group B, accompanied by a backed bladelet.

The technological and typological analysis was supported by other investigations which allowed a reconstruction of the operative chains in a broader and more comprehensive way: a petrographic and micropaleontological study aimed at identification of the raw materials and of the supply areas, a knapping experimental program on quartz crystals and a functional study.

Analysis of the raw materials has highlighted the predominant exploitation of quartz (mostly hyaline) of local origin (98%). Quartz represents the only locally available resource and has been widely used in all the chipped stone industries of the area. In the case of MF1, most of the artefacts present a transparent and glassy appearance and the presence of natural surfaces (faces) suggests the collection and exploitation of well-formed crystals. However, artefacts of turbid and whitish appearance of lesser quality, obtained from the base of the crystals or altered by tectonic stress or heat, are not absent. A modest group of chert artefacts (No.81) originating outside the region is particularly important for reconstructing the cultural contacts and movement trajectories of the groups that frequented Mont Fallère. Both Italian (Subalpine: Lombardy and Veneto) and French (Rhône-Alpes and/or Provence) lithotypes are represented. In the majority of cases, these are small flakes probably resulting from the retouching of the artefacts.

The fundamental basis of the knapping experimental program on quartz crystals was the realization of 20 series obtained from the knapping of the same number of crystals. To produce the series, the main knapping techniques utilised during recent Prehistory in Europe were applied: direct percussion with stone and organic hammers, bipolar percussion, punch technique and pressure. The aim of the experimental production was to obtain bladelets and small flakes to be used for manufacturing armatures and tools through both retouching and direct exploitation of the active edges. In general, the most versatile technique among those tested was found to be direct percussion, which ensures greater continuity in terms of productivity. Among the several hammers tested, those made from deer antler and the lithic ones, in general, appeared to perform best. The use of bipolar percussion, however, has made it possible to significantly lower the maximum limit of the exploitation of the cores (up to half a centimetre in length). The experimental results indicate that the combined use of the two techniques (direct percussion/bipolar percussion) represents the most effective exploitation technique for hyaline quartz, allowing, at the same time, a good degree of standardization of the blanks and a high exploitation of the cores. Finally, regarding the retouching of the blanks, experimentation has demonstrated the possibility to obtain the same patterns as by flaking of chert. The different techniques which were applied, can be recognised mainly on the basis of morphological criteria.

From the functional analysis conducted on all the retouched blanks and on a sample of non-retouched blanks belonging to all the different technological categories, selected at first by macroscopic scrutiny, it has been shown that about one third of the traces detected among group A artefacts consist of fractures caused by bending and which present morphologies directly related to high-speed impacts. Still in relation to group A, the presence of activities related to butchering is indicated by the preponderance of traces related to processing of medium-soft materials. In reference to the finds selected within the macro-unit group B, functional analysis allows the formulation of a series of diametrically opposite hypotheses. Approximately 10% of the traces found are represented by fractures caused by bending, most likely due to impacts, while 38%, 25% and 19% are attributable to the processing of medium-hard, soft and medium-soft materials respectively.

To sum up, analysis of the lithic assemblage under study allows for it to be placed within the Sauveterrian complex documented in northern Italy and southern France, although with peculiar characteristics, such as an accentuated microlithism, over-exploitation of the blanks and the frequent use of bipolar percussion. It should be noted, finally, that the two groups examined present differences between them, which seem to indicate the greater homogeneity of group A compared to group B, which seems to associate Sauveterrian elements to artefacts referable to a probably more recent occupation of the site. Such differences are reflected in the stratigraphic observations (stratigraphic inversion phenomena due to colluvial events) and in the radiocarbon dating results which indicate a date relatable to the end of the Boreal for group A, while the lower levels (group B) have given dates referable to the Chalcolithic.

4.1 Materiali e metodi (F. Fontana, L. Raiteri)

L'industria litica del sito MF1 proviene da una serie di raccolte di superficie (1998, 1999, 2005 e 2008), da saggi preventivi (2008-2009) e dallo scavo archeologico del settore "area capanna" (2009-2012) (tab. 4.1). I manufatti rinvenuti sono ricavati prevalentemente da cristallo di rocca e, in misura minore, da selce di importazione (cfr. paragrafo 4.3).

Nella fase iniziale di studio, il materiale è stato suddiviso in elementi determinabili (diagnostici per la ricostruzione delle catene operative), indeterminabili (frammenti non diagnostici e débris) e schegge di dimensione inferiore a 6 mm. Gli elementi determinabili sono stati, poi, suddivisi in base alla fase della catena operativa (inizializzazione, inizializzazione-produzione, produzione, produzione-gestione, gestione, abbandono e trasformazione) secondo lo schema proposto nella tabella 4.3 e, infine, singolarmente

SITO MF1 – raccolta materiali								
anno di prelievo	**modalità di recupero**	**industria litica**						
		Ritoc.	**Débitage (generico)**				**Nuclei**	**Selce**
			Non rit.	**Fr. indet**	**débris**	**s≤6**		
Anno 1998	Raccolta di superficie (random)	22	51	17	32	9	11	---
Anno 1999	Saggio conoscitivo (Mezzena-q.1231_piazz.3)	6	23	11	18	3	2	---
	Raccolta di superficie (random/ piazz.2-3-4)	29	36	76	103	27	3	---
Anno 2005	Raccolta di superficie (random)	4	11	11	7	---	1	(1)
Anno 2008	Raccolta di superficie (random)	---	6	1	1	---	2	---
	Saggi preliminari (area saggi preliminari)	7	21	33	30	23	---	---
	Saggi preliminari (superficie)	3	7	4	1	---	3	---
Anno 2009	I campagna di scavo (area capanna)	4	51	107	143	77	---	(27)
	I campagna di scavo (area saggi preliminari)	1	13	21	21	42	---	---
	I campagna di scavo (superficie)	---	10	8	4	3	---	---
Anno 2010	II campagna di scavo (area capanna)	6	96	117	287	226	3	(29)
	II campagna di scavo (superficie)	---	1	2	---	---	---	---
Anno 2011	III campagna di scavo (area capanna)	15	93	264	288	143	2	(15)
	III campagna di scavo (superficie)	---	2	6	1	---	1	---
Anno 2012	IV campagna di scavo (area capanna)	8	74	161	316	375	2	(9)
	IV campagna di scavo (superficie)	---	5	7	---	1	---	---
Totale		105	506	851	1252	929	30	(81)
			3538					

Tab. 4.1: Schema riassuntivo relativo alle raccolte del sito MF1 (industria litica su cristallo di rocca e selce).

SITO MF1 – industria litica		
composizione dell'industria	**numero**	**perc. %**
Débitage generico (Non rit., Fr. indet., débris, Scheg.<6 mm)	3538	96,3
Nuclei	30	0.8
Manufatti ritoccati	59	1.6
Frammenti di manufatti ritoccati	46	1.3
Totale	3673	100.0

Tab. 4.2: Composizione dell'industria litica del sito MF1.

Fase	Elemento della catena operativa
inizializzazione	calotta, scheggia/lama d'apertura, spigolo naturale, scheggia corticata generica
inizializzazione-produzione	lama/scheggia semi-corticata
produzione	lama, lamella, scheggia, scheggia laminare, sotto-cresta
produzione-gestione	scheggia debordante (con faccette nat. e non), lama/lamella di fianco (con faccette nat. e non)
gestione	lama/lamella su spigolo (non nat.), lama semi-corticata su spigolo, scheggia di gestione generica, lama/scheggia di mantenimento superficie di scheggiatura, lama/scheggia di mantenimento superficie di scheggiatura da piano di percussione opposto, scheggia di ravvivamento piano di percussione, *tablette*
abbandono	nuclei
trasformazione	supporti provenienti dalle diverse fasi precedenti selezionati e trasformati tramite ritocco
altro	scheggia < 6 mm
indeterminato	elementi indeterminati, indeterminato, débris

Tab. 4.3: Fasi della catena operativa con le diverse categorie tencologiche attribuite a ciascuna.

analizzati affiancando alla descrizione delle caratteristiche tecno-tipologiche una rappresentazione grafica finalizzata a schematizzare la lettura tecnologica dei manufatti in cristallo di rocca, che si rivela particolarmente complessa ad occhio nudo a causa delle caratteristiche della materia prima impiegata.

Per uniformare lo studio e favorire l'analisi dei dati è stato creato un *database* in Microsoft Access composto da due tabelle non relazionali: una utilizzata per l'inserimento dei prodotti e sotto-prodotti della scheggiatura, inclusi i supporti ritoccati, l'altra impiegata esclusivamente per i nuclei.

I manufatti ritoccati sono stati analizzati anche da un punto di vista tipologico. Per la classificazione è stata utilizzata la lista di G. Laplace (1964 e 1968) mentre per l'analisi questa è stata adattata alle categorie proposte da altre liste tipologiche sviluppate per lo studio dei complessi mesolitici, in particolare per quanto riguarda la distinzione tra strumenti ("outils du fond comun") e armature.

Lo studio tecno-economico e tipologico eseguito sui singoli manufatti è stato integrato da altre indagini che hanno supportato e completato la ricostruzione delle catene operative. Si tratta, in particolare, degli studi petrografici e micropaleontologici finalizzati all'identificazione delle materie prime e alla ricerca delle aree di approvvigionamento (S. Bertola - paragrafo 4.3), di un programma sperimentale di scheggiatura sui cristalli di quarzo (D. Visentin - paragrafo 4.2) e dello studio funzionale (G. Berruti - pararagrafo 4.5).

4.2 Le serie sperimentali in cristallo di rocca (D. Visentin)

Nell'ambito dello studio del materiale litico in cristallo di rocca proveniente dai siti del Mont Fallère è stata realizzata una collezione di confronto a partire dalla scheggiatura sperimentale di 21 cristalli di rocca di morfologia e dimen-

Fig. 4.1: Alcuni dei cristalli di quarzo utilizzati per la realizzazione delle serie sperimentali (foto D. Visentin).

sioni variabili (Fig. 4.1). La realizzazione di tali serie sperimentali è legata all'esigenza di avere una base di confronto a livello tecnologico utile per una migliore comprensione della risposta alla scheggiatura di questo materiale cristallino nonché per l'identificazione e quantificazione degli scarti di lavorazione prodotti con vari metodi e tecniche di scheggiatura. La sperimentazione, inoltre, ha riguardato le principali tecniche di ritocco e i relativi scarti.

4.2.1 Tecniche di scheggiatura

Per la realizzazione delle serie sperimentali sono state utilizzate le principali tecniche di scheggiatura in uso durante la Preistoria recente in ambito Europeo: percussione diretta con percussore in pietra e organico, percussione bipolare, percussione indiretta e pressione (Fig. 4.2). Maggior rilievo è stato dato alle prime due (percussione diretta e bipolare), in quanto sono le uniche attestate con sicurezza durante il Mesolitico antico, la principale fase di occupazione dell'area. Tuttavia la sperimentazione è stata estesa anche alle altre tecniche per valutarne l'efficacia in

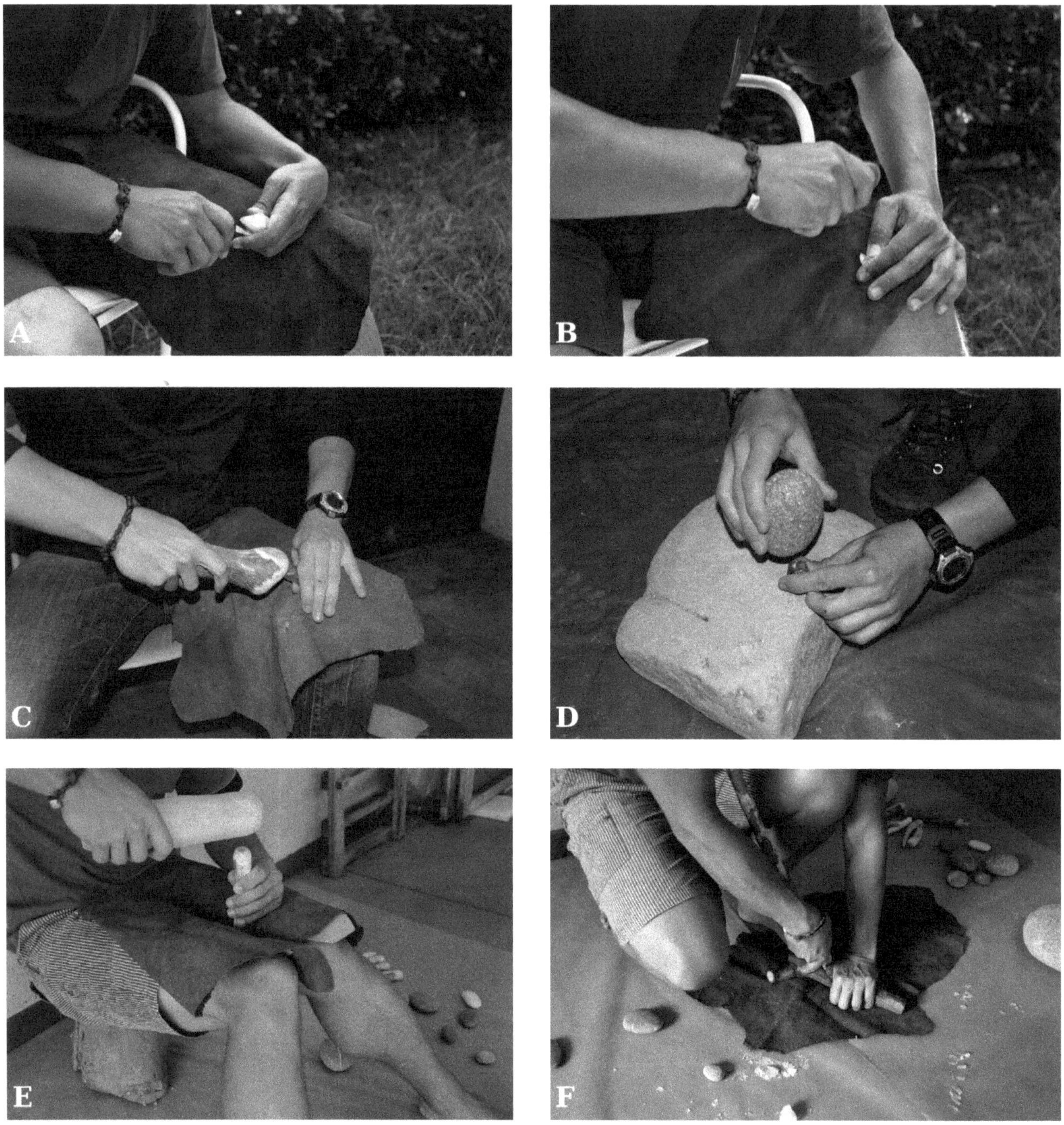

Fig. 4.2: Tecniche di percussione utilizzate per la scheggiatura: A) percussione diretta con percussore in pietra tenera e nucleo tenuto in mano; B) percussione diretta con percussore in pietra tenera e nucleo appoggiato al ginocchio; C) percussione diretta con percussore in palco di cervo; D) percussione bipolare; E) percussione indiretta; F) pressione con *béquille* appoggiata alla spalla (Foto D. Visentin).

relazione ad un materiale particolare come il cristallo di rocca e vista la presenza di fasi d'occupazione più recenti. I primi cristalli sono stati scheggiati con l'obiettivo specifico di testare queste tecniche. La produzione litica è stata orientata all'ottenimento di lamelle o schegge laminari di dimensione variabile, non inferiore al centimetro, tali da poter essere utilizzate sia per la produzione di armature e strumenti tramite ritocco sia direttamente sfruttandone i bordi attivi.

Percussione diretta. Per la percussione diretta sono stati utilizzati diversi tipi di percussore, sia organici che litici, fra cui:

- alcuni ciottoli arenitici di forma ovale più o meno appiattiti, e di varia dimensione;
- un percussore organico costituito dalla parte basale di un palco di cervo;
- un percussore organico in legno di bosso.

Per quanto concerne l'immobilizzazione del nucleo, quest'ultimo, nella maggioranza dei casi, è stato semplicemente tenuto in mano. Al raggiungimento di dimensioni molto ridotte (inferiori ai 2-3 cm) è stato utilizzato anche il ginocchio come appoggio per mantenere un'adeguata stabilità ed evitare il basculamento del nucleo al momento dell'impatto, che avrebbe portato al dissipamento precoce dell'energia applicata e quindi all'inefficacia del gesto.

Percussione bipolare. Per la percussione bipolare si è quasi sempre utilizzato un percussore in porfido e un'incudine costituita da un grosso ciottolo fluviale della medesima litologia. Solo nelle ultime tre serie questa è stata sostituita da un blocco di arenite di morfologia appiattita. L'immobilizzazione del nucleo con la mano, o con solo alcune dita in seguito alla sua riduzione, ha permesso di raggiungere un buon livello di stabilità. L'efficacia maggiore del gesto si ha quando l'orientamento del cristallo e la direzione della percussione sono quasi, ma non perfettamente, perpendicolari rispetto alla superficie di appoggio. Con un angolo inferiore a 80° circa e, quindi, con un forte scostamento fra il punto di contatto superiore (con il percussore) e inferiore (con l'incudine) la percussione ha, generalmente, portato all'inefficacia del gesto a causa della rotazione del cristallo. Nel caso opposto, il perfetto allineamento tra i due punti (angolo di 90°) porta alla frammentazione del cristallo, generalmente in due o tre pezzi. È possibile ipotizzare che tale frammentazione potesse anche essere ricercata per l'ottenimento di supporti di dimensioni maggiori o per una più agevole riduzione dei nuclei. A livello generale si è notata una prevalente, seppur non esclusiva, tendenza al distacco di schegge o lame a partire dall'incudine. Tale successione di stacchi porta generalmente alla formazione di una morfologia particolare dei nuclei, talora riconoscibile anche sui prodotti: il lato che poggia sull'incudine si caratterizza per i margini vivi; quello sul quale agisce il percussore presenta un aspetto picchettato e smussato dovuto al ripetuto impatto.

Percussione indiretta. Per la percussione indiretta sono state utilizzate delle difese di palco di cervo (di caduta) come *chasse-lame* e un percussore in legno di bosso del diametro di 10 cm ca. Il cristallo è stato posizionato su di una pelle adagiata sulle ginocchia, con l'intento di immobilizzare il nucleo con l'aiuto di una mano che sosteneva anche lo *chasse-lame*. Questa operazione, tuttavia, è risultata estremamente difficoltosa vista la ridotta estensione del piano di percussione e del cristallo in generale; tale caratteristica ha pregiudicato la perfetta immobilizzazione dello stesso e di conseguenza l'efficacia della tecnica.

Pressione. In riferimento all'applicazione della tecnica di scheggiatura per pressione e considerata la necessità (obiettivo) di produrre supporti aventi dimensioni ridotte, la scelta relativa alla *béquille* è ricaduta su di una tipologia corta appoggiata alla spalla. La parte funzionale dell'attrezzatura è stata realizzata in palco di cervo e infissa in un'asta lignea. Una piattaforma lignea su cui è stata incisa un'apposita scanalatura ha permesso l'immobilizzazione del nucleo con l'aiuto della mano, garantendo una sufficiente stabilità. Questo ha permesso il distacco di lamelle di pochi centimetri senza ricorrere a sistemi di bloccaggio più complessi con lacci di pelle e/o spine lignee.

4.2.2 Metodi di scheggiatura

I metodi di scheggiatura applicati sono tutti riconducibili ad un medesimo obiettivo lamino-lamellare e risentono fortemente delle imposizioni dettate dalla struttura cristallina della materia prima. Per l'ottenimento di tale gamme di obiettivi, infatti, è pressoché obbligatorio lo sfruttamento del cristallo secondo il suo asse principale. La scheggiatura trasversale del cristallo porta quasi sistematicamente all'incanalamento dell'onda di *shock* creata dall'impatto del percussore lungo le superfici di accrescimento del cristallo, portando alla formazione di supporti caratterizzati da sezione scalariforme e terminazione di tipo *step*. La morfologia stretta e allungata dei cristalli, caratterizzati dalla presenza di nervature formate dall'intersezione delle facce laterali, non lascia spazio a una vera e propria messa in forma dei nuclei. Il *débitage*, quindi, è sempre iniziato con lo sfruttamento delle superfici naturali del cristallo. La scelta del piano di percussione permette una maggiore variabilità a livello di scelte tecniche, in particolar modo per quanto riguarda il numero e la posizione. È infatti possibile impostare il piano di percussione sulla parte prossimale del cristallo (la base o radice) o su quella distale (la punta). In quest'ultimo caso, inoltre, il piano di percussione può essere aperto essenzialmente in due modi: con un colpo trasversale indirizzato su una delle facce laterali del cristallo o su una delle superfici triangolari che formano la punta del cristallo. Il vantaggio offerto dal primo modo è l'ottenimento di un piano di percussione di dimensioni maggiori rispetto al secondo, cui però fa da contraltare un maggior spreco di materia prima; questa modalità produce una serie di calotte caratterizzate da un elevato spessore (oltre un centimetro e mezzo) che possono, tuttavia, essere facilmente riutilizzate come nuclei per una produzione micro-lamellare. Per quanto riguarda il numero di piani di percussione si è visto che, il volume offerto dai cristalli può essere sfruttato bene sia utilizzando un singolo piano di percussione sia con due opposti. In ogni caso l'utilizzo di più piani, così come l'utilizzo di piani perpendicolari, non sembra al contrario essere favorito dalla morfologia dei cristalli, se non nelle fasi terminali del loro sfruttamento. La sezione esagonale del cristallo induce ad un naturale sfruttamento di tipo *semi-tournant*, con il distacco di numerose lamelle di fianco corticate o lamelle semi-corticate, riducendo al minimo la necessità di ulteriori interventi per la gestione del *cintrage* dei nuclei. Molta più cura è, invece, richiesta nella gestione del *carénage*. Durante le attività sperimentali, quando la superficie di scheggiatura veniva impostata parallelamente alle faccette laterali del cristallo, con il piano di percussione perpendicolare o quasi al suo asse, si è generalmente incorsi, dopo pochi stacchi, in numerosi incidenti di scheggiatura (riflessioni e presenza di zigrinature sulla faccia ventrale). Tali incidenti sono verosimilmente dovuti alla superficie naturale completamente piatta dei prismi e alla loro natura cristallina. La forza estensiva dell' onda di percussione, infatti, porta al prematuro distacco delle lamelle e alla creazione di caratteristiche zigrinature possibilmente legate all'attraversamento dei piani di accrescimento del cristallo. Questo, il più delle volte obbliga all'apertura di un piano opposto, che può essere usato solo per il mantenimento o anche per uno sfruttamento alternante del nucleo. Per lo sfruttamento unidirezionale del cristallo e volendo limitare il rischio di riflessioni è preferibile l'utilizzo di un piano di percussione molto inclinato; tale conformazione del nucleo permette, una volta asportata la superficie naturale, di ottenere prodotti molto allungati con profilo piuttosto curvo. In questo modo l'onda di *shock* si diffonde più uniformemente, con morfologie pienamente concoidi.

Nel caso della percussione bipolare il quadro è decisamente meno complesso in considerazione del minor grado di controllo sul processo di estrazione dei prodotti. Lo scheggiatore può infatti intervenire sul distacco dei prodotti variando l'inclinazione del cristallo così da creare i presupposti per favorire il distacco di elementi da un lato più che da un altro, sfruttando la morfologia assunta dal nucleo. Il volume del cristallo è direttamente scheggiabile con questa tecnica, senza che siano necessarie operazioni di messa in forma; allo stesso modo non sono richiesti interventi di gestione di nessun tipo.

Per quanto riguarda la percussione indiretta, l'inefficacia riscontrata nell'applicazione di questa tecnica non permette di avanzare ulteriori considerazioni in questa sede.

La scheggiatura per pressione, infine, segue gli stessi principi esposti per la percussione diretta per quanto riguarda la messa in forma del nucleo e la gestione del *débitage*. A differenza della percussione diretta, seppur con qualche riserva dettata dall'esiguità del campione sperimentale, sembra che tale tecnica si adatti particolarmente bene alla morfologia dei cristalli. L'onda prodotta durante la scheggiatura a pressione, infatti, è caratterizzata da una componente estensiva della forza d'urto molto meno importante di quella compressiva. Questo la rende estremamente performante nel caso di superfici molto piatte come quelle dei cristalli. A livello di gestione, se non si commettono errori di scheggiatura, l'unica operazione necessaria si riferisce al ravvivamento frequente del piano di percussione in quanto risulta difficile mantenere il piano perpendicolare all'asse del cristallo, così come richiesto da questo tipo di tecnica; le piccole schegge di ravvivamento prodotte da tale operazione, permettono di creare nel punto desiderato dei piccoli piani di percussione, caratterizzati da un angolo di quasi 90° rispetto alla superficie di scheggiatura, e allo stesso tempo formano un punto stabile per il posizionamento della punta della *béquille*.

4.2.3 Trasformazione dei supporti

Per la trasformazione tramite ritocco dei 25 supporti appositamente selezionati, sono state utilizzate le tecniche di seguito descritte. La scelta a livello tipologico dei ritoccati da realizzare è stata fatta sulla base della lista tipologica dei reperti archeologici rinvenuti nel sito MF1.

Percussione diretta. La tecnica più semplice evidenziata durante l'attività è risultata la percussione diretta semplice, con il supporto mantenuto in mano. Tale tecnica è stata utilizzata per la realizzazione dei grattatoi. Come percussore si è utilizzato un ciottolo di arenite molto appiattito che ha permesso una buona precisione e accuratezza. L'utilizzo di questa tecnica ha permesso di ottenere un ritocco tendenzialmente semplice, continuo, con stacchi piuttosto invadenti. L'utilizzo di tale tecnica per la realizzazione dei denticolati ha sortito scarsi risultati, almeno per quanto riguarda i supporti di taglia particolarmente minuta. È stata, inoltre, sperimentata la funzionalità di un piccolo percussore in legno duro (bosso), ma anche in questo caso l'esito si è rivelato negativo.

Percussione diretta appoggiata. Questa tecnica è stata realizzata con il medesimo tipo di percussore della precedente, ma con la differenza che il supporto era appoggiato su un ciottolo piatto, ricoperto da un pezzo di cuoio spesso, per ammorbidirne il contatto. La scheggia da ritoccare è stata tenuta in posizione tramite la pressione di uno o due dita. Questa tecnica risulta particolarmente efficace e rapida dal momento che permette di rimuovere porzioni considerevoli di materia in tempi relativamente brevi. Sono stati realizzati con la percussione diretta appoggiata sia strumenti (denticolati), sia armature geometriche (triangoli), caratterizzate queste ultime da dimensioni finali decisamente piccole (3-4 mm). Un elemento utile per il riconoscimento di questa tecnica è la presenza di porzioni di superficie naturale picchettata che tendono a formarsi quando la percussione non riesce a staccare delle micro-schegge, oltre all'irregolarità del ritocco.

Pressione. Un'altra tecnica di ritocco che è risultata molto efficace è quella per pressione. Per tale tecnica sono stati utilizzati gli stessi accorgimenti di quella precedentemente descritta, dalla quale si distingue essenzialmente per la modalità di applicazione della forza. In quest'ultimo caso si è utilizzato sia un pressore in materia organica (legno e palco di cervo), sia un ciottolo di arenite (lo stesso della precedente). Questa tecnica permette un ottimo controllo del gesto tecnico e conseguentemente dell'avanzamento del ritocco stesso, permettendo così di produrre senza grandi problemi anche geometrici di piccole dimensioni. Il ritocco così creato risulta tuttavia semi-erto, non perfettamente perpendicolare. Su quest'ultimo aspetto influisce molto l'inclinazione con cui si tiene il pressore e si applica la forza. La tecnica per pressione permette, infatti, di ottenere due tipi di ritocco molto diversi: quello semi-erto, cui abbiamo precedentemente accennato e quello semplice, tendente al piatto, molto più coprente; il primo si ottiene applicando la forza in direzione normale rispetto alla superficie ventrale (nel caso di un ritocco diretto) della scheggia, mentre per ottenere il secondo il pressore va inclinato maggiormente in modo tale da poter applicare la forza parallelamente alla bisettrice dell'angolo. Tale accorgimento permette l'accumulo di una maggiore forza che può in un secondo tempo essere scaricata con un piccolo movimento verso la superficie su cui si vuole rimuovere la scheggia. Si tratta dello stesso principio del ritocco foliato, ma applicato su scala ridotta.

Abrasione. Un'altra tecnica sperimentata è l'abrasione del supporto da ritoccare su di un ciottolo per il distacco di numerose schegge di dimensioni ridotte. Nella pratica si tratta di una variante della tecnica per pressione, con la differenza che il pressore in questo caso risulta fermo mentre è sul supporto da ritoccare, tenuto in mano, che viene applicata la forza. Questa tecnica, chiaramente, non permette il controllo dei singoli distacchi che avvengono tutti contestualmente, ma permette tramite la scelta della morfologia del ciottolo e del punto di applicazione della forza una buona padronanza delle porzioni di supporto interessate dalle modificazioni. Questa tecnica può essere utilizzata sia per la confezione di strumenti (es. denticolati) che di armature. Il ritocco così creato tende però ad essere semplice e non erto. Un forte limite di questa tecnica, soprattutto per quanto riguarda i supporti di piccole dimensioni come le armature è dato dallo spessore degli stessi. Risulta infatti piuttosto ostico realizzare una punta a dorso o un triangolo partendo da lamelle di spessore pari o superiore a 3 mm, soprattutto per la difficoltà di tenere in mano il supporto e allo stesso tempo imprimere una forza sufficiente senza che si rompa.

Flessione controllata. Questa tecnica è stata utilizzata per accorciare i supporti da ritoccare (troncatura) o per sbozzarne la forma prima di essere rifiniti con una delle tecniche sopra descritte (triangoli). Per controllare la flessione il supporto è stato inserito all'interno di alcune fratture naturali presenti nei percussori in bosso. Una volta in posizione il supporto, è stata applicata una forza perpendicolare che ha prodotto la frattura per flessione. Tale modalità permette di rimuovere solo la porzione di supporto all'interno del legno e quindi è possibile garantire un alto grado di controllo della frattura.

Tecnica del microbulino. Durante la realizzazione di una troncatura prossimale obliqua è stata sperimentata anche la tecnica del microbulino per rimuovere il tallone della lamella e allo stesso tempo per creare una frattura obliqua da riprendere successivamente con ritocco parziale. Tale tecnica, pur non essendo attestata nel campione archeologico di riferimento è estremamente efficace anche con un materiale come il quarzo ialino.

Ritaglio di bulino. Per il distacco dei ritagli di bulino valgono sostanzialmente le considerazioni fatte per il *débitage* dei supporti. Si è visto, in particolare, che la percussione diretta con percussore in pietra tenera è efficace mentre i tentativi con il percussore organico (legno) si sono rivelati vani. È stato realizzato anche un bulino su troncatura, tramite ritocco a pressione. In questo caso la pressione è stata utilizzata con esiti positivi anche per il distacco del ritaglio, tramite l'immobilizzazione del supporto su un pezzo di legno.

4.2.4 Considerazioni sulla scheggiatura del cristallo di rocca

L'applicazione delle varie tecniche, descritte nei paragrafi precedenti, secondo differenti schemi operativi, ha permesso di raggiungere una buona conoscenza di un materiale peculiare come il cristallo di rocca e, in particolare, della sua risposta alla scheggiatura.

La tecnica più versatile, tra quelle testate, è sicuramente la percussione diretta che assicura una maggiore continuità in termini di produttività. Fra i vari percussori sperimentati, quello in palco di cervo e quelli litici in genere sono risultati i più performanti. È necessario, peraltro, evidenziare che fra i percussori litici, quelli di dimensioni medie e spessore maggiore (circa 2-3 cm) hanno permesso un migliore sfruttamento della materia prima rispetto ad altri più piccoli e più piatti. Tale aspetto potrebbe, forse, essere messo in relazione da un lato con la maggiore superficie di contatto determinata dalle dimensioni, dall'altro con la migliore diffusione del colpo all'interno del supporto percosso dovuta in particolare a un maggior peso. Il percussore in legno di bosso, al contrario, si è rivelato poco funzionale, sia adottando una tipologia di grosse dimensioni che non permetteva un'adeguata precisione durante la scheggiatura, sia utilizzandone uno di dimensioni ridotte che non disponeva di un'adeguata massa, necessaria per il distacco di schegge o lamelle. La percussione diretta con percussore in pietra tenera ha permesso, inoltre, di ottenere un buon livello di sfruttamento del volume a disposizione, rendendo di conseguenza possibile una riduzione dei nuclei fino alla soglia dei 2 cm, limite oltre il quale non era più possibile mantenere fermo il blocchetto da scheggiare. In merito, solo la percussione bipolare ha consentito di abbassare ulteriormente tale soglia, sino ad arrivare a quasi mezzo centimetro; utilizzando tale tecnica è stato possibile, in quest'ultima fase considerata terminale, produrre elementi caratterizzati dalla stessa lunghezza dei nuclei (da 2 a 0,5 cm), cosa difficilmente realizzabile con un'altra tecnica.

Riferendoci, invece, alle prime fasi della scheggiatura è stato possibile evidenziare una serie di criticità legate alla percussione bipolare: dopo lo stacco di alcuni elementi di grande dimensione, si incorre spesso in un una sorta di stallo, caratterizzato dall'arrotondamento delle due estremità del cristallo, che non permette il distacco di prodotti adeguati. Tale aspetto, non si è praticamente mai verificato utilizzando cristalli molto fini (<1 cm), che ben si adattano all'applicazione della percussione bipolare fin dall'inizio del *débitage.*

Appare evidente, confrontando queste considerazioni, che l'utilizzo combinato delle due tecniche (percussione diretta / percussione bipolare) rappresenti una modalità di sfruttamento del quarzo ialino particolarmente efficace, in particolar modo se gli obiettivi della produzione richiedono un buon grado di standardizzazione. In ogni caso, l'applicazione di una sola tecnica è, comunque, sufficiente per l'ottenimento di una variata gamma di supporti. In conclusione non sembra, quindi, possibile stabilire alcun tipo di vincolo esclusivo fra tecniche e produzione, se non quello fra la percussione bipolare e uno sfruttamento estremo della materia prima.

Per quanto riguarda le differenti tecniche utilizzate per il ritocco dei supporti è possibile evidenziarne una notevole versatilità: la sperimentazione ha dimostrato, infatti, la possibilità di ottenere lo stesso tipo di strumento variando la tecnica. In ogni caso, è stato possibile evidenziare sui manufatti sperimentali una serie di peculiarità che possono essere considerate diagnostiche delle tecniche di ritocco, quali: l'inclinazione, la morfologia e la regolarità del ritocco.

4.3 Le materie prime (S. Bertola)

La materia prima più usata è il cristallo di rocca (quarzo ialino); solamente un piccolo gruppo di manufatti (2%) è stato realizzato con selci di provenienza alloctona. La valutazione delle percentuali/proporzioni tra le diverse materie prime è stata effettuata sull'intero insieme litico.

Nella Regione valdostana affiorano prevalentemente rocce cristalline e la risorsa litica esclusivamente rappresentata sono i quarzi, soprattutto ialini, che si trovano frequentemente in giacitura primaria nelle vene e fessure delle metamorfiti e in giacitura secondaria nei depositi morenici glaciali. Tra le aree particolarmente ricche di tali minerali vanno menzionate tutto il comprensorio del Monte Bianco, e in particolare il ghiacciaio del Miage, la Val Ferret e il Gran San Bernardo. La grande maggioranza delle industrie litiche della zona sono state realizzate con tale minerale. Nel sito MF1 l'industria in quarzo arriva a proporzioni del 98%, comprendendo in larga maggioranza quarzi ialini, meno rappresentati sono quarzi fumè e citrini. In una buona frazione dell'industria (circa il 50%) i cristalli sono sempre piuttosto limpidi, trasparenti e puri e si caratterizzano per la presenza di numerose inclusioni fluide in forma di bollicine disperse nella matrice. La rimanente frazione ha un aspetto più torbido (matrice biancastra opaca) e comprende manufatti ricavati dalle porzioni basali ("radici") dei cristalli oppure da cristalli alterati da stress tettonici o calore. Nel caso di stress tettonici si riconoscono a scala microscopica fitti sistemi sub paralleli di lineazioni, in qualche caso intersecanti (Bertola, 2014). Si tratta di un debole processo metamorfico legato a pressioni orientate che generano una sorta di clivaggio sui cristalli, alterandone fortemente le proprietà ottiche e meccaniche. Al contrario, le alterazioni termiche sono sempre legate a fratture da calore "aperte" e non orientate. In tal caso, spesso sui cristalli si staccano anche delle cuppelle come avviene solitamente per la selce sottoposta a fonti di calore. Su molti manufatti (vedi fase di inizializzazione nelle pagine seguenti) si riconoscono ancora le superfici naturali (facce) dei cristalli. Alcuni cristalli hanno evidenti croste o inclusioni di clorite, testimoniando il fatto che sono cresciuti su un substrato metamorfico ricco di minerali cloritici, qual è quello valdostano/savoiardo. A parte la clorite non si riconoscono comunque altri minerali inclusi. Sicuramente una parte dei cristalli è stata raccolta da depositi secondari (morene, *talus* detritici) in quanto sono chiaramente riconoscibili abrasioni dovute a rotolamento/trasporto oltre che incrostazioni su blocchetti di forma rotondeggiante (Bertola, 2014).

Il modesto numero di manufatti in selce è di notevole interesse in quanto di provenienza extraregionale: complessivamente sono rappresentati 81 manufatti. Dal punto di vista petrografico sono rappresentate due principali categorie: radiolariti e selci. Di essi è stato fatto uno studio petrografico e micropaleontologico al microscopio binoculare (Bertola, 2014) che ha permesso di raggrupparli e dividerli in categorie dalle caratteristiche omogenee. I gruppi di manufatti sono stati quindi classificati e quando possibile attribuiti sulla base delle caratteristiche petrografiche sia da un punto di vista crono-stratigrafico che formazionale, con la finalità di ricostruire la probabile provenienza geografica e culturale nonché le direttrici di spostamento dei gruppi che hanno frequentato il Mont Fallère. Si può categoricamente escludere uno provenienza locale dei suddetti materiali in quanto, sebbene il substrato valdostano comprende localmente successioni pelagiche con radiolariti e selci (penninico) queste sono state profondamente alterate dal metamorfismo regionale che ha fortemente coinvolto la fascia centrale alpina. Le radiolariti evidenziate nel sito MF1 non mostrano rilevanti *stress* metamorfici e – viste le caratteristiche petrografiche dei campioni (associazioni a radiolari e spicole di spugna), i cortici, i colori e le strutture, piuttosto comuni nei sedimenti pelagici giurassici austroalpini e sudalpini – potrebbero derivare da aree situate in ambito prealpino a meridione (Sudalpino: Lombardia o Veneto) o a settentrione (Nordalpino) rispetto alla fascia centrale alpina. Il gruppo delle selci comprende litotipi indubbiamente attribuibili alla Maiolica lombarda o veneta (B1 e B2/B4: litotipi definiti sulla base degli studi effettuati da Bertola, 2001 nonché da Bertola e Cusinato, 2005) che confermano l'esistenza di contatti con l'area sudalpina. Oltre alle selci sudalpine nel sito MF1 sono rappresentate tre varietà di selci francesi (F1, F3 e F4) che potrebbero provenire dalla regione Rhône-Alpes o dalla Provenza. Le selci mostrano microfacies biocalcarenitiche con associazioni ad alghe carofite e talora briozoi, formatesi in ambiente lagunare o di mare basso. Selci di tipo lagunare/lacustre, formate in bacini di acqua dolce o salata legati all'evoluzione dei bacini molassici nordalpini, sono frequenti in territorio francese (Bertola, 2014).

Le analisi petrografiche e micropaleontologiche (Bertola, 2014) di cui ai grafici 4.1 - 4.4, riguardanti i gruppi di macro-unità A (n 53 elementi selezionati) e B (n. 27 elementi selezionati) oltre a un elemento sporadico non conteggiato, hanno evidenziato rispettivamente provenienze francesi (Rhône-Alpes o Provenza) per l'84,90 % e per il 67,00 % e italiane (Lombardia o Veneto) per il 15,10 % e per il 33%. Il litotipo maggiormente rappresentato in entrambi i gruppi risulta la selce tipo F1 (52 % nel Gruppo A; 44 % nel Gruppo B) consistente principalmente in piccole schegge (< 6 mm), verosimilmente di ritocco. In sintesi, i litotipi F1, F3 e F4 sarebbero riconducibili al versante settentrionale e occidentale alpino (Francia) mentre quelli relativi alla Maiolica (MAI) e alle Radiolariti (RAD 1 e RAD 2) proverrebbero dall'area meridionale e orientale rispetto alle Alpi nord-occidentali.

Da un confronto tra i due insiemi (Gruppo A e Gruppo B) risulterebbe che nel primo l'apporto di materiale siliceo proveniente dalla Francia raggiunge una percentuale del 85% circa mentre nel secondo compare la Maiolica, non presente nel primo gruppo, di origine certamente sudalpina (Lombardia o Veneto) (grafici 4.1 - 4.4).

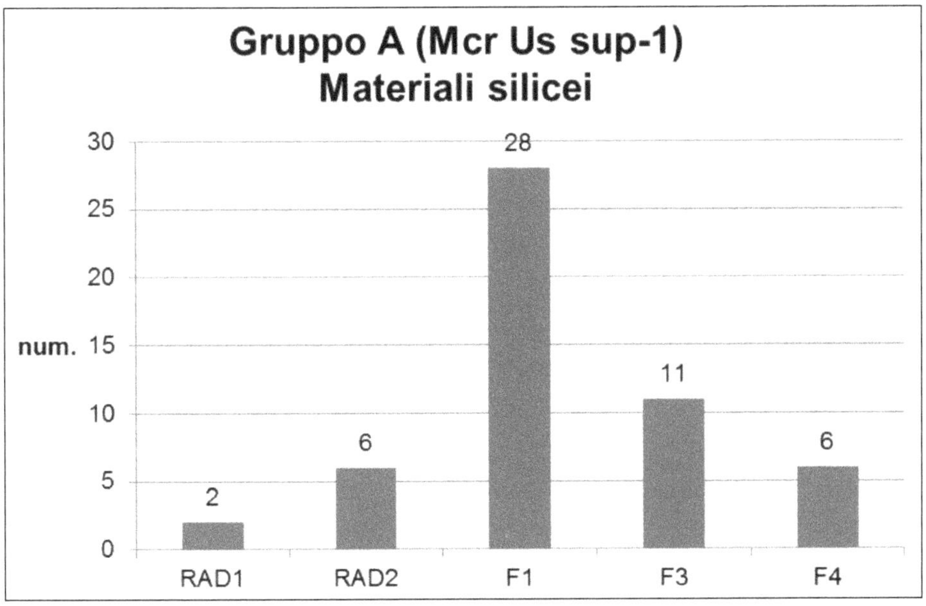

Grafico 4.1: Il sito MF1 – materiali silicei relativi al gruppo A (Mcr Us *sup* e 1) per litotipo.

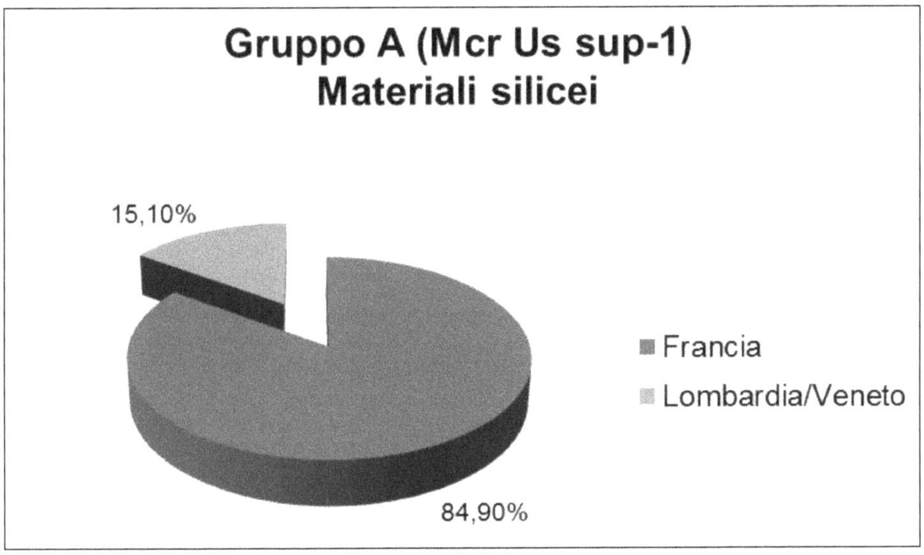

Grafico 4.2: Il sito MF1 - materiali silicei relativi al gruppo A (Mcr Us *sup* e 1) in merito alla provenienza.

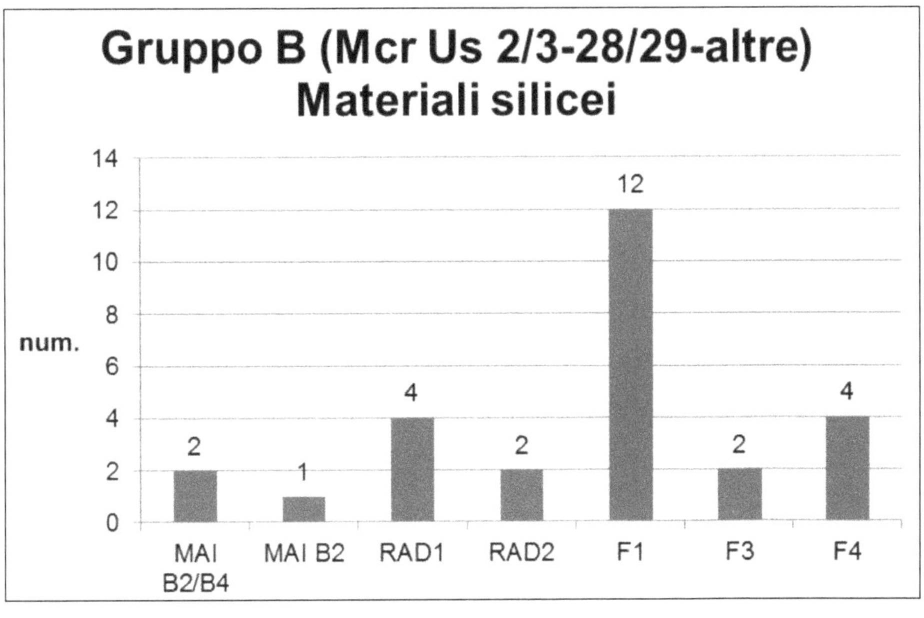

Grafico 4.3: Il sito MF1 - materiali silicei relativi al gruppo B (Mcr Us 2/3, 28/29 e *altre*) per litotipo.

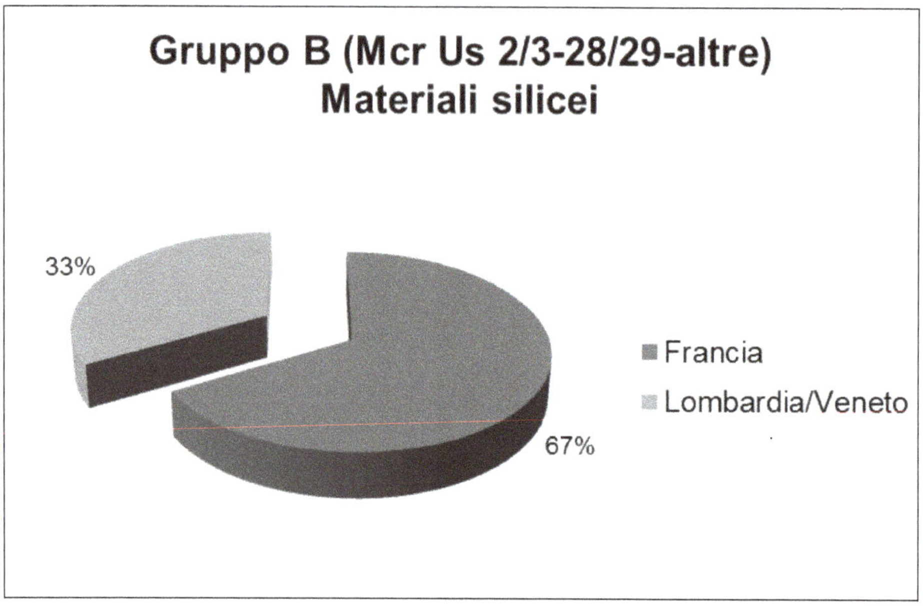

Grafico 4.4: Il sito MF1 - materiali silicei relativi al gruppo B (Mcr Us 2/3, 28/29 e *altre*) in merito alla Provenienza.

4.4 Studio tecno-economico e tipologico degli insiemi litici (F. Fontana, A. Guerreschi, L. Raiteri)

L'industria litica del sito MF1 si compone di complessivi 3673 manufatti. La messa in fase e la periodizzazione della sequenza stratigrafica del sito evidenziano una successione (dal basso verso l'alto) che vede, alla base del deposito, livelli appartenenti al Rame II (unità abitativa in posto UUSS 21, 17=44, 18, 19, 48 e 48 bis) coperti da una serie di episodi colluviali che sigillano gli strati suddetti. Ai fini dello studio tecno-economico e tipologico – in base all'analisi della stratificazione rinvenuta, dominata da depositi colluviali, e al confronto con le datazioni radiocarboniche ottenute (*cfr.* cap. 3) – si è ritenuto opportuno suddividere l'insieme litico in due gruppi di macro-unità stratigrafiche (accorpamenti di UUSS), rispettivamente denominati A e B. Tali gruppi si riferiscono, da un lato, ai livelli più superficiali del deposito, dall'altro, agli strati ad essi sottostanti che coprono direttamente il fondo della suddetta unità abitativa. In particolare, il gruppo A riguardante le macro-unità *sup* e 1, conta un numero complessivo di 2215 pezzi, mentre il gruppo B referente alle macro-unità 2/3,

Mcr Us	non ritoc.	ritoccati	nuclei	indet.	débris	<6mm	tot
sup	131 (25%)	59 (11%)	21 (4%)	132 (25%)	149 (28%)	41 (8%)	533 (100%)
1	188 (11%)	25 (2%)	4 (1%)	338 (20%)	669 (39%)	459 (27%)	1682 (100%)
Gruppo A	**319 (14%)**	**84 (4%)**	**25 (1%)**	**470 (21%)**	**818 (37%)**	**500 (23%)**	**2215 (100%)**
2|3	46 (22%)	6 (3%)	2 (1%)	41 (20%)	58 (28%)	54 (26%)	207 (100%)
28/29	60 (10%)	3 (1%)	0 (0%)	144 (26%)	176 (30%)	194 (34%)	578 (100%)
altre us	81 (12%)	12 (2%)	3 (1%)	196 (29%)	200 (30%)	181 (26%)	673 (100%)
Gruppo B	**187 (13%)**	**21 (2%)**	**5 (1%)**	**381 (26%)**	**434 (30%)**	**429 (29%)**	**1458 (100%)**
totale pezzi	**506 (14%)**	**105 (3%)**	**30 (1%)**	**851 (23%)**	**1252 (34%)**	**929 (25%)**	**3673 (100%)**

Tab. 4.4: Conteggio dell'industria litica del sito MF1 riferita alle macro-unità *sup* e 1 (gruppo A) e 2/3, 28/29, *altre* (gruppo B) e divisa per categorie di supporti.

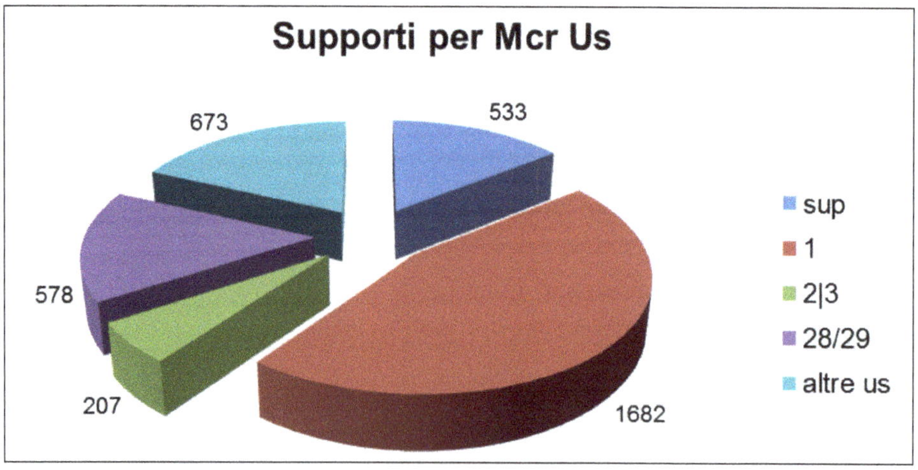

Grafico 4.5: Il sito MF1 - numero di supporti per macro-unità stratigrafica.

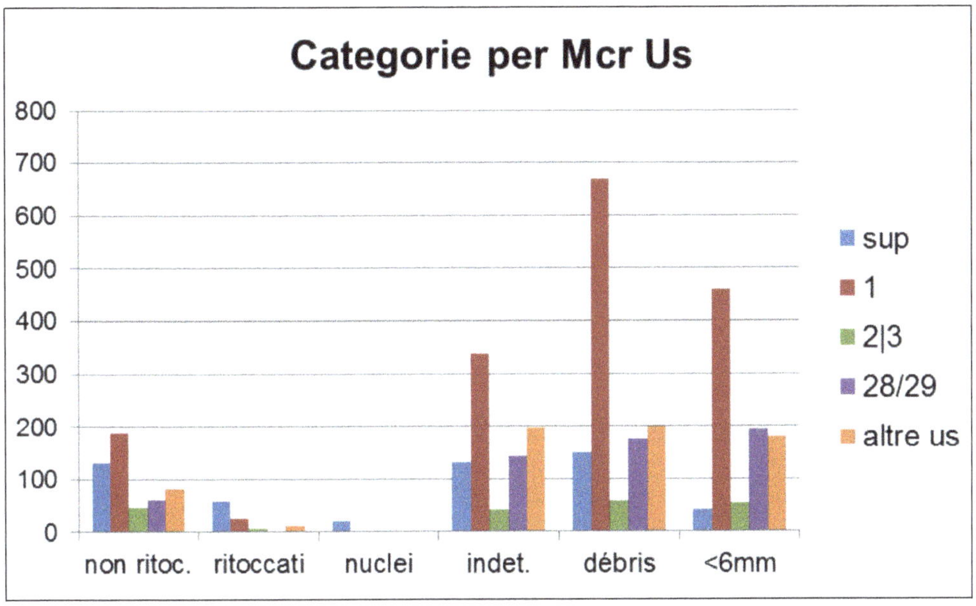

Grafico 4.6: Il sito MF1 – categorie di supporti presentati per macro-unità stratigrafica.

28/29 e *altre*, fornisce un totale di 1458 pezzi (tab. 4.4 e grafici 4.5 e 4.6). Come si nota nei relativi grafici e nella precedente tabella la gran parte dei supporti ritoccati e dei nuclei si riferisce alle macro-unità *sup* e 1 (gruppo A), mentre per il *débitage* generico il divario tra i due gruppi (A e B) si riduce indicando un rapporto di 3 a 2 in favore del gruppo A. Dalla stessa tabella si osserva anche come una cospicua quantità di manufatti sia rappresentata da frammenti indeterminabili (23%), débris (34%) e piccole schegge di dimensioni inferiori a 6 mm (25%). L'elevata quantità di manufatti indeterminabili (frammenti non diagnostici e *débris* non orientabile) risulta essere in parte dovuta alle caratteristiche dei cristalli di quarzo impiegati (utilizzo di porzioni prossime alle radici dei cristalli), ma anche a processi di alterazione termica. La presenza di piccole schegge è invece da riferirsi, nella maggior parte dei casi, a operazioni di abrasione delle cornici dei nuclei e al ritocco dei supporti. Tale categoria è particolarmente significativa per gli elementi in selce, costituiti per più di ¾ da microschegge.

4.4.1 Integrità e stato di conservazione

Lo studio tecno-economico e tipologico di dettaglio ha riguardato tutti i manufatti inseriti in database per un totale di 641 (tab. 4.4). Si tratta quasi esclusivamente di manufatti in cristallo di rocca (627), cui si aggiungono 14 elementi in selce. Di volta in volta, nello studio analitico sono stati presi in conto solo i manufatti che risultavano determinabili per quel singolo parametro esaminato. Per questo motivo i valori totali di riferimento di tabelle e grafici possono variare.

Lo stato di integrità è stato valutato per i prodotti e i sotto-prodotti della scheggiatura evidenziando un elevato grado di frammentarietà, con circa il 60% di frammenti suddivisi tra prossimali, mediani, distali, laterali e diversi, per entrambi i gruppi di macro-unità selezionati (A e B). Gli elementi integri o incompleti (mancanti di una piccola porzione che non incide sulle dimensioni massime) costituiscono circa il 39% nel gruppo A e il 41% nel gruppo B (grafico 4.7).

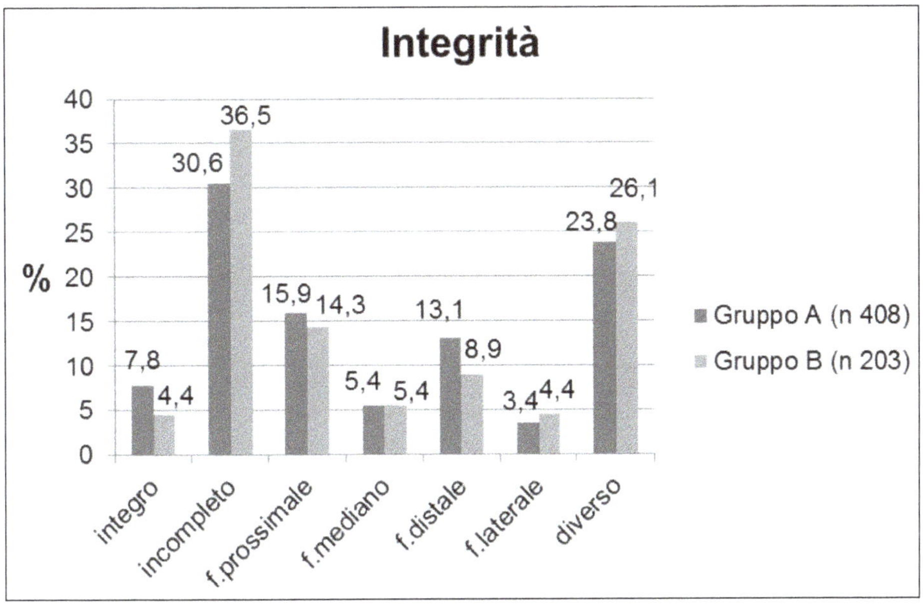

Grafico 4.7: Il sito MF1 - grado di integrità dei supporti ritoccati e non ritoccati riferiti al gruppo A, n. 408 (macro-unità *sup* e 1) e al gruppo B, n. 203 (macro-unità 2/3, 28/29 e *altre*).

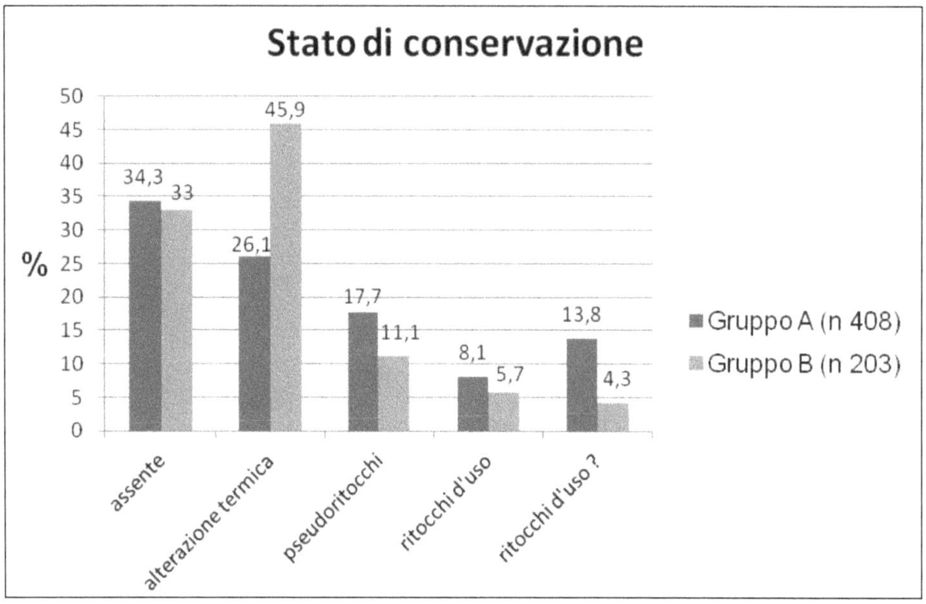

Grafico 4.8: Il sito MF1 - grado di integrità dei supporti ritoccati e non ritoccati riferiti al gruppo A (macro-unità *sup* e 1) e al gruppo B (Mcr Us 2/3, 28/29 e *altre*).

Riguardo lo stato di conservazione risulta una certa differenza tra i gruppi A e B soprattutto in rapporto alle alterazioni dovute a termoclastismo (gruppo A, 26%; gruppo B, 46 %).

Le alterazioni termiche evidenziate sono sempre legate a fratture da calore "aperte" e non orientate e alla presenza di cuppelle, come avviene solitamente per la selce sottoposta a fonti di calore (cfr. *supra*). Tali caratteristiche (fratture e cuppelle) sono state per altro evidenziate durante una sperimentazione realizzata, al fine di testare la risposta del quarzo ialino alle varie temperature (Università di Ferrara - ottobre 2012).

La presenza di "pseudoritocchi", attestata al 17% per il gruppo A e 11 % per il gruppo B, indica un andamento contrario rispetto a quello riferibile a termoclastismo probabilmente evidenziando un insieme compromesso da eventi post-deposizionali. Infine, importanti sono i manufatti sui quali sono state riscontrate ipotetiche tracce d'uso (8,1 % in riferimento al gruppo A e 5,7 per il gruppo B). Tali determinazioni derivano dallo studio analitico effettuato da G. Berruti, per i cui risultati si rimanda al paragrafo 4.5. Vi si aggiungono alcuni elementi, non analizzati da G. Berruti in quanto rinvenuti nelle campagne successive allo studio (IV campagna - anno 2012), per i quali sono state segnalate possibili tracce d'uso, da approfondire nel prosieguo della ricerca (13,8 % – gruppo A e 4,3% – gruppo B) (grafico 4.8).

4.4.2 Natura dei supporti

Ai fini della determinazione del tipo di supporti utilizzati per la scheggiatura e dei processi di riduzione operati durante le fasi iniziali del *débitage*, sono stati analizzati sui singoli prodotti/sottoprodotti i dati che riguardano la percentuale di superficie naturale (grafico 4.9), la posizione della stessa (grafico 4.10) e il numero di faccette naturali presenti (tabella 4.5).

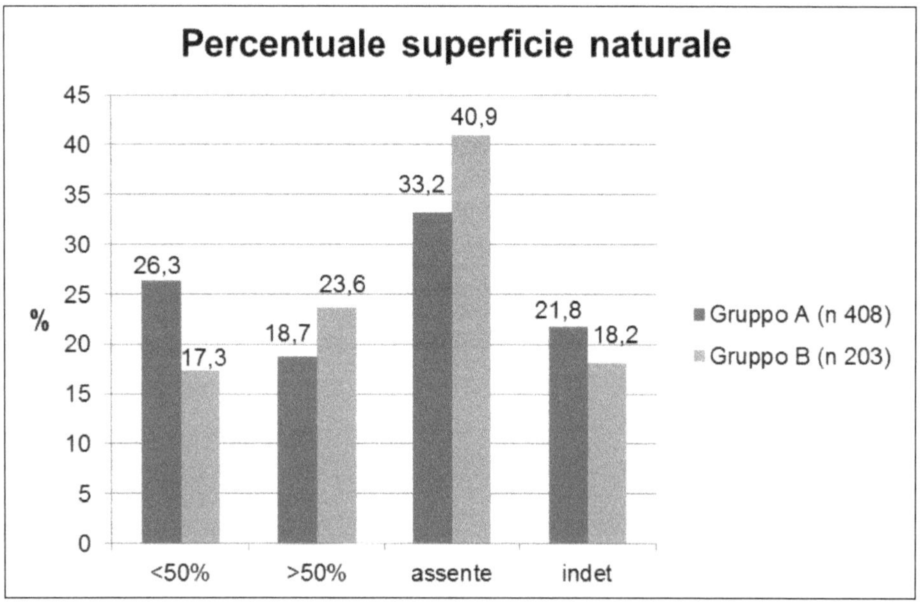

Grafico 4.9: Il sito MF1 – confronto relativo alla percentuale di superficie naturale presente sui supporti ritoccati e non ritoccati appartenenti ai gruppi A (macro-unità sup e 1) e B (macro-unità 2/3, 28/29 e *altre*).

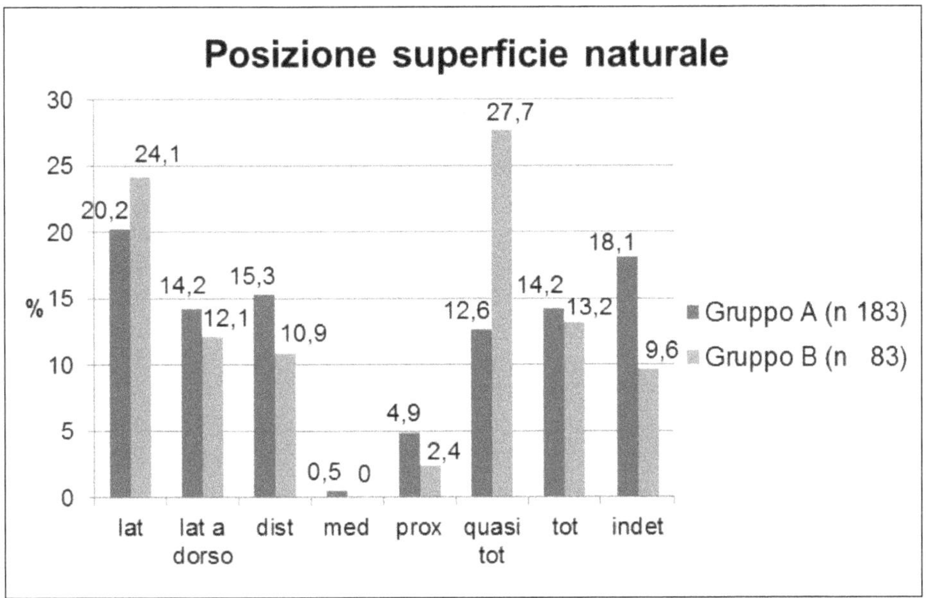

Grafico 4.10: Il sito MF1 – confronto relativo alla posizione della superficie naturale sui supporti ritoccati e non ritoccati appartenenti ai gruppi A (macro-unità sup-1) e B (macro-unità 2/3-28/29-*altre*).

Mcr Us	assente	1 faccetta	2 faccette	3 faccette	più faccette	indet	Totale
sup	106 (54%)	30 (15%)	22 (11%)	8 (4%)	3 (2%)	28 (14%)	197 (100%)
1	130 (60%)	36 (17%)	11 (5%)	9 (4%)	5 (2%)	25 (12%)	216 (100%)
Gruppo A	**236 (57%)**	**66 (16%)**	**33 (8%)**	**17 (4%)**	**8 (2%)**	**53 (13%)**	**413 (100%)**
2|3	23 (56%)	6 (15%)	3 (7%)		1 (2%)	8 (20%)	41 (100%)
28/29	41 (66%)	7 (11%)	2 (3%)	1 (2%)	1 (2%)	10 (16%)	62 (100%)
altre us	57 (60%)	14 (15%)	6 (6%)	2 (2%)	1 (1%)	15 (16%)	95 (100%)
Gruppo B	**121 (61%)**	**27 (13%)**	**11 (6%)**	**3 (2%)**	**3 (2%)**	**33 (16%)**	**198 (100%)**
totale pezzi	**357 (58%)**	**93 (15%)**	**44 (7%)**	**20 (3%)**	**11 (2%)**	**86 (14%)**	**611 (100%)**

Tab. 4.5: Il sito MF1 - conteggio relativo alle faccette naturali dei supporti ritoccati e non ritoccati per macro-unità stratigrafiche. Sono presenti inoltre i totali riferiti ai gruppi (A e B) di appartenenza.

La presenza di manufatti caratterizzati da superfici naturali maggiori o minori al 50% è piuttosto elevata in entrambi i gruppi A e B (grafico 4.9). Tale valore potrebbe essere ricollegato, oltre che ad un approvvigionamento presso affioramenti vicini al sito (cf. par. 4.3), alle piccole dimensioni dei cristalli utilizzati, e quindi al rapporto esistente tra superficie e volume.

I risultati emersi dall'analisi della posizione della superficie naturale sui supporti ritoccati (grafico 4.10) evidenziano valori del 41% ca. dei supporti appartenenti al gruppo B e del 27% di quelli corrispondenti al gruppo A per gli elementi con superficie naturale totale e quasi totale sommati fra loro. Seguono superfici naturali localizzate in posizione laterale, distale e laterale a dorso.

La presenza di una sola faccetta è attestata con percentuali comprese tra l'11% e il 17%, mentre due, tre o più faccette presentano valori inferiori, tra il 2% e il 7% complessivo, a scalare.

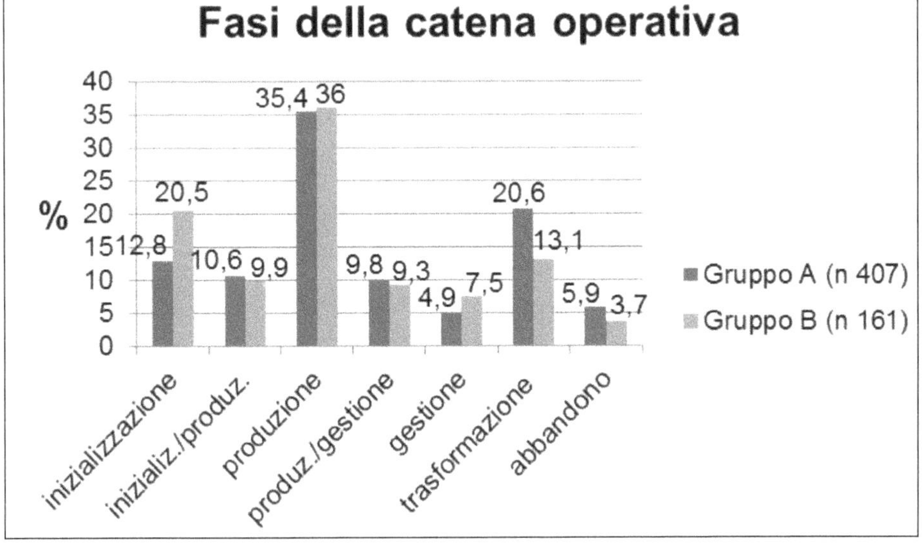

Grafico 4.11: Il sito MF1 – fasi della catena operativa dei supporti non ritoccati, ritoccati e dei nuclei appartenenti al gruppo A (macro-unità *sup* e 1) e al gruppo B (macro-unità 2/3, 28/29 e *altre*).

È necessario tenere conto che in media nel 14% dei casi il dato riferito al numero di faccette naturali resta indeterminato per la difficoltà di identificazione dovuta al mediocre stato di conservazione del cristallo e/o alla presenza di superfici naturali con caratteristiche anomale rispetto alle faccette classiche di cui sopra (vicinanza alla radice del cristallo e/o alterazioni).

4.4.3 Rappresentazione delle fasi della catena operativa

La fase più rappresentata della catena operativa è quella della produzione per entrambi i gruppi (circa 35%) che, se sommata all'inizializzazione-produzione e alla produzione-gestione, arriva al 54% circa; seguono l'inizializzazione (12,8% per il gruppo A e 20,5% per il gruppo B), la gestione (4,9% per il gruppo A e 7,5% per il gruppo B) e l'abbandono (5,9% per il gruppo A e 3,7% per il gruppo B). I supporti trasformati sono il 21% ca. per il gruppo A e il 13% ca. per il gruppo B (grafico 4.11).

4.4.3.1 Tipometria

L'analisi tipometrica effettuata su tutti i manufatti interi evidenzia per il gruppo A (grafico 4.12) una lunghezza media degli elementi analizzati di 12,8 mm, una larghezza media di 9,9 mm mentre lo spessore risulta in media di 3,1 mm. Per quanto riguarda il gruppo B, si registra (grafico 4.13) una lunghezza media di 13,2 mm, una larghezza media di 11,7 mm e uno spessore in media di 3,7 mm. La maggior parte dei manufatti risultano quindi presentare tutte le dimensioni inferiori a 20 mm.

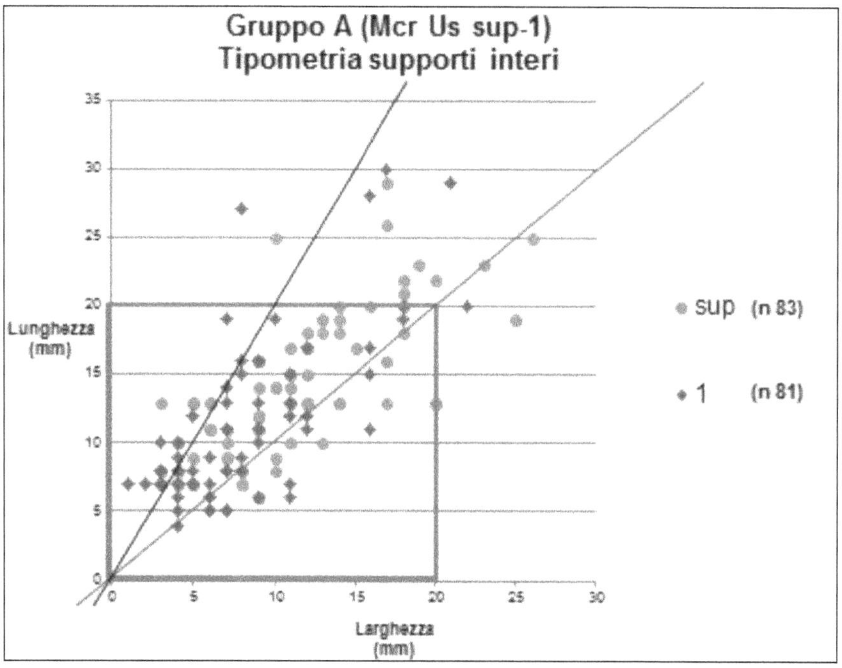

Grafico 4.12: Il sito MF1 - rappresentazione del rapporto lunghezza/larghezza dei supporti interi nel gruppo A (esclusi gli elementi della trasformazione).

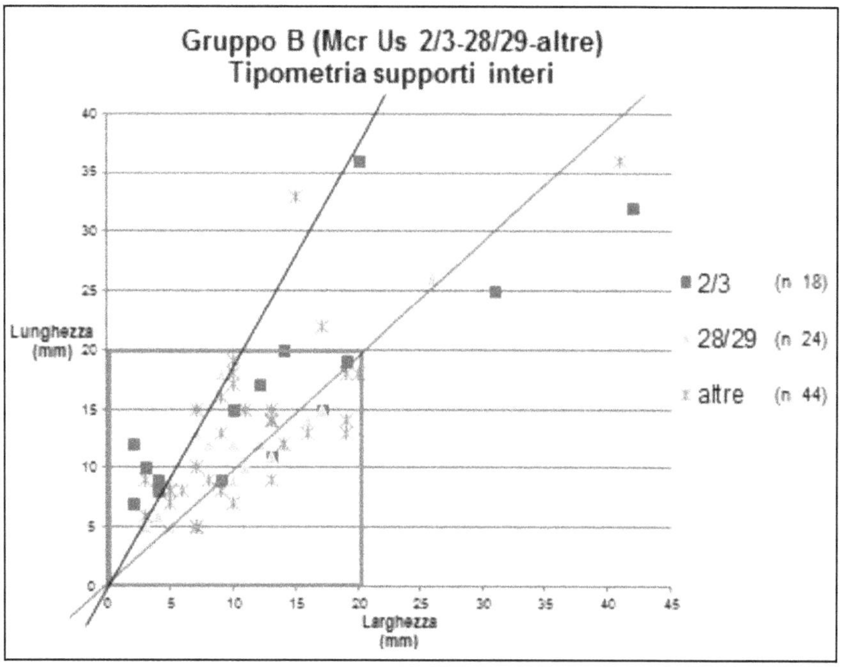

Grafico 4.13: Il sito MF1 - rappresentazione del rapporto lunghezza/larghezza dei supporti interi nel gruppo B (esclusi gli elementi della trasformazione).

Per quanto riguarda il volume medio dei supporti interi si evidenzia una differenza significativa tra il gruppo A (volume medio dei supporti interi di 392,832 mm^3) e il gruppo B (volume medio dei supporti interi di 571,428 mm^3) (grafico 4.14).

4.4.3.2 Inizializzazione

La fase di inizializzazione riferibile al gruppo A è composta da un totale di 52 elementi (grafico 4.15), di cui 5 "calotte" (elementi caratterizzati solo da superfici na-

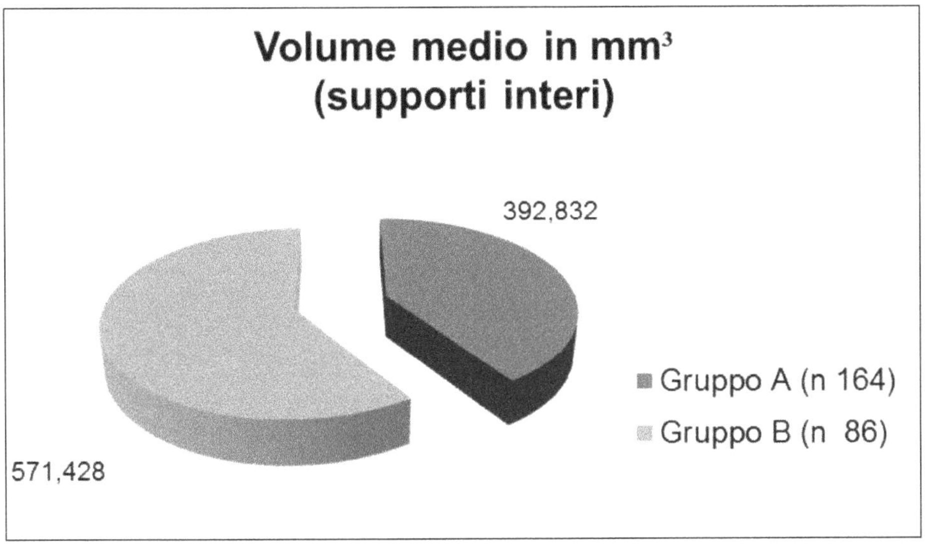

Grafico 4.14: Il sito MF1 – volume medio dei supporti interi relativo al gruppo A e al gruppo B.

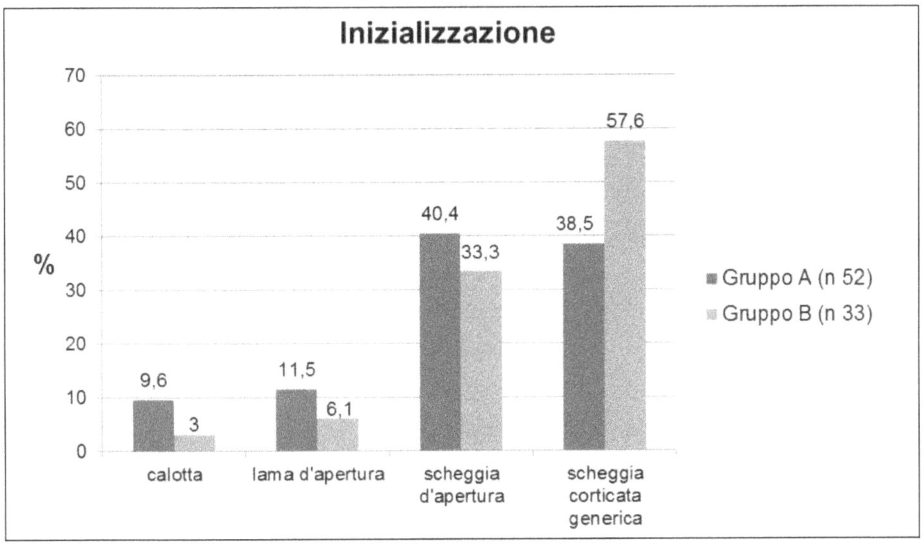

Grafico 4.15: Il sito MF1 – confronto percentuale relativo agli elementi appartenenti alla fase di inizializ zazione del gruppo A e B.

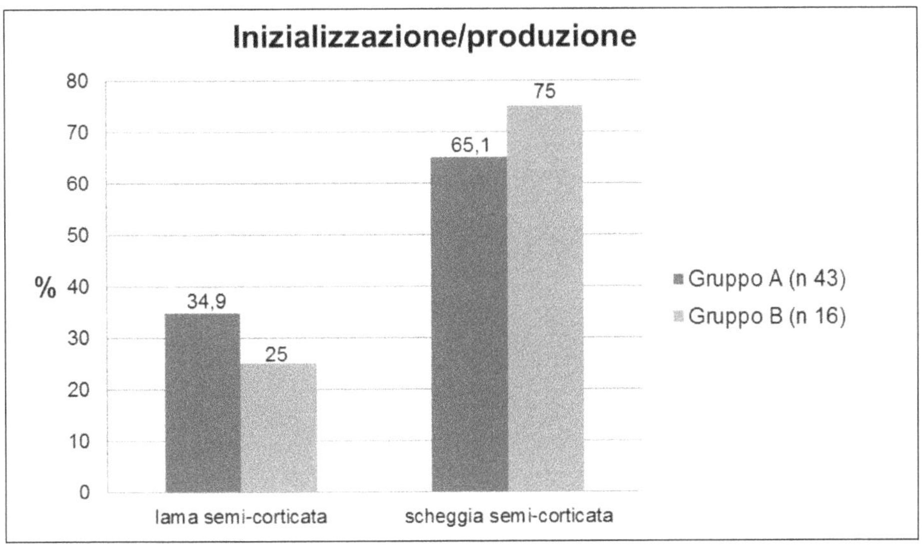

Grafico 4.16: Il sito MF1 – confronto percentuale relativo agli elementi appartenenti alla fase di inizializzazione-produzione del gruppo A e B.

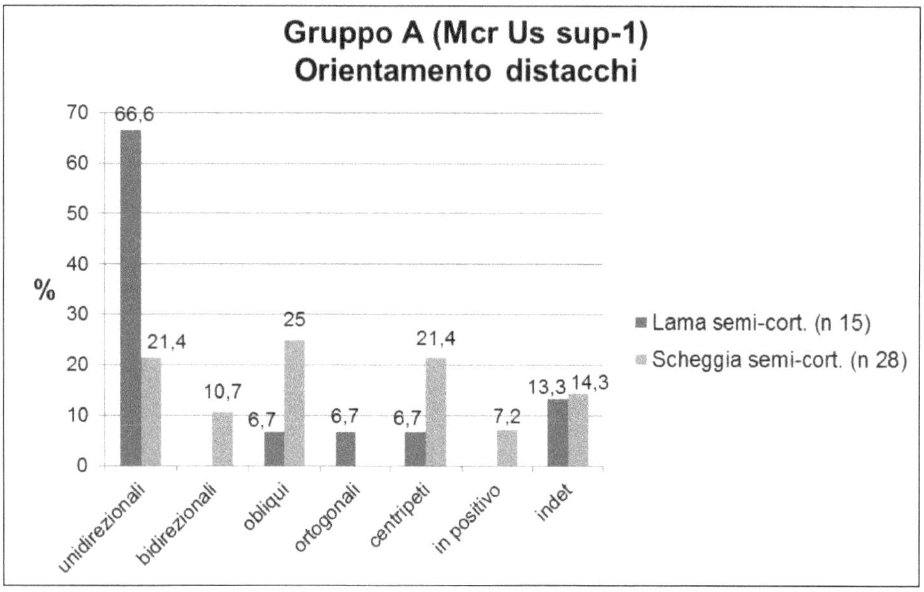

Grafico 4.17: Il sito MF1 – confronto dell'orientamento degli stacchi nelle schegge semi-corticate e nella lame semi-corticate all'interno del gruppo A.

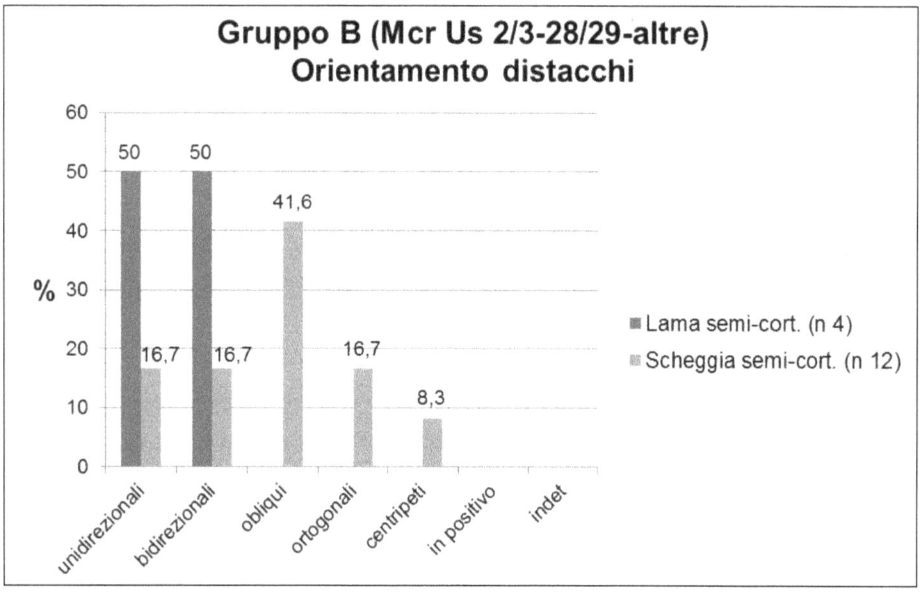

Grafico 4.18: Il sito MF1 – confronto dell'orientamento degli stacchi nelle schegge semi-corticate e nelle lame semi-corticate all'interno del gruppo B.

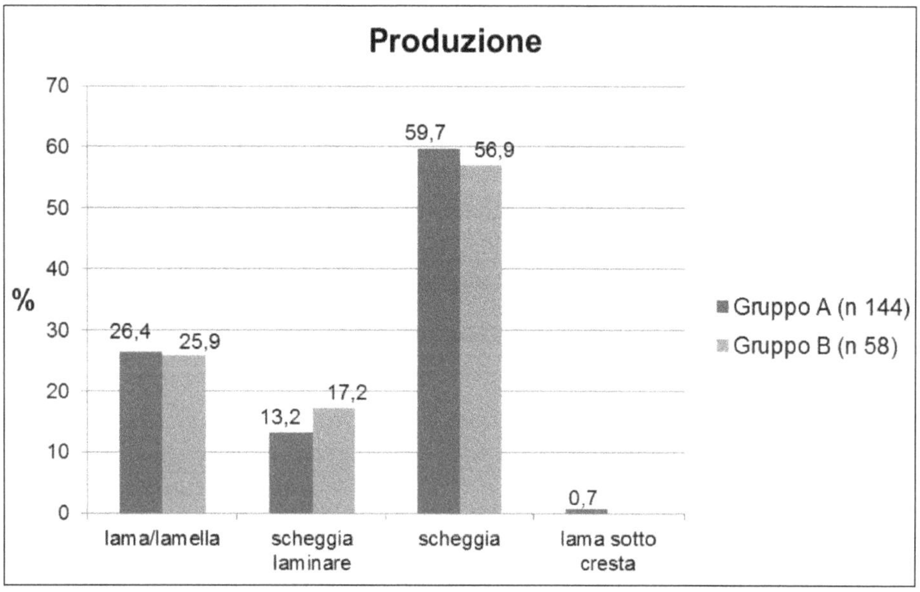

Grafico 4.19: Il sito MF1 – confronto percentuale relativo agli elementi appartenenti alla fase di produzione dei gruppi A e B.

turali incluso il tallone, 9,6%), 21 schegge di apertura (40,4%), 6 lame d'apertura (11,5%) e 20 schegge corticate generiche (38,5%). Per quanto riguarda il gruppo B, appartengono a tale fase complessivamente 33 elementi (grafico 4.19): 1 calotta (3%), 11 schegge d'apertura (33,3%), 2 lame di apertura (6,1%) e 19 schegge corticate generiche (57,6%). Confrontando i valori relativi ai due gruppi emerge una maggiore variabilità nel gruppo A rispetto al B, nel quale le schegge corticate generiche superano la metà dei supporti

L'analisi effettuata evidenza che, per quanto riguarda i cristalli di quarzo ialino – caratterizzato da una morfologia stretta e allungata e da nervature formate dall'intersezione delle sei facce laterali – il *débitage* prende avvio sempre con lo sfruttamento delle superfici naturali del cristallo, non lasciando quindi spazio a una vera e propria messa in forma (Visentin, 2014).

4.4.3.3 Inizializzazione-produzione

La fase intermedia di inizializzazione-produzione (grafico 4.16), riferita essenzialmente alle lame semi-corticate e alle schegge semi-corticate, è composta da un totale di 43 elementi per il gruppo A: 28 schegge semi-corticate (65,1%) e 15 lame semi-corticate (34,9%), mentre per il gruppo B si contano complessivamente 16 supporti: 12 schegge semi-corticate (75%) e 4 lame semi-corticate (25%).

Confrontando schegge e lame semi-corticate relativamente al gruppo A, prevale l'unidirezionalità dei distacchi nelle lame (66,6%) mentre per quanto riguarda le schegge risultano valori grosso modo equivalenti tra stacchi unidirezionali (21,4%), centripeti (21,4%) e obliqui (25%).

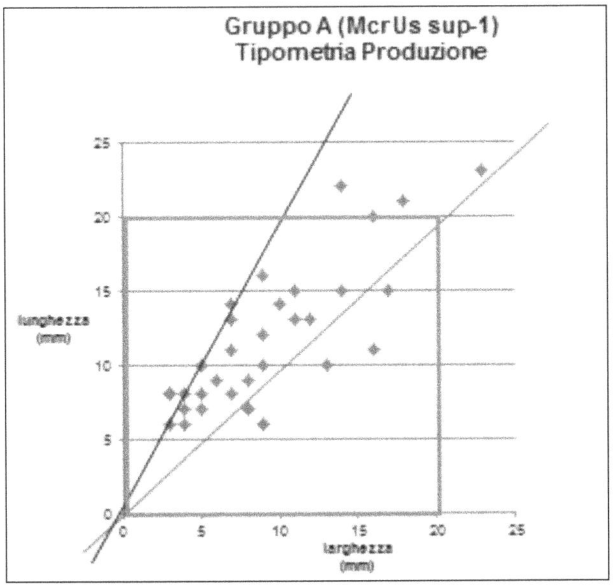

Grafico 4.20: Il rapporto lunghezza/larghezza dei prodotti del gruppo A (n 37); si nota la prevalenza di schegge e schegge laminari comprese tra la linea rossa e la linea nera (limite sopra il quale i supporti vengono compresi nelle categorie micro-lamelle/lame/lamelle.

Per le lame semi-corticate il gruppo B presenta un orientamento dei distacchi equivalente tra unidirezionali e bidirezionali, dato che potrebbe verosimilmente fare riferimento all'apertura del prisma da scheggiare avvenuta contemporaneamente partendo da due piani opposti. In merito all'analisi della direzione degli stacchi sulle schegge semi-corticate emerge una percentuale del 16,7% riferita agli uni- e bidirezionali, mentre si attesta al 41,6% la direzione obliqua, al 16,7% quella ortogonale e al 8,3% la centripeta (grafico 4.18).

4.4.3.4 Produzione

La fase di produzione è quella maggiormente rappresentata all'interno della catena operativa, con una percentuale che si aggira intorno al 35% circa, per entrambi i gruppi di macro-unità stratigrafiche (A e B) presi in considerazione in questa analisi.

In particolare, al gruppo A appartengono 144 elementi, 37 dei quali sono integri o incompleti. Su questi ultimi è stata svolta un'ulteriore analisi tipometrica; la lunghezza è compresa tra 6 e 23 mm, le larghezze vanno da 3 a 23 mm, mentre gli spessori hanno misure comprese tra 1 e 7 mm. In particolare, analizzando il grafico a dispersione emerge la presenza di schegge (lunghezza e larghezza compresa entro 23 mm), schegge laminari (con dimensioni massime corrispondenti a 16 mm di lunghezza e 9 mm di larghezza) e microlamelle (lunghezza compresa tra 6 e 14 mm); queste ultime sono rappresentate in misura molto inferiore rispetto alle altre due categorie che insieme totalizzano circa l'80% del numero complessivo (grafico 4.19). Si riscontra nell'analisi del grafico 4.20 un alto grado di microlitismo con elementi che nella maggior parte dei casi non superano i 15 mm di lunghezza e i 16 mm di larghezza.

Gli spessori si distribuiscono principalmente nelle classi: 1-2 mm e 3-5 mm, con una certa prevalenza per la prima (grafico 4.21).

Il gruppo B comprende in totale 58 elementi che fanno parte della fase di produzione, di cui 23 sono integri

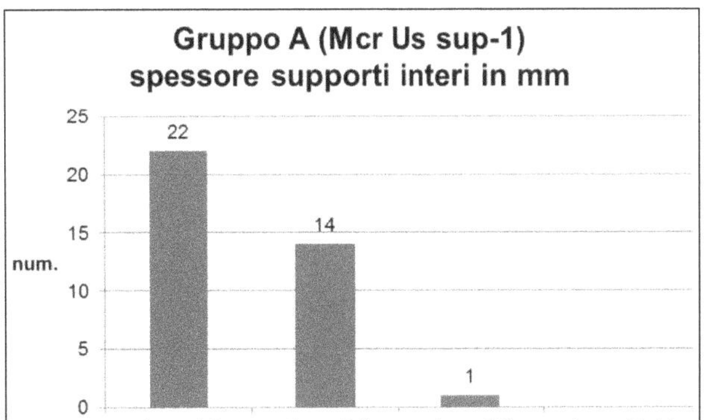

Grafico 4.21: Classi di spessore all'interno dei prodotti (n. 37) del gruppo A.

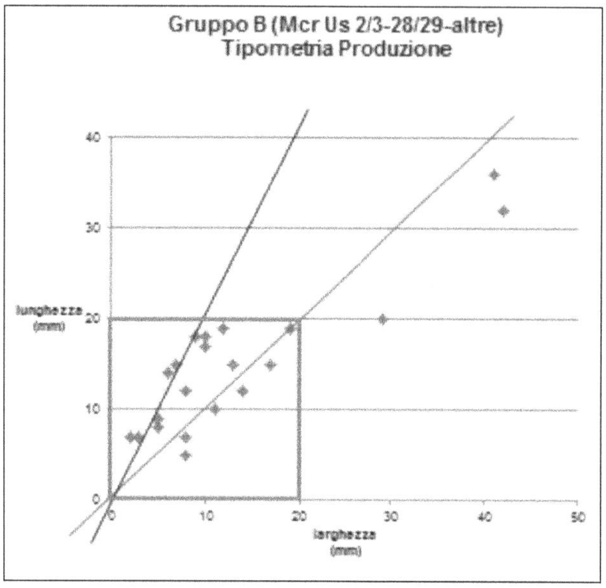

Grafico 4.22: Rapporto lunghezza/larghezza dei prodotti del gruppo B (n. 23); si nota una maggior presenza di micro-lamelle rispetto agli elementi del gruppo A.

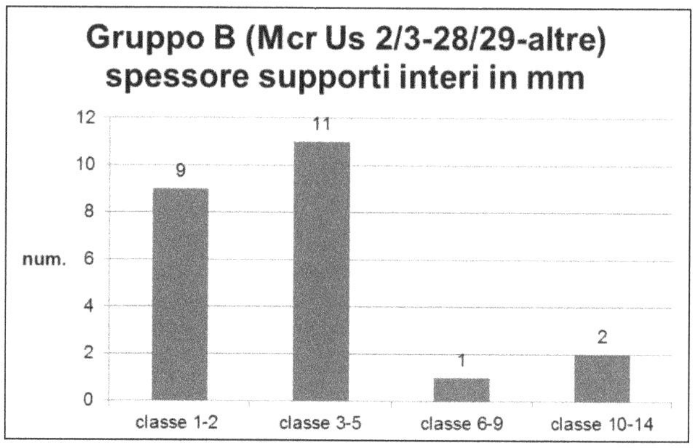

Grafico 4.23: Classi di spessore all'interno dei prodotti (n.23) del gruppo B.

o incompleti. Osservando le dimensioni si riscontra una lunghezza compresa tra 5 e 36 mm, mentre la larghezza è compresa tra 2 e 42 mm; si conferma, quindi, una maggiore eterogeneità e una dimensione dei supporti tendenzialmente maggiore rispetto al gruppo A. Da un punto di vista morfologico gli obiettivi del *débitage* appaiono, invece, gli stessi: schegge, schegge laminari e microlamelle, con un numero lievemente superiore di microlamelle.

Gli spessori sono prevalentemente compresi nelle classi tra 1-2 mm e 3-5 mm, con una lieve prevalenza di questi ulitmi; un solo supporto rientra nella classe 6-9 mm, mentre due elementi hanno spessore compreso tra 10 e 14 (grafico 4.23).

I profili sono principalmente rettilinei (76,5% per il gruppo A e al 66% per il gruppo A) così come indicato nel grafico 4.24.

Nei due gruppi di macro-unità prevalgono gli stacchi unidirezionali (37% nel gruppo A e il 42% nel B) che attestano uno sfruttamento prevalentemente unipolare della superficie di scheggiatura. Rilevanti sono anche le percentuali riferite agli stacchi centripeti, a quelli obliqui e a quelli in positivo. Questi ultimi, in particolare, rappresentano un'evidenza dell'impiego, accanto alla tecnica di percussione diretta, di quella bipolare (grafico 4.25).

Sui prodotti è stata eseguita anche l'analisi dei talloni. I tipi lineari sono prevalenti (20% per il gruppo A e 24% per il gruppo B), seguiti da i puntiformi (15% circa per entrambi i gruppi) e dai lisci (12% circa). Le restanti morfologie presentano (lisci < 2 mm, diedri, faccettate) presentano tutti valori nettamente inferiori (grafico 4.26).

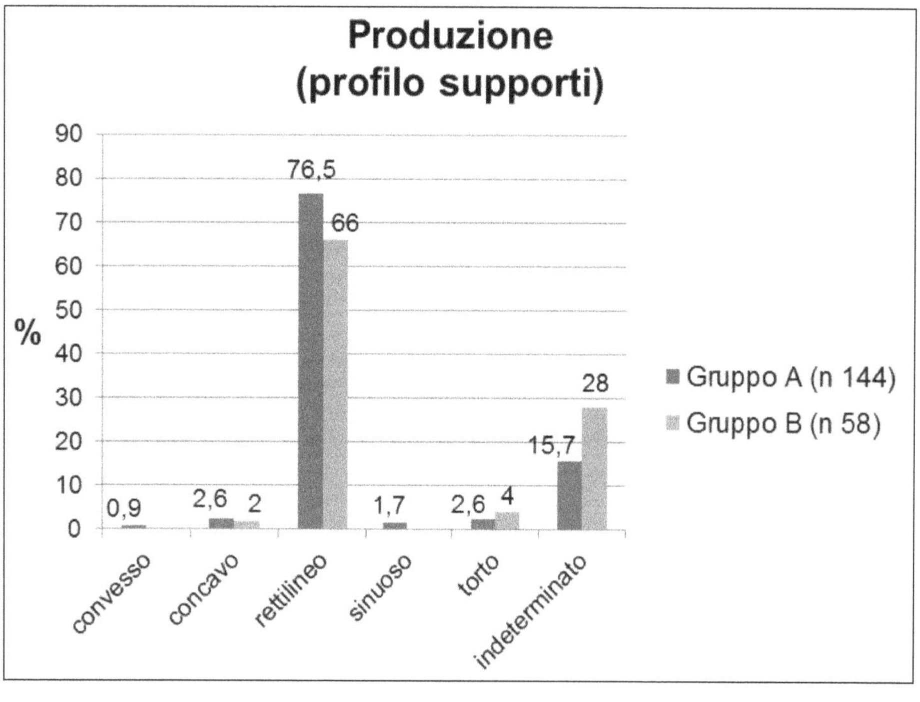

Grafico 4.24: Profilo della totalità dei prodotti (gruppi A e B).

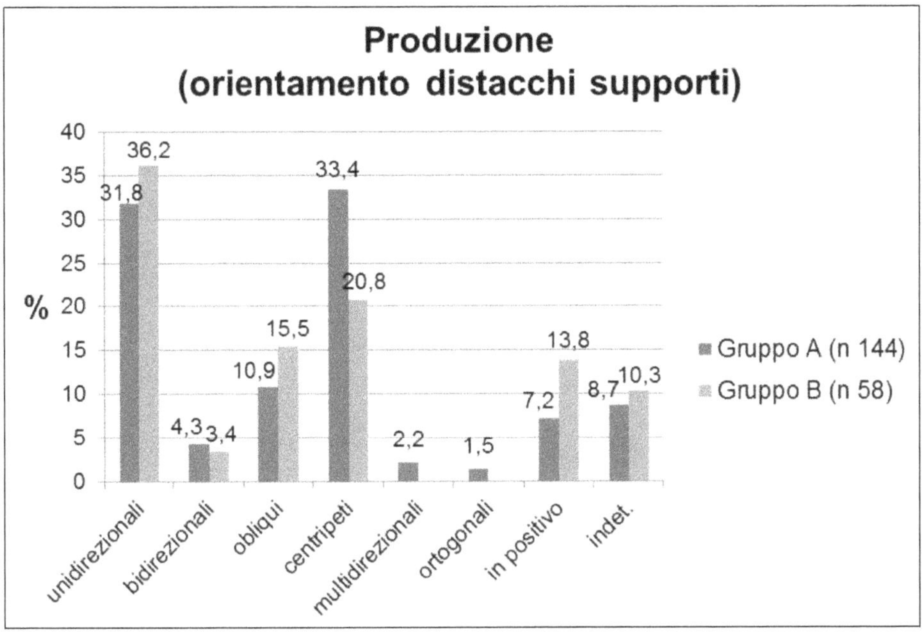

Grafico 4.25: Orientamento dei distacchi nei prodotti (gruppi A e B).

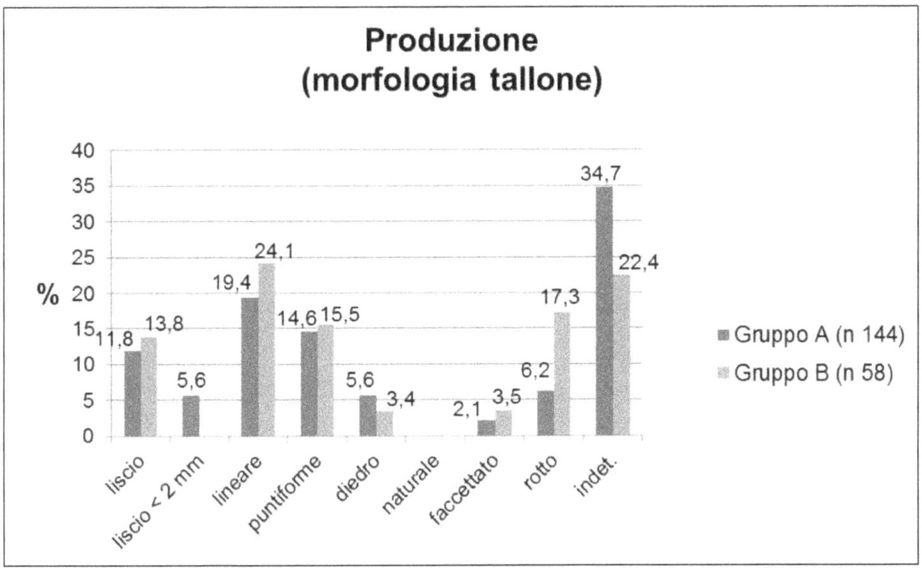

Grafico 4.26: Morfologia del tallone dei prodotti (gruppi A e B).

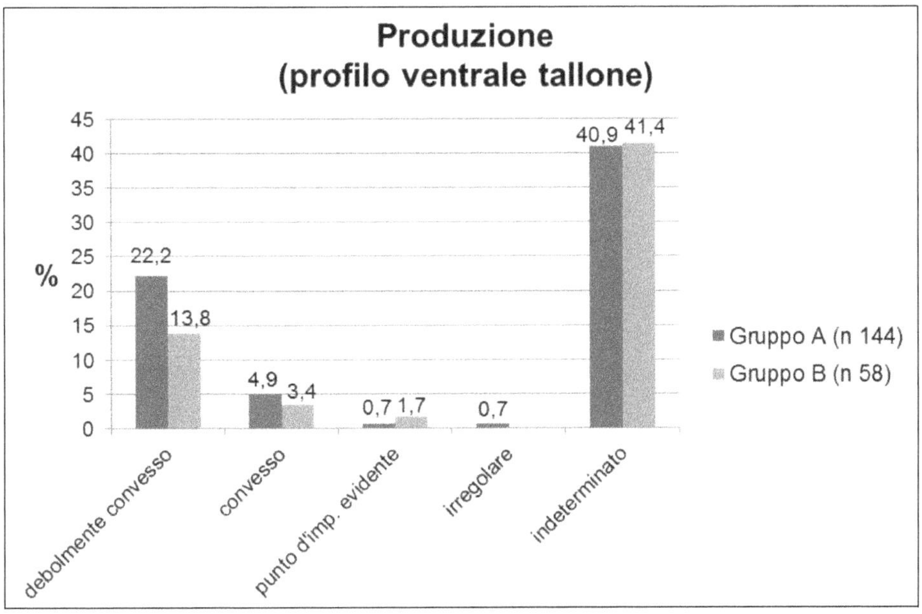

Grafico 4.27: Profilo ventrale del tallone nei prodotti (gruppi A e B).

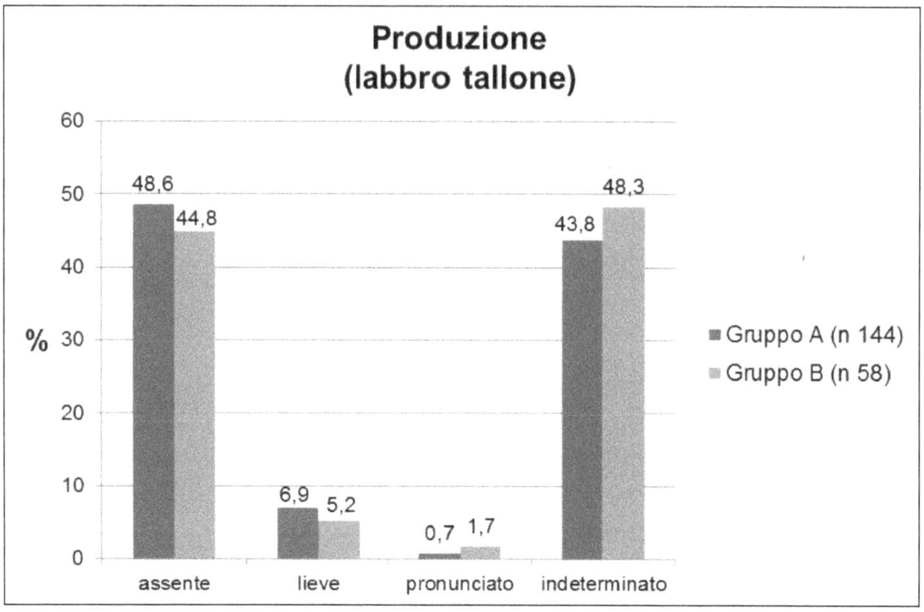

Grafico 4.28: Individuazione del labbro per il totale dei prodotti (gruppi A e B).

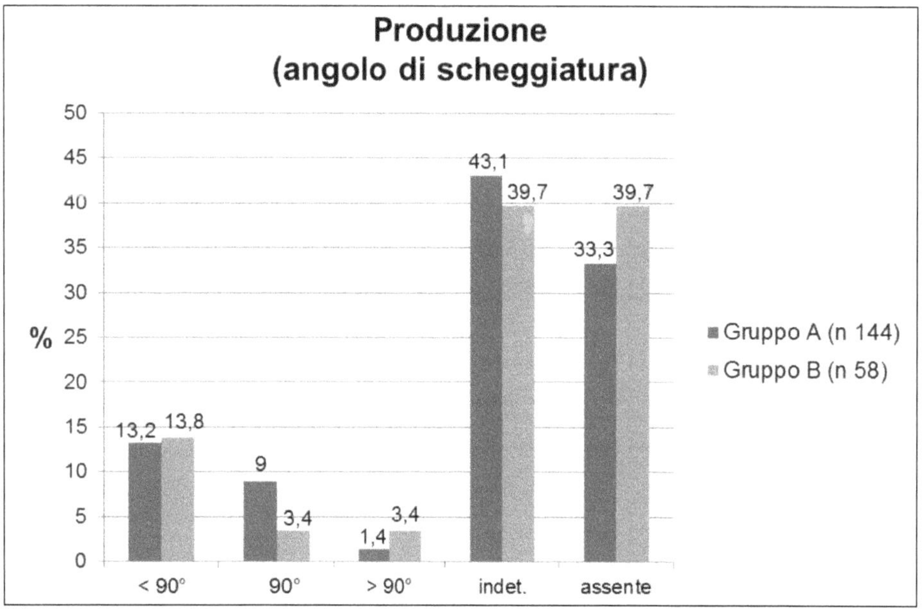

Grafico 4.29: Grado dell'angolo di scheggiatura nei prodotti (gruppi A e B).

I profili dei talloni sono in prevalenza debolmente convessi (22,2% nel gruppo A e 13,8% nel gruppo B), seguiti dai convessi (tra 3,4 e 4,9%); scarsi sono i profili convessi con punto di impatto evidente (tra 0,7 e 1,7%) e irregolari (0,7% solo nel gruppo A) (grafico 4.27).

Il labbro risulta assente nella maggior parte dei casi (48% circa nel gruppo A e 44,8% nel gruppo B). Scarsa è la presenza della tipologia lieve (tra il 5,2 e 6,9%) e pronunciata (0,7 e 1,7%) (grafico 4.28).

Infine, è stata analizzata l'angolazione del distacco dei prodotti, che corrisponde all'angolo compreso tra il piano di percussione e la superficie di scheggiatura; laddove tale parametro sia risultato determinabile, è stato riscontrato un esiguo numero di elementi con angoli superiori a 90° (tra 1,4 e 3,4%), mentre prevalgono gli angoli inferiori a 90° (tra 13,2 e 13,8%) e quelli uguali a 90° nel 9% per il gruppo A e nel 3,4% nel gruppo B (grafico 4.29).

In base alle considerazioni emerse dal lavoro sperimentale presentato al paragrafo 4.2 (Visentin, 2014), le tecniche di scheggiatura compatibili con le caratteristiche evidenziate dai talloni sono quelle della percussione diretta con pietra tenera e della percussione bipolare. Su tale aspetto si tornerà più avanti in relazione all'analisi dei nuclei.

4.4.3.5 Produzione-gestione e gestione

La fase intermedia di produzione-gestione (grafico 4.30), riferita essenzialmente alle lame di fianco corticate e non e alle schegge debordanti corticate e non, è composta da un totale di 40 elementi per il gruppo A: 15 lame di fianco corticate e non (37,5%) e 25 schegge debordanti corticate e non (62,5%), mentre per il gruppo B si contano complessivamente 15 supporti: 5 lame di fianco corticate e non (33%) e 10 schegge debordanti corticate e non (67%).

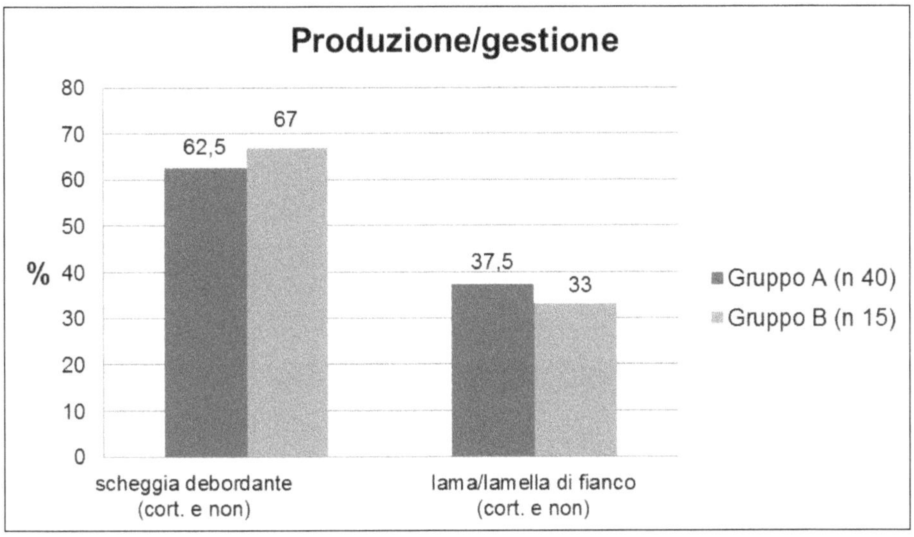

Grafico 4.30: Elenco degli elementi appartenenti alla fase di produzione-gestione (gruppi A e B).

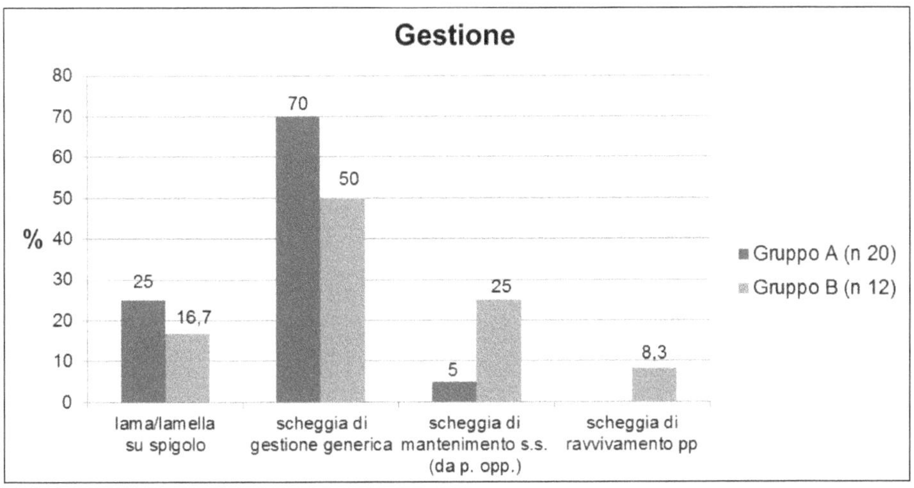

Grafico 4.31: Percentuali relative agli elementi appartenenti alla fase di gestione (gruppi A e B).

La fase di gestione è meno rappresentata con circa il 6% degli elementi per entrambi i gruppi considerati (grafico 4.31).

Tra gli elementi appartenenti a questa fase, prevalgono le schegge generiche di gestione nel gruppo A (75%), mentre nel gruppo B le stesse si attestano al 50% e le schegge di mantenimento della superficie di scheggiatura risultano presenti nel 25%; queste ultime derivano generalmente dalla volontà di correggere precedenti incidenti come le riflessioni. Di seguito, troviamo le lame/lamelle su spigolo al 25% per il gruppo A e al 16,7% per il gruppo B. Basse sono le percentuali delle schegge di mantenimento della superficie di scheggiatura per il gruppo A (5% ca.) e delle schegge di ravvivamento del piano di percussione (circa l'8%, presenti solo nel gruppo B).

4.4.3.6 Abbandono

Appartengono a questa fase i residui finali dello sfruttamento dei cristalli di quarzo ialino. In totale, si tratta di 25 nuclei per il gruppo A e 5 per il gruppo B. Per il Gruppo A, i motivi che hanno portato all'abbandono del nucleo risultano non definibili nel 52% dei casi, mentre tra le cause evidenziate dalla lettura dei nuclei troviamo le dimensioni nel 36% dei casi, seguite da un caso di *overshot* (4%), uno dovuto presumibilmente alla qualità della materia prima (4%) e uno indeterminabile (4%). Le cause di abbandono dei cinque nuclei, relativi al gruppo B, seguono tendenzialmente lo stesso *trend* evidenziato per il gruppo A (grafico 4.32).

Il residuo di superficie naturale sui nuclei del gruppo A è assente nel 60% dei casi (n. 15), mentre è presente nel 32% (n. 8) e nell'8% (n. 2) rispettivamente, con una percentuale di superficie naturale inferiore e superiore al 50% (tabella 4.6). Per il gruppo B troviamo, invece, due nuclei con superficie naturale superiore al 50% (40%), uno con superficie inferiore al 50% (20%), uno (20%) dove la superficie è assente; per uno, infine, il dato è indeterminabile.

superficie naturale	Gruppo A	%	Gruppo B	%
< 50%	8	32	1	20
> 50%	2	8	2	40
assente	15	60	1	20
indeterminato	0	0	1	20
totale	*25*	*100*	*5*	*100*

Tabella 4.6: Residuo di superficie naturale sui nuclei dei gruppi A e B.

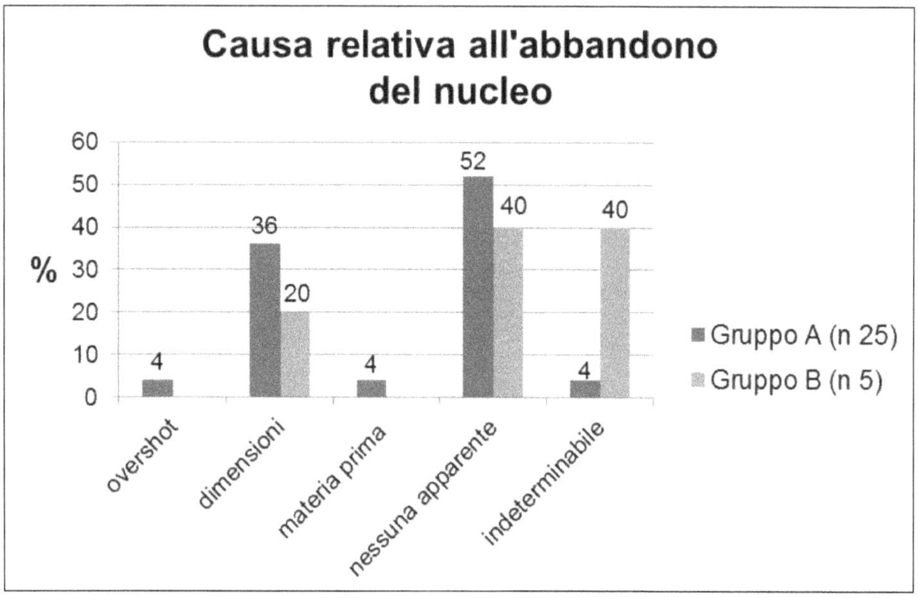

Grafico 4.32: Causa che ha portato all'abbandono dei nucleo (gruppo A, n. 25; gruppo B, n. 5).

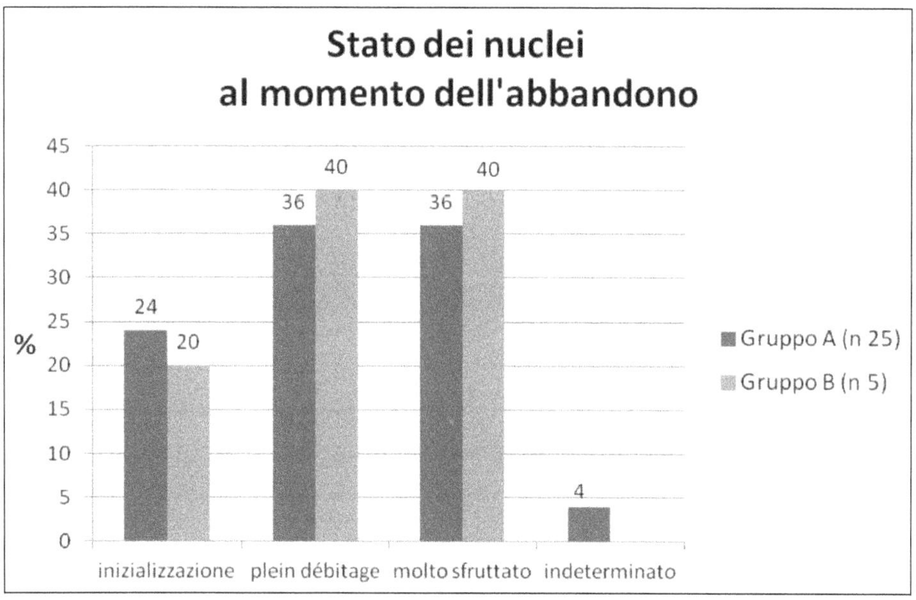

Grafico 4.33: Stato dei nuclei al momento dell'abbandono.

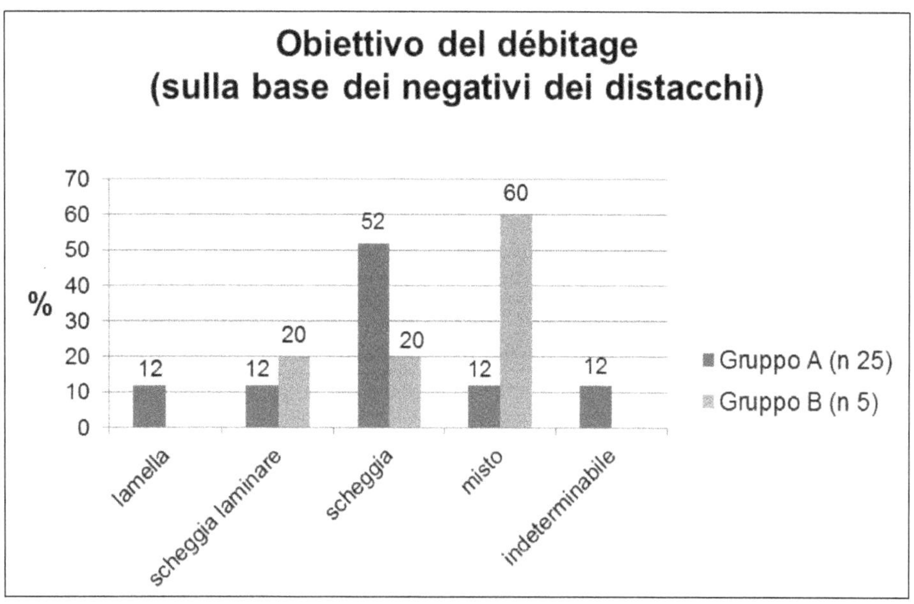

Grafico 4.34: Obiettivo del débitage sulla base dei negativi dei distacchi presenti sulle superfici dei nuclei.

La maggior parte dei nuclei è stata abbandonata nelle fasi di sfruttamento avanzato e *plein débitage* con percentuali analoghe (36%, gruppo A; 40 %, gruppo B) per entrambi i gruppi; segue l'abbandono in fase di inizializzazione, rispettivamente nel 24% per il guppo A e nel 20% per il gruppo B (grafico 4.33). Si nota anche in questo caso uno sfruttamento intensivo del cristallo, finalizzato alla ricerca di supporti sottili e di piccole dimensioni, come evidenziato dalla tipometria dei supporti interi (cf. par. 4.4.3.1).

L'obiettivo del *débitage* individuato a partire dai negativi degli ultimi distacchi sui nuclei (grafico 4.34) evidenzia che la maggior parte dei nuclei del gruppo A è indirizzata alla produzione di schegge di piccole dimensioni (52%); questi sono seguiti dai nuclei a lamelle, schegge laminari e misti con una percentuale del 12%, in tutte e tre le categorie. Per il gruppo B appaiono invece meglio attestati i nuclei a sfruttamento misto (3 esemplari) a cui se ne aggiunge uno rispettivamente per le categorie a schegge e a schegge laminari.

Per quanto riguarda la tipometria dei negativi degli ultimi distacchi rilevati (grafico 4.35) si osserva come la dimensione della maggior parte delle schegge e lamelle si attesti sotto i 15 mm di lunghezza e di larghezza, con un minimo di lunghezza di 3 mm e larghezza di 6 mm per le schegge e di 8 mm di lunghezza e 3 di larghezza per le lamelle. Tali misure appaiono al di sotto di quelle rilevate sui prodotti stessi, indicando le soglie minime di produzione.

In tabella 4.7 è possibile vedere il numero di piani di percussione e la loro posizione sul nucleo. Il 50% circa dei nuclei del gruppo A presenta due piani di percussione opposti, costituendone la tipologia più frequente. In particolare, fra questi si rileva la presenza di diversi elementi definiti a "due piani opposti bifacciali" e di uno con "due piani opposti multifacciali". Sono stati così definiti i nuclei scheggiati a percussione bipolare che presentano stacchi su entrambe le facce (o su più facce) provenienti da due piani opposti. Morfologie analoghe sono state ottenute applicando questa tecnica sperimentalmente, in particolare nella fase finale di riduzione dei prismi. Seguono la categoria dei nuclei con un solo piano di percussione (24% gruppo A), nella quale sono prevalenti i tipi a un piano periferico alterno, e quella dei nuclei a due piani ortogonali (20% del totale). Si segnala infine la presenza di alcuni esemplari a più piani. Tutte queste categorie sono state ottenute prevalentemente con tecnica a percussione diretta, come è evidente soprattutto per gli elementi a stacchi periferici e quelli a più piani. Per quanto riguarda il gruppo B, si segnala un nucleo con un piano di percussione bifacciale (a percussione bipolare); due nuclei con due piani opposti non complanari; un nucleo con più piani e uno per il quale il dato è indeterminabile.

piano di percussione	Gruppo A	%	Gruppo B	%
uno	1	4	0	0
uno bifacciale	1	4	1	20
uno periferico	1	4	0	0
uno periferico alterno	3	12	0	0
uno bifacciale + due non complanari	1	4	0	0
due opposti bifacciali	7	28	0	0
due opposti multifacciali	1	4	0	0
due opposti complanari	1	4	2	40
due opposti complanari + uno	1	4	0	0
due opposti non complanari	1	4	0	0
due ortogonali complanari + uno	2	8	0	0
due ortogonali non complanari	2	8		0
più piani	2	8	1	20
indeterminato	1	4	1	20
totale	***25***	***100***	***5***	***100***

Tabella 4.7: Numero e posizione dei diversi piani di percussione sui nuclei dei gruppi A e B

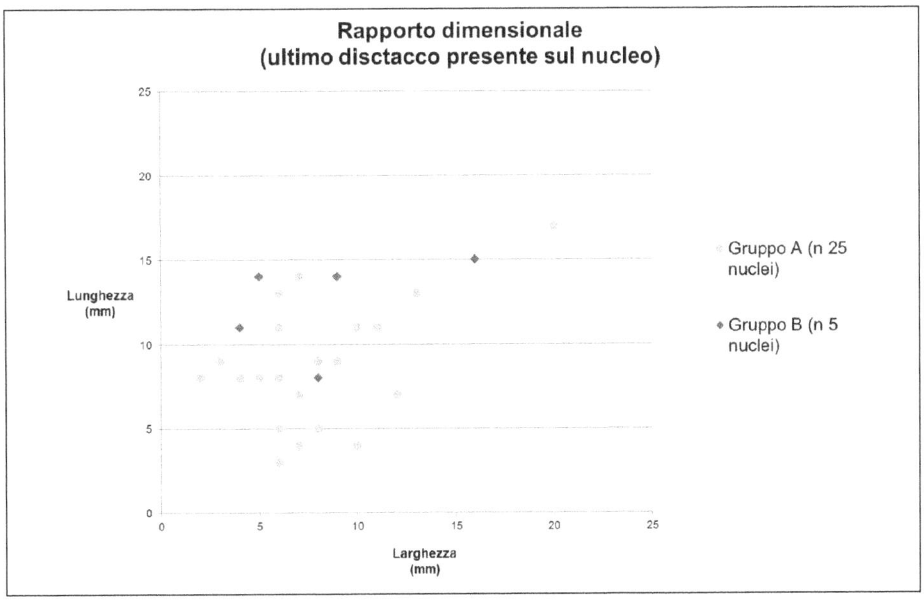

Grafico 4.35: Rapporto fra lunghezza e larghezza riferito all'ultimo distacco presente sui nuclei dei gruppi A e B.

superficie di scheggiatura	Gruppo A	%	Gruppo B	%
una	2	8	2	40
due adiacenti	3	12	0	0
due opposte	16	64	2	40
più superfici	3	12	0	0
indeterminata	1	8	1	20
totale	*25*	*100*	*5*	*100*

Tabella 4.8: Numero delle superfici di scheggiatura presenti sui nuclei dei gruppi A e B.

Nel gruppo A, dal punto di vista delle superfici di scheggiatura, dominano nettamente i nuclei con due superfici opposte (64%). I nuclei con due superfici adiacenti, con più superfici e con una superficie sono presenti rispettivamente nel 12% dei casi per le prime due, mentre la terza si attesta all'8% (tabella 4.8).

Per quanto riguarda le morfologie dei piani di percussione, nel gruppo A, sono prevalenti quelli cosiddetti "lineari" (60% per il primo piano e 40% per il secondo piano di percussione). Si tratta di nuclei il cui piano non è rappresentato da una superficie, ma da una linea. Questi sono ancora ricollegabili all'impiego della tecnica di percussione bipolare. Seguono i piani con morfologia liscia: con valori del 20% per il primo piano e di 16% per il secondo. Le altre morfologie (naturale, faccettato, diedro) sono scarsamente rappresentate (tabelle 4.98 - 4.10).

morfologia I p. p.	Gruppo A	%	Gruppo B	%
naturale	3	12	1	20
liscio	5	20	1	20
faccettato	1	4	0	0
lineare	15	60	3	60
diedro	0	0	0	0
indeterminabile	1	4	0	0
totale	*25*	*100*	*5*	*100*

Tabella 4.9: Morfologia del I piano di percussione dei nuclei relativi ai gruppi A e B.

morfologia II p. p.	Gruppo A	%	Gruppo B	%
naturale	2	10,5	0	0,0
liscio	3	15,8	2	66,7
faccettato	0	0,0	0	0,0
lineare	7	36,8	0	0,0
diedro	2	10,5	0	0,0
indeterminabile	5	26,3	1	33,3
totale	*19*	*100*	*3*	*100*

Tabella 4.10: Morfologia del II piano di percussione dei nuclei relativi ai gruppi A e B.

4.4.3.7 Trasformazione

Gruppo A

All'interno del gruppo A, i tipi primari individuati e corrispondenti agli elementi modificati dal ritocco risultano 84 (il 4% dell'industria riferita al gruppo A – tab. 4.4 ovvero il 20,6% riferibile agli elementi determinabili della catena operativa – grafico 4.11).

L'analisi effettuata utilizzando la tipologia di Laplace (1964, cf. Struttura elementare), permette di apprezzare alcuni dati significativi. In generale i frammenti di dorso rappresentano la categoria maggiormente rappresentata (33,3%). Considerando però solo i manufatti integri, prevalgono gli elementi riconducibili alla categoira degli "strumenti", rispetto a quella "armature". In particolare, i raschiatoi (14,2%), le troncature (11,9%) e i denticolati (11,9%) presentano indici nettamente più elevati rispetto alle punte a dorso (3,6), dorsi e troncatura (2,4%), geometrici (2,4%) e lame a dorso (1,2%). Si rileva, inoltre, la presenza di un frammento di dorso e troncatura (1,2%) e di una scheggia a ritocco erto (1,2%). Significativa è la presenza di quattro *pièces écaillées* (4,8%) mentre i bulini e i grattatoi si attestano con percentuali ridotte (rispettivamente 3,6 e 2,4%) (tabella 4.11). Sono presenti infine alcuni frammenti con ritocco semplice (5,9%).

gruppi e classi			numero	%
Bulini			**3**	**3,6**
semplici		2		
su frattura		1		
Grattatoi			**2**	**2,4**
piatti		2		
Troncature			**10**	**11,9**
marginali		5		
profonde		5		
Punte a dorso			**3**	**3,6**
profonde		3		
Lame a dorso			**1**	**1,2**
marginali		1		
(frammenti di dorso)			**28**	**33,3**
marginali		3		
profondi		25		
a un dorso	25			
a doppio dorso	3			
un dorso a punta	1			
doppio dorso a punta	1			
Dorsi e troncature			**2**	**2,4**
lame a dorso e troncatura		2		
(frammenti di dorsi e troncature)			**1**	**1,2**
Geometrici			**2**	**2,4**
pezzi a dorso geometrico		2		
Raschiatoi			**12**	**14,2**
piatti		12		
(frammenti a ritocco semplice)			**5**	**5,9**
Erti indifferenziati			**1**	**1,2**
schegge a ritocco erto marginale		1		
Denticolati			**10**	**11,9**
piatti		10		
Diversi			**4**	**4,8**
pièce écaillée		4		
totale			**84**	**100**

Tabella 4.11: Struttura elementare relativa ai supporti ritoccati del gruppo A (n. 84)

Più in dettaglio, seguendo l'ordine proposto dalla tipologia di Laplace, descriviamo i diversi tipi attestati.

Bulini (3,6%). Si nota la presenza di due bulini di tipo semplice a uno stacco e di uno appartenente alla classe dei bulini su frattura.

Bulini	**3**
B1 (semplice a uno stacco)	2
B5 (su frattura)	1

I supporti appartengono, in un caso, alla fase di produzione (scheggia laminare) mentre negli altri due risultano indeterminabili (tabella 4.12).

Grattatoi (2,4%). Entrambi i tipi appartengono alla classe dei grattatoi piatti (indice di carenaggio compreso tra 5 e 2,3).

Grattatoi	**2**
G3 (piatto frontale corto)	1
G7 (piatto a muso isolato)	1

Analizzando i supporti sui quali sono stati ottenuti i due grattatoi si nota la presenza di elementi appartenenti alla fase di inizializzazione, riferibili a una calotta e a una scheggia corticata generica (tabella 4.13). Da evidenziare le dimensioni della calotta: 17 mm di lunghezza, 10 mm di larghezza e 4 mm di spessore.

Gli **erti differenziati** sono costituiti in totale da 47 elementi suddivisi in cinque gruppi. In generale, i supporti sono risultati indeterminati nel 57,4% (n. 27) dei casi; quando determinabili si tratta prevalentemente di elementi della produzione (n. 7 lamelle, n. 2 schegge laminari e n. 1 scheggia), seguiti da inizializzazione/produzione (n. 5), inizializzazione (n. 3) e produzione-gestione (n. 2). Sette sono incompleti.

Troncature (11,9%). Tre presentano ritocco marginale e sette profondo. Di queste ultime, tre hanno troncatura rettilinea e quattro obliqua.

Troncature	**10**
T1 (marginale)	3
T2 (profonda normale)	3
T3 (profonda obliqua)	4

I supporti sui quali sono state ottenute le troncature si riferiscono alla fase di inizializzazione (n. 1 scheggia corticata generica), inizializzazione-produzione (n. 1 scheggia semi-corticata), produzione (n. 1 scheggia, n. 1 scheggia laminare e n. 1 lamella) e produzione-gestione (n. 1 scheggia debordante); quattro supporti risultano indeterminabili.

fase	*supporti bulini*	*num.*	%
produzione	scheggia laminare	1	33,4
indeterminata	indeterminato	2	66,6
	totale	**3**	**100**

Tabella 4.12: tipologia di supporti selezionata per l'ottenimento di bulini (n. 3).

fase	*supporti grattatoi*	*num.*	%
inizializzazione	calotta	1	50
	scheggia corticata generica	1	50
	totale	**2**	**100**

Tabella 4.13: Tipologia di supporti selezionata per l'ottenimento di grattatoi (n. 2).

fase	*supporti troncature*	*num.*	%
inizializzazione	scheggia corticata generica	1	10
inizializzazione/produzione	scheggia semi-corticata	1	10
produzione	scheggia	1	10
	scheggia laminare	1	10
	lama/lamella	1	10
produzione/gestione	scheggia debordante	1	10
indeterminata	supporto indeterminato	4	40
	totale	**10**	**100**

Tabella 4.14: Tipologia di supporto selezionata per l'ottenimento delle troncature (n. 10).

fase	*supporti punte a dorso*	*num.*	*%*
produzione	scheggia laminare	1	33,3
	lama/lamella	1	33,3
indeterminata	supporto indeterminato	1	33,3
	totale	**3**	**100**

Tabella 4.15: Tipologia di supporto selezionata per l'ottenimento di punte a dorso (n. 3).

Le **punte a dorso** (3,6%) sono tre e presentano dorso profondo. Una (PDD4) presenta un ritocco bilaterale. Due supporti appartengono alla produzione mentre per il terzo la fase è indeterminata; le lunghezze variano tra 7 e 11 mm, le larghezze sono comprese tra 2 e 6 mm e gli spessori tra 1 e 2 mm (tabella 4.15).

Lame a dorso (1,2%). È presente una sola lama a dorso ricavata da un supporto incompleto (lunghezza 13 mm, larghezza 5 mm e spessore 3 mm) appartenente alla fase di produzione (lamella).

Lame a dorso	**1**
LD1 (a dorso marginale)	1

Frammenti a dorso (59,6% della famiglia degli erti differenziati e 33,3% del totale dei manufatti ritoccati). Sono dominati dagli elementi a dorso profondo (n. 25) a cui se ne aggiungono alcuni a dorso marginale (n. 3).

Frammenti a dorso	**28**
*f*D	**24**
*f*D (su punta)	**1**
*f*DD	**2**
*f*DD (su punta)	**1**

Quando determinabili, si tratta principalmente di frammenti distali (n. 6), seguiti da mediani (n. 4) e prossimali (n. 2). Due sono i frammenti con terminazione a punta, entrambi indeterminabili, di cui uno a un dorso e uno a doppio dorso. I supporti sono perlopiù indeterminabili (n. 18); quando determinabili prevalgono le lame/lamelle (n. 4) nella produzione, a seguire troviamo: l'inizializzazione (n. 1 scheggia/lama d'apertura e n. 1 spigolo naturale), l'inizializzazione-produzione (n. 1 scheggia semi-corticata e n. 2 lama/lamella semi-corticata) e la produzione-gestione (n. 1 lama/lamella di fianco corticata), (tabella 4.17).

Dorsi e troncatura (3,6%). Tutti e tre sono caratterizzati da troncatura rettilinea.

Dorsi e troncature	3
DT4 (dorso e troncatura doppia acuta)	1
DT4? (dorso e troncatura doppia acuta)	1
*f*DT	1

Un elemento corrisponde a una lama/lamella semi-corticata, mentre i restanti due sono indeterminabili (tabella 4.18).

fase	*supporti lame a dorso*	*num.*	*%*
produzione	lama/lamella	1	33,3
	totale	**1**	**100**

Tabella 4.16: Tipologia di supporto selezionata per l'ottenimento della lama a dorso (n. 1).

fase	*supporti frammenti di dorso*	*num.*	*%*
inizializzazione	scheggia/lama d'apertura	1	3,6
	spigolo naturale	1	3,6
inizializzazione/produzione	scheggia semi-corticata	1	3,6
	lama/lamella semi-corticata	2	7,1
produzione	lama/lamella	4	14,2
produzione/gestione	lama/lamella di fianco corticata	1	3,6
indeterminata	supporto indeterminato	18	64,3
	totale	**28**	**100**

Tabella 4.17: Tipologia di supporto selezionata riscontrata nei frammenti a dorso (n. 28)

fase	*supporti dorsi e troncature*	*num.*	*%*
inizializzazione/produzione	lama/lamella semi-corticata	1	33,4
indeterminata	supporto indeterminato	2	66,6
	totale	**3**	**100**

Tabella 4.18: Tipologia di supporto selezionata per il confezionamento di dorsi e troncatura (n. 3).

fase	*supporti geometrici*	*num.*	*%*
indeterminata	supporto indeterminato	2	100
	totale	**2**	**100**

Tabella 4.19: Tipologia di supporto selezionata per il confezionamento di geometrici (n. 3).

fase	*supporti raschiatoi*	*num.*	*%*
inizializzazione	scheggia d'apertura	1	8,3
	scheggia corticata generica	1	8,3
inizializzazione/produzione	scheggia semi-corticata	4	33,4
produzione	scheggia	2	16,7
	scheggia laminare	1	8,3
	lama/lamella	1	8,3
indeterminata	supporto indeterminato	2	16,7
	totale	**12**	**100**

Tabella 4.20: Tipologia di supporto selezionata per l'ottenimento di raschiatoi (n. 12).

Geometrici (2,4%). Si tratta di un Gm3 e di un probabile elemento analogo (ma dubbio).

Geometrici	**2**
Gm3 (triangolo scaleno)	1
Gm3? (triangolo scaleno)	1

Entrambi i supporti sui quali sono stati confezionati i triangoli risultano indeterminabili.

Raschiatoi (14,2%). Undici corrispondono al tipo piatto marginale (R1) e uno risulta piatto profondo laterale (R2).

Raschiatoi	**12**
R1 (piatto marginale)	11
R2 (piatto profondo laterale)	1

I supporti sono riconducibili prevalentemente a elementi di inizializzazione-produzione (4) e produzione (4); vi sono, inoltre, due elementi di inizializzazione e due indeterminabili (tabella 4.20). Le dimensioni risultano leggermente più grandi rispetto ai gruppi precedenti, con lunghezze comprese tra 13 e 18 mm, larghezze tra 11 e 20 e spessore tra 3 e 11 mm.

Denticolati (11,9%). Sono attestati cinque incavi e cinque raschiatoi denticolati.

Denticolati	**10**
D1 (incavo piatto)	5
D2 (raschiatoio denticolato piatto)	5

Per quanto riguarda i supporti prevalgono gli elementi di produzione (n. 3) su quelli riferibili all'inizializzazione-produzione (n. 2) e alla produzione-gestione (n. 2) e all'inizializzazione (n. 1); gli altri due sono indeterminabili. Per quanto riguarda i valori dimensionali, le lunghezze variano tra 11 e 29 mm, le larghezze sono comprese tra 9 e 18 mm, mentre gli spessori variano tra 3 e 5 mm (tabella 4.21).

Per i cinque **frammenti a ritocco semplice** (5,9%) troviamo, come supporti di partenza, un elemento di produzione e uno di produzione-gestione, mentre tre risultano i supporti indeterminabili (tabella 4.22).

All'interno del gruppo degli **erti indifferenziati** (1,2%) è stata rinvenuta una scheggia a ritocco erto marginale (A1) con lunghezza di 9 mm, una larghezza di 10 mm e uno

fase	*supporti denticolati*	*num.*	*%*
inizializzazione	scheggia d'apertura	1	10
inizializzazione/produzione	lama/lamella semi-corticata	1	10
	scheggia semi-corticata	1	10
produzione	scheggia	1	10
	scheggia laminare	1	10
	lama/lamella	1	10
produzione/gestione	scheggia debordante corticata	2	20
indeterminata	supporto indeterminato	2	20
	totale	**10**	**100**

Tabella 4.21: Tipologia di supporto selezionata per l'ottenimento di denticolati (n. 10).

fase	*supporti frammenti a ritocco semplice*	*num.*	*%*
produzione	lama/lamella	1	20
produzione/gestione	scheggia debordante corticata	1	20
indeterminata	supporto indeterminato	3	60
	totale	**5**	**100**

Tabella 4.22: Tipologia di supporto riscontrata nei frammenti a ritocco semplice (n. 5).

fase	*supporti erti indifferenziati*	*num.*	*%*
produzione	scheggia	1	100
	totale	**1**	**100**

Tabella 4.23: Tipologia di supporto selezionata riscontrato negli erti indifferenziati (n. 1).

fase	*supporti diversi*	*num.*	*%*
inizializzazione/produzione	lama/lamella semi-corticata	1	25
produzione	scheggia	2	50
	scheggia laminare	1	25
	totale	**4**	**100**

Tabella 4.24: Tipologia di supporto selezionata per i diversi (n. 4).

spessore di 2 mm; la scheggia è riferibile alla fase di produzione.

Gli scagliati, per il gruppo dei **diversi**, sono rappresentati da quattro elementi (4,8% dei manufatti ritoccati). Il ritocco si presenta generalmente bifacciale ed investe entrambi i margini della scheggia. Inoltre, la scelta di supporti risulta riferirsi alla fase di produzione (n. 3) e a quella di inizializzazione-produzione (n. 1).

Gruppo B

All'interno del gruppo B i tipi primari individuati e corrispondenti agli elementi modificati dal ritocco (è presente un solo strumento doppio – B1-D2) risultano 21+1 (il 2% dell'industria riferita al gruppo B – tab. 4.4 ovvero il 13,1% riferibile agli elementi della sola catena operativa – grafico 4.11).

Anche nel gruppo B si osserva, nel complesso, il netto predominio dei frammenti a dorso (54,6%). Considerando solo gli elementi integri, sono presenti due dorsi e troncatura e una lama a dorso. Fra gli strumenti si segnalano un bulino, tre denticolati, due raschiatoi e un erto indifferenziato (tabella 4.25).

Per ogni gruppo, poi, sono stati individuati i tipi primari.

gruppi e classi			numero	%
Bulini			**1**	**4,5**
semplici		1		
Lame a dorso			**1**	**4,5**
profondo		1		
(frammenti a dorso)			**12**	**54,6**
profondo		12		
a un dorso	10			
a doppio dorso	2			
Dorsi e troncature			**2**	**9,1**
lame a dorso e troncatura		2		
Raschiatoi			**2**	**9,1**
piatti		2		
Erti indifferenziati			**1**	**4,5**
schegge a ritocco erto marginale		1		
Denticolati			**2+1**	**13,7**
piatti		2+1		
totale			**21+1**	**100**

Tabella 4.25: Struttura elementare relativa ai supporti ritoccati del gruppo B (n. 21+1).

Bulini (4,5%). L'unico bulino presente in questo gruppo si riferisce al tipo semplice a uno stacco. Il supporto sul quale è stato ottenuto appartiene alla fase di produzione ed è una scheggia.

Per gli **erti differenziati** i supporti sono risultati indeterminati nell'80% (n. 12) del totale, seguiti da elementi di produzione (n. 2 lamelle) e da una scheggia generica di gestione.

Lame a dorso (4,5%). L'unica lama a dorso è ricavata da un supporto incompleto (lunghezza 8 mm, larghezza 4 mm e spessore 1 mm) appartenente alla fase di produzione (lamella).

Frammenti a dorso. (80% della famiglia degli erti differenziati e al 54,6% del totale dei manufatti ritoccati).

Frammenti a dorso	**12**
*f*D	**10**
*f*DD	**2**

Si tratta principalmente di frammenti indeterminabili (n. 10), oltre a un frammento prossimale e a uno mediano. Dieci risultano frammenti marginali e due soli sono associati a un dorso profondo; in tutti gli elementi il ritocco è diretto. I supporti degli elementi frammentari sono costituiti principalmente da elementi indeterminabili (n. 10), ma vi sono anche una scheggia di gestione generica e una lamella, legate rispettivamente alla fase di gestione e di produzione.

Dorsi e troncature (9,1%). Il gruppo dei dorsi e troncatura è costituito da due elementi, entrambi caratterizzati da ritocco profondo e diretto. Il supporto risulta indeterminabile in entrambi i casi.

Raschiatoi (9,1%). Entrambi i raschiatoi presenti sono piatti e di tipo marginale. Uno è riconducibile a una scheggia d'apertura (inizializzazione), mentre l'altro risulta indeterminabile. Per quanto riguarda le dimensioni emerge che la scheggia d'apertura misura 25 mm di lunghezza, 31 mm di larghezza e 8 mm di spessore. È utile evidenziare che tale misura rispetta un *trend* dimensionale già individuato per i raschiatoi del gruppo A e risulta considerevolmente maggiore rispetto agli altri manufatti ritoccati.

Denticolati (3,7%). Tutti gli esemplari sono denticolati piatti, dei quali uno è un incavo, l'altro un raschiatoio denticolato. Per i supporti selezionati troviamo una scheggia di produzione e una lamella semi-corticata da riferirsi all'inizializzazione-produzione, mentre il terzo risulta indeterminabile. I valori dimensionali indicano per la scheggia una lunghezza pari a 20 mm, una larghezza di 14 mm e uno spessore di 4 mm, mentre per il frammento prossimale della lamella semi-corticata abbiamo una larghezza di 11 mm e uno spessore pari a 3 mm.

Èstata, infine, rinvenuta una scheggia a ritocco erto marginale (A1) di cui risulta indeterminabile la fase di appartenenza.

4.5 L'analisi delle tracce d'uso (G.L.F. Berruti)

Lo studio tracceologico (Berruti, 2013) dei manufatti rinvenuti durante le indagini archeologiche del 2009, 2010 e 2011 è stato condotto mediante un approccio a basso ingrandimento (Low Power Approach) (Semenov, 1954). In merito, per la possibile identificazione dei materiali lavorati, è stata considerata la classificazione sviluppata da Odell (1981) (tabella 4.26).

Durezza	Tipi di materiale
Duro	Osso, palco secco, legno secco, pietra dura.
Medio-duro	Legno tenero o bagnato, palco bagnato, cuoio, pietra tenera.
Medio-tenero	Legno fresco bagnato, canne, carne secca, graminacee, prime fasi macellazione.
Tenero	Carne senza osso, pelle, piante verdi.

Tab. 4.26: Classificazione di Odell (Odell, 1981) modificato.

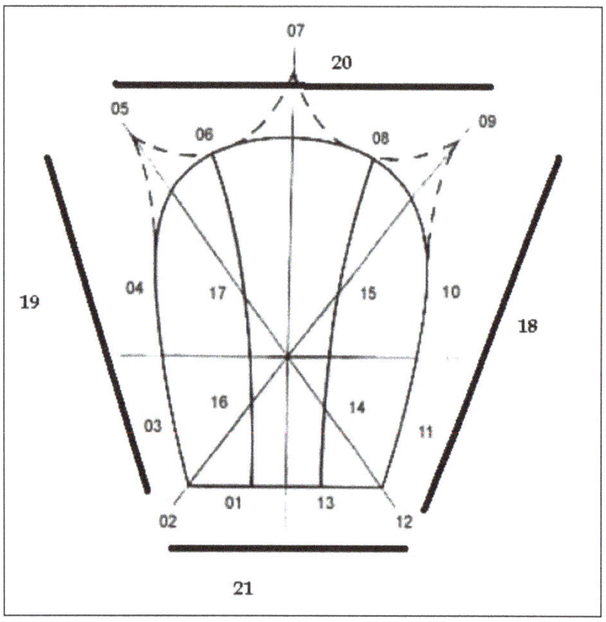

Fig. 4.3: Sistema di coordinate polari usato per l'indicazione delle aree funzionali. Realizzato inizialmente da Van Gijn (Van Gijn, 1989) e modificato con l'aggiunta dei campi 18, 19, 20, 21, in modo da poter sempre indicare l'area funzionale con un solo numero.

Le analisi microscopiche a basso ingrandimento sono state effettuate tramite l'ausilio di uno stereo microscopio Seben Incognita 3 (10-80x) e di un microscopio digitale Dinolight Am413T (5-230x). Durante lo studio, per la posizione delle tracce individuate sulla superficie degli strumenti si è fatto riferimento al diagramma realizzato da Van Gijn (1989) (fig. 4.3).

Il protocollo di studio adottato ha visto l'analisi microscopica di tutti i reperti litici ritoccati e di un campione di reperti appartenenti alle categorie determinabili, indeterminabili e schegge di dimensione inferiore a 6 mm, preliminarmente selezionati tramite controllo macroscopico; tale *screening* preventivo ha permesso dunque di selezionare gli elementi che presentavano le seguenti caratteristiche:

- margini funzionali;
- assenza di alterazioni post-deposizionali evidenti;
- assenza di alterazioni termiche tali da comprometterne la lettura;
- assenza di alterazioni provocate da attività di scavo o di studio (ad esempio le strie di manufatti metallici).

Complessivamente gli elementi che hanno evidenziato tracce legate all'uso sono stati 47, di cui 21 rinvenuti durante le indagini archeologiche dell'anno 2009, 14 riferiti a quelle del 2010 e 12 del 2011. Dall'analisi funzionale è stato possibile ricavare una serie omogenea ed interessante di dati. Ad oggi lo studio dei dati raccolti (sintetizzati nei grafici 4.36 - 4.38) permette di ipotizzare una parte delle attività svolte durante le frequentazioni dell'area, relativamente ai livelli archeologici riguardanti i due gruppi A e B e di evidenziarne alcune interessanti peculiarità. Circa un terzo delle tracce rilevate per quanto riguarda il gruppo A evidenzia fratture dovute alla flessione degli strumenti litici: nel 70% ca. dei casi rilevati, queste fratture presentano morfologie direttamente riferibili a impatti ad alta velocità, mentre per il restante 30% sono state evidenziate fratture con morfologie compatibili con impatti, ma che non presentano tutte le caratteristiche che permettono di attribuirle con certezza all'alta velocità. Peraltro, le fratture per flessione dovute a impatto ad alta velocità, secondo la classificazione sviluppata da Fischer *et al.* (1984) e in seguito utilizzata e migliorata da molti altri Studiosi in anni recenti (es.: Dockall, 1997; Geneste e Plisson, 1990; Lombard, 2005; Sisk e Shea, 2009; Villa e Lenoir, 2006) permettono di attribuire questo tipo di fratture all'utilizzo del reperto come armatura montata su un'arma da lancio; sempre secondo la stessa classificazione l'assenza di alcune caratteristiche tipiche (es.: frattura con terminazione di tipo "step" e una *languette* di almeno1.5 mm), sebbene non escluda l'utilizzo del reperto come armatura, non sono sufficienti ad attribuire univocamente la frattura all'utilizzo del reperto in un'arma da getto. La presenza, inoltre, nell'insieme analizzato di una probabile scheggia da *spin-off* (piccola scheggia che si stacca dallo strumento al momento dell'impatto) indizia lo svolgimento *in situ* della macellazione delle prede catturate (rif. MF1_2010 Q 635C, us 1 – n 304 del data-

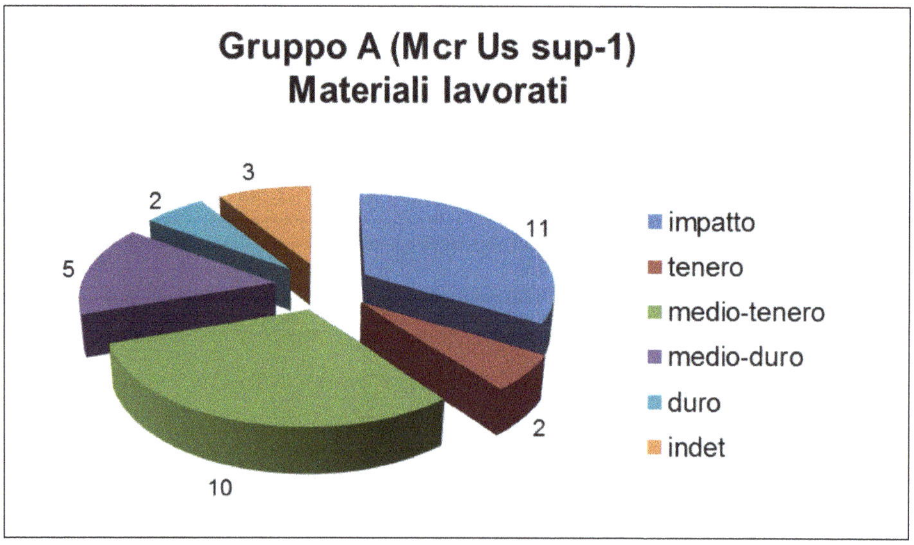

Grafico 4.36: Il sito MF1 – numero e categorie di materiali lavorati relativi al gruppo A (macro-unità *sup* e 1).

base relativo studio tecnologico). Sempre relativamente al gruppo A (*sup* e 1), la presenza delle attività legate alla macellazione delle prede è inoltre indicata dalla preponderanza di tracce riferibili alla lavorazione di materiali medio-teneri (grafico 4.36 e 4.38). Considerata l'alta quota (2241 m s.l.m.) riferita al sito MF1, dato l'elenco dei materiali riportati nella tabella di cui sopra (Odell, 1981), è possibile indicare tra i materiali medio-teneri lavorati al Mont Fallère il legno fresco bagnato, la carne secca oltre alle attività legate alle prime fasi della macellazione ed escludere verosimilmente la lavorazione di graminacee e canne. Le tracce di lavorazione longitudinale, corrispondenti alla metà ca. di quelle individuate su materiale medio-tenero, come evidenziato in vari articoli riferiti a gruppi di cacciatori-raccoglitori (Pignat e Plisson, 2000), potrebbero indicare l'utilizzo degli strumenti per effettuare il depezzamento di carcasse animali. Infine, per i manufatti selezionati relativamente al gruppo A, la presenza discreta di elementi con tracce d'impatto nonché la presenza di numerose tracce riferibili all'attività di macellazione bene si accorda con i risultati ottenuti nel sito mesolitico di Vionnaz (Pignat e Plisson, 2000; Plisson *et al.,* 2008).

In riferimento ai reperti selezionati all'interno del gruppo B, l'analisi funzionale permette di formulare una serie di ipotesi diametralmente opposte a quanto sintetizzato per il gruppo precedente. Circa il 10% delle tracce rinvenute si riferisce a fratture per flessione dovute verosimilmente a impatto mentre il 38% ca., il 25% e il 19% ca. è riconducibile rispettivamente alla lavorazione di materiale medio-duro, tenero e medio-tenero (grafici 4.37 e 4.38). In funzione dei risultati ottenuti e analizzando la tabella delle durezze di Odell (Odell, 1981), è possibile ipotizzare, in merito alla frequentazione riferita a tali strati archeologici, una serie di attività inerenti alla lavorazione del legno nonché al trattamento di materiali di origine animale.

In conclusione, così come evidenziato dallo studio della provenienza della materia prima, anche dall'analisi tracceologica emerge una chiara dicotomia in relazione all'insieme litico studiato: da un lato, per il gruppo A è evidente una frequentazione riferibile ad attività principalmente legate alla caccia; dall'altro, per il gruppo B risulta possibile intravedere lo svolgimento di attività riferibili alla lavorazione del legno, con una netta diminuzione della partica venatoria.

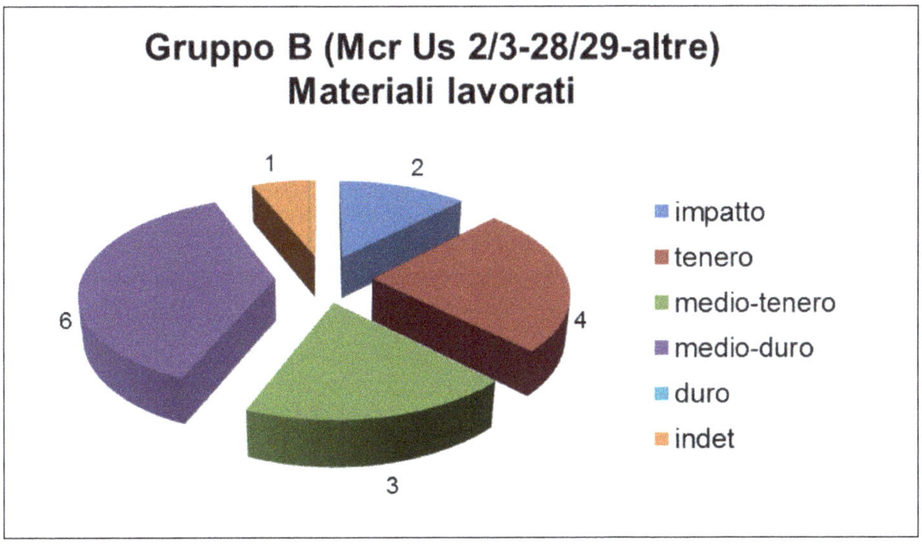

Grafico 4.37: Il sito MF1 – numero e categorie di materiali lavorati relativi al gruppo B (macro-unità 2/3-28/29 - *altre*).

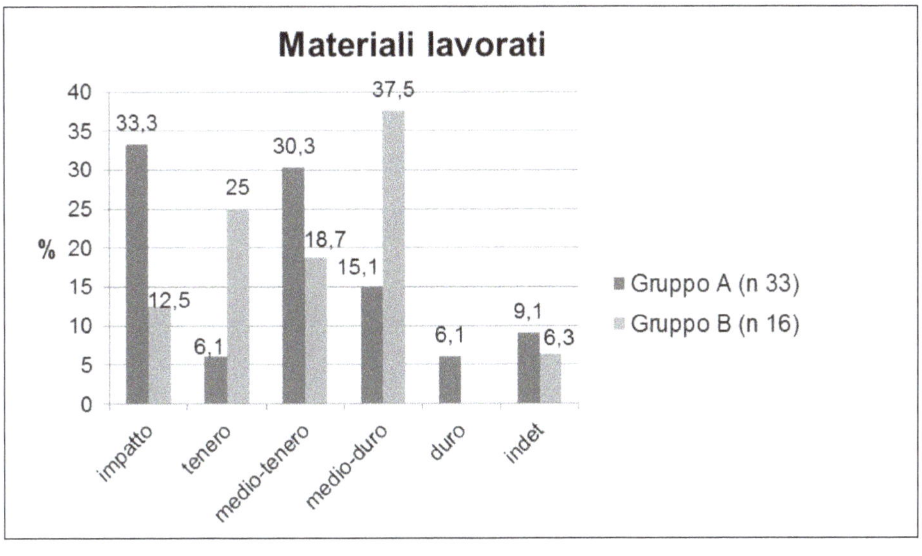

Grafico 4.38: Il sito MF1 – confronto percentuale relativo ai materiali lavorati appartenenti al gruppo A (macro-unità *sup* e 1) e al gruppo B (macro-unità 2/3, 28/29 e *altre*).

4.6 Confronto tra i gruppi A e B (F. Fontana, L. Raiteri)

In generale, da un punto di vista tecno-economico e tipologico, emerge una certa divergenza tra gli insiemi litici dei due gruppi esaminati, confermando quanto riscontrato nello studio della sequenza stratigrafica e quanto indicato dalle date radiocarboniche. Nonostante ciò, per entrambi i gruppi si segnala un elevato tasso di frammentarietà, corrispondente al 60% circa dell'industria, oltre a percentuali simili in merito alle categorie riferibili alla catena operativa. Dallo studio tecnologico è evidente che la fase più rappresentata per entrambi è quella della produzione (circa 35%) che, se sommata all'inizializzazione-produzione e alla produzione-gestione, arriva al 54% circa; a questa, seguono l'inizializzazione (13% ca. gruppo A; 20% ca. gruppo B) e la gestione (5% ca. gruppo A; 7% circa gruppo B), mentre l'abbandono si attesta rispettivamente al 5,9% per il gruppo A e 3,7% per il B. La trasformazione dei supporti vede una percentuale più importante per il gruppo A (21% ca.) rispetto al gruppo B (13% ca.). Dall'analisi della fase di produzione emerge, per entrambi i gruppi, uno sfruttamento della materia prima tendenzialmente opportunistico, improntato alla ricerca di micro-schegge e schegge laminari e, in minor misura, di micro-lamelle. In entrambi i gruppi è prevalente l'impiego di metodi di riduzione unidirezionali, centripeti/periferici e bidirezionali per percussione diretta e bipolare. Le maggiori differenze risultano invece dalla studio tipometrico: il gruppo A vede in generale la presenza di elementi caratterizzati da minori dimensioni rispetto al gruppo B, dove il dato appare più eterogeneo con supporti che raggiungono misure lievemente maggiori; gli spessori, riferiti ai supporti interi degli elementi, sono compresi prevalentemente nella classe 1-2 mm per il gruppo A, mentre per il gruppo B prevalgono gli elementi con spessore compreso tra 3 e 5 mm; anche per quel che riguarda il volume medio dei supporti interi emerge una differenza tra il gruppo A (volume medio dei supporti interi di 392,832 mm^3) e il gruppo B (volume medio dei supporti interi di 571,428 mm^3) a vantaggio del secondo. In genere, risulta comunque un'industria dominata da caratteri di iper-microlitizzazione. Passando all'analisi tipologica, i frammenti a dorso dominano; seguono raschiatoi e denticolati e troncature nel gruppo A; le armature microlitiche integre (geometrici con triangoli scaleni, punte a dorso e dorsi e troncatura) sono meno frequenti. Queste ultime sono presenti anche nel gruppo B, accompagnati da una lama a dorso profondo.

Dallo studio della provenienza delle materie prime silicee e dall'analisi delle tracce d'uso emergono gli aspetti che differenziano maggiormente i due gruppi. In particolare, il confronto tra i due insiemi, relativo agli studi petrografico e micropaleontologico, indica che nel gruppo A l'apporto di selce proveniente dalla Francia (Regione Rhône-Alpes) raggiunge una percentuale dell'85% ca., mentre nel gruppo B, nonostante la presenza del 67% di materiale siliceo riconducibile alla medesima Regione francese, compare la Maiolica, che non risulta presente nel gruppo A e che denota un'origine certamente sudalpina (Lombardia o Veneto). Dall'analisi funzionale emerge che circa un terzo delle tracce rilevate tra i manufatti del gruppo A consiste in fratture per flessione che presentano morfologie direttamente riferibili a impatti ad alta velocità. Sempre per il gruppo A, la presenza delle attività legate alla macellazione delle prede è indicata dalla preponderanza di tracce riferibili alla lavorazione di materiali medio-teneri. In riferimento ai reperti selezionati all'interno del gruppo di macro-unità B, l'analisi funzionale permette di formulare una serie di ipotesi diametralmente opposte; circa il 10% delle tracce rinvenute è rappresentato da fratture per flessione dovute verosimilmente a impatti, mentre il 38%, 25% e 19% sono rispettivamente riconducibili alla lavorazione di materiali medio-duri, teneri e medio-teneri.

In sintesi, dall'analisi tecno-economica e tipologica degli insiemi litici risultano caratteri che consentono di collocare le industrie esaminate nell'ambito dei complessi sauveterriani attestati nel Nord della penisola, pur con alcune caratteristiche peculiari (accentuato microlitismo, prevalenza delle catene operative bipolari e a stacchi periferici/centripeti). È importante, tuttavia, sottolineare che i due gruppi esaminati presentano tra loro alcune differenze che sembrano indicare una maggiore omogeneità per il gruppo A, rispetto al gruppo B, che sembrerebbe associare elementi riferibili a più periodi. Tali differenze trovano riscontro nelle osservazioni stratigrafiche (fenomeni di inversione stratigrafica dovuti a eventi colluviali) e nei risultati delle datazioni radiocarboniche che indicano per gli strati superficiali una data correlabile alla fine del Boreale, mentre per i livelli inferiori le date sono riferibili all'età del Rame.

Capitolo 5

Considerazioni conclusive / Final considerations

5.1 Il *survey* (L. Delle Piane, P. Gabriele, L. Raiteri)

Le ricognizioni di superficie sono state condotte con un approccio innovativo, volto a definire un metodo flessibile ed efficace per ottimizzare la ricerca archeologica in un contesto territoriale contraddistinto da una densa copertura prativa, come quello alpino alle pendici del Mont Fallère, caratterizzato da bassa visibilità delle evidenze. Il metodo di analisi proposto si articola nelle seguenti fasi:

- applicazione all'area di studio di una serie di criteri-base imposti dal modello d'insediamento-tipo definito su base archeologica (Raiteri, 2009a);
- realizzazione di una cartografia geologico-geomorfologica di dettaglio dell'area;
- definizione di criteri geografici (pendenza del terreno, esposizione dei versanti e quota altimetrica) che permettano di individuare condizioni favorevoli all'insediamento umano;
- definizione di criteri geomorfologici (litologia superficiale, depositi glaciali di ablazione e depositi glaciali rimaneggiati) che permettano di individuare condizioni favorevoli alla preservazione delle tracce lasciate dall'uomo;
- conversione in ambiente GIS dei dati geologico-geomorfologici, geografici e archeologici sopra descritti e integrazione degli stessi;
- produzione di una cartografia tematica in ambiente GIS dell'area d'indagine (carta di sintesi), come strumento in grado di orientare le ricerche di terreno (*survey* archeologico).

L'analisi in ambiente GIS delle condizioni geografiche, geologiche e geomorfologiche – ritenute favorevoli (o sfavorevoli) al ritrovamento di insediamenti umani in alta quota e alla conservazione delle loro tracce – ha portato, attraverso la creazione di mappe tematiche intermedie, alla definizione di una mappa di sintesi rappresentata da una griglia di celle di lato 2 m (pari alla risoluzione del DTM utilizzato in appoggio all'analisi GIS). I dati emersi dall'analisi hanno portato a individuare nella carta di sintesi le zone di potenziale interesse archeologico, che sono state successivamente sottoposte ad indagine.

Le attività svoltesi nel "comprensorio" del Mont Fallère, durante l'estate del 2010 e del 2011, con l'ausilio della carta di sintesi hanno permesso l'individuazione di sei siti (MF4-MF9), considerando che MF3 era stato rinvenuto nelle prospezioni del 2008 (Raiteri, 2009b) e che i siti MF1 e MF2 erano stati identificati nel corso delle raccolte di superficie del 1998 e 1999 (Mezzena e Perrini, 1999).

Lo sviluppo della metodologia sopra descritta ha, inoltre, permesso di ricostruire l'evoluzione tardoglaciale e olocenica del Mont Fallère, attribuibile in gran parte al modellamento glaciale, oltre che a fattori strutturali legati al

5.1 The survey (L. Delle Piane, P. Gabriele, L. Raiteri)

Surface surveys were carried out by using an innovative approach, designed to define a flexible and effective method to optimize archaeological research in a landscape covered in dense grassland, such as the Alpine terrain on the slopes of Mont Fallère, and characterized by low visibility of archaeological evidence. The proposed method of analysis is divided into the following phases:

- Application to the study area of a set of basic-criteria imposed by the type of settlement defined on an archaeological basis (Raiteri, 2009a);
- Realization of a detailed geological and geomorphological cartography of the area;
- Definition of geographic criteria (inclination of the land, slope exposure and altitude) that allow the identification of favourable conditions to human settlement;
- Definition of geomorphologic criteria (surface lithology, glacial ablation deposits and glacial deposits which have been altered) that allow the identification of favourable conditions for the preservation of archaeological traces;
- conversion to GIS of the geologic-geomorphological, geographic and archaeological data described above, and their integration;
- production of a thematic GIS cartography of the survey area ("combined map"), as a tool capable of guiding the field research (archaeological survey).

GIS analysis of geographic, geological and geomorphological conditions - considered favourable (or unfavourable) for finding human settlements at high altitudes and for the preservation of their traces – led, through the creation of intermediate thematic maps, to the definition of a combined map which is represented by a grid with cells of 2 m per side (the same as the resolution of the DTM used to support the GIS analysis). The data which emerged from the analysis led to the identification of areas of potential archaeological interest in the combined map, which were subsequently investigated.

The activities carried out in the Mont Fallère area, during the summers of 2010 and 2011, with the support of the combined map, allowed the identification of six sites (MF4-MF9), considering that site MF3 was found during the field survey carried out in 2008 (Raiteri, 2009b) and that sites MF1 and MF2 were identified in 1998 and 1999 (Mezzena and Perrini, 1999).

The development of the above-described methodology has also allowed the reconstruction of the Late Glacial and Holocene evolution of Mont Fallère, attributable largely to glacial modelling, as well as to structural factors and to

basamento e all'evoluzione della DGPV (Deformazione Gravitativa Profonda di Versante). Gli studi geologici e geomorfologici hanno pertanto determinato che un collasso del versante destro dell'Unità glaciale C (Unità Glaciale di M. Rouge – Fallère – Clusellaz), verificatosi dopo il ritiro del ghiacciaio Balteo (riferito alla valle centrale), determinò un cambio di direzione del flusso della lingua glaciale laterale e l'avvio del modellamento glaciale del Vallone di Verrogne (Unità Glaciale di Verrogne o Unità V). Solo in un secondo tempo diverse pulsazioni positive del ghiacciaio di Verrogne, intervallate da stadi di ritiro, oltre al contemporaneo avvio del modellamento torrentizio dell'area, portarono alla formazione del paesaggio attuale. Anche la profonda gola, entro cui scorre il torrente Verrogne, nel tratto a valle di 2.270 m e in prossimità del sito MF1, rappresenta verosimilmente il risultato di un modellamento recente legato a una discontinuità importante del basamento (zona di faglia o di fratturazione intensa con direzione NNW-SSE) e alla deformazione gravitativa profonda di versante di cui sopra (cfr. paragrafo 2.2.2).

the evolution of the DSGSD (Deep Seated Gravitational Slope Deformation). Geological and geomorphological studies have therefore determined that a collapse of the right slope of Glacial Unit C (glacial unit of M. Rouge - Fallère - Clusellaz), which occurred after the retreat of the Balteo glacier (referring to the central valley), caused a change in the flow direction of the lateral glacial tongue and the beginning of glacial modelling of the Verrogne Valley (Glacial Unit of Verrogne or Unit V). Only later, several positive pulsations of the Verrogne Glacier, interrupted by withdrawal stages, in addition to the simultaneous beginning of the torrential modelling of the area, led to the formation of the present landscape. Even the deep gorge, through which the Verrogne stream runs, in the 2,270 m downstream section and in proximity to site MF1, is likely to be the result of recent modelling linked to a major discontinuity of the bedrock (a fault zone or an intense fracture zone with NNW-SSE direction) and the above-mentioned deep seated gravitational slope deformation (see paragraph 2.2.2).

5.2 L'evoluzione del paesaggio e l'impatto dell'attività umana (A. Guerreschi, R. Pini, L. Raiteri, C. Ravazzi)

La successione stratigrafica conservata nella torbiera delle Crotte Basse testimonia la storia naturale degli ambienti d'alta quota del Mont Fallère a partire dalla parte finale dell'interstadio di Bølling/Allerød e l'impatto esercitato sull'ambiente nel tempo da parte delle popolazioni preistoriche. Tale successione rappresenta una delle sequenze tardoglaciali situate a maggior quota dell'intero arco alpino, come indicato dal rinvenimento di sedimenti ascrivibili all'Allerød su base biostratigrafica. I carotaggi manuali finora eseguiti non hanno raggiunto la base del riempimento sedimentario ed è quindi possibile che questa successione abbia un'estensione cronologica ancora maggiore.

L'analisi multistratigrafica, eseguita sui depositi estratti dalla torbiera delle Crotte Basse, ha evidenziato che la vegetazione arborea raggiunse le aree di alta quota del Mont Fallère circa 9000-8600 anni cal BP. In precedenza, solo comunità erbacee dominate da Gramineae, Compositae e xerofite (erbacee e arbustive) erano distribuite al di sopra dei 1800-2000 m di quota. Nella registrazione pollinica relativa a questa fase non ci sono evidenze di trasformazioni antropiche permanenti della vegetazione, a parte picchi più pronunciati nelle curve di concentrazione delle particelle di carbone, che potrebbero essere l'indizio di focolari e/o incendi riferibili al passaggio di gruppi umani in età mesolitica. Una fase di frequentazione mesolitica appare attestata dai livelli superiori (colluvi) del sito MF1. La fase ottimale dello sviluppo delle foreste in quota è compresa tra circa 8600-5600 anni cal BP (cfr. paragrafo 2.3). A tale periodo potrebbe riferirsi l'occupazione del sito MF3, ove le indagini archeologiche, i cui risultati sono ancora preliminari, indicano la presenza dell'uomo nel Neolitico medio/recente. Data, invece, al tardo Neolitico/prima età del Rame (circa 5600 anni cal BP) la prima importante fase di trasformazione antropica

5.2 The evolution of landscape and the impact of human activity (A. Guerreschi, R. Pini, L. Raiteri, C. Ravazzi)

The stratigraphic succession preserved in the Crotte Basse peat bog, testifies to the natural history of the high-altitude environments of Mont Fallère, starting from the final part of the Bølling/Allerød interstadial, and to the impact of prehistoric populations on the environment over time. This succession represents one of the highest altitude Late Glacial sequences of the entire alpine chain, as indicated by the identification of sediments which have been dated to the Allerød period on a biostratigraphic basis. The manual coring carried out so far, has not reached the base of the sediment filling and it is therefore possible that this succession has an even greater chronological extension.

Multi-stratigraphic analysis, carried out on deposits extracted from the Crotte Basse peat bog, showed that arboreal vegetation reached the high-altitude areas of Mont Fallère around 9000-8600 years cal BP. Previously, only herbaceous communities dominated by Gramineae, Compositae and both herbaceous and shrub xerophytes were distributed over 1800-2000 m of altitude. In the pollen record for this phase there is no evidence of permanent vegetation changes due to human activity, apart from the more pronounced peaks in the graphs showing the concentration of coal particles, which may be an indication of hearths and/or fires related to the passage of human groups in the Mesolithic period. A Mesolithic occupation phase appears to be attested from the higher levels (colluviums) of site MF1. The optimal phase of the forest development at high altitudes is between about 8600-5600 cal BP (see paragraph 2.3). To this period, may relate the occupation of site MF3, where archaeological investigations, the results of which are still preliminary, indicate the presence of human groups in the middle/recent Neolithic. Instead, the first important phase of anthropic transformation of Mont Fallère's high altitude landscape dates

del paesaggio d'alta quota del Mont Fallère (Pini *et al.*, 2017): nei sedimenti della torbiera Crotte Basse i livelli riferibili a questo periodo registrano la diminuzione di polline di piante arboree (soprattutto pino cembro e abete bianco) e l'aumento della concentrazione delle particelle di carbone, soprattutto quella dei frammenti carboniosi di maggiori dimensioni, indice di focolari e incendi nelle vicinanze del bacino di sedimentazione. Compaiono inoltre spore di funghi coprofili (Sordariaceae, *Sporormiella* sp., *Podospora* sp.) e tipi pollinici riferibili a piante di prati grassi e aree pascolate. Nei sedimenti si registra inoltre un forte aumento della concentrazione di fosforo organico, inorganico, assimilabile e totale. I dati paleoecologici indicano che a partire dall'età del Rame le foreste d'alta quota furono depauperate tramite taglio e incendio e le aree liberate furono adibite a pascoli alpini, funzionali ad attività di transumanza stagionale e alpeggio. Le evidenze di una profonda trasformazione del paesaggio e dell'attestazione del pascolo alle pendici del Mont Fallère durante la prima età del Rame trovano riscontro nella cronologia radiocarbonica del sito MF1, che indica questo periodo come una delle fasi di frequentazione principali, insieme a quella mesolitica (cfr. capitoli II e III). In merito a ciò è anche utile indicare che il tema della preistoria degli alpeggi è attualmente al centro di intensi dibattiti scientifici nell'ambito delle discipline paleoecologiche e archeologiche. Dati provenienti dalle Prealpi gardesane e dal Vallese (Barker, 1979; Curdy e Chaix, 2009) suggeriscono che la pratica del pascolo nomade alle medie quote e sui fondovalle fosse già presente nel Neolitico Recente. Dati paleoecologici (contenuto di polline, carbone e nutrienti nel suolo) da successioni alpine (Oeggl e Festi, 2012; Badino e Ravazzi, 2009), accompagnati da evidenze archeologiche, mostrano cambiamenti nelle paleoflore, interpretati come il risultato dello stabilirsi della pratica stabile dell'alpeggio. Inoltre, considerando la presenza, nella piana di Aosta, a poche decine di chilometri di distanza dal sito MF1, dell'area megalitica di Saint-Martin-de-Corléans (cfr. paragrafo 1.3.3) è possibile prospettare, quale ipotesi di lavoro, che tale attività potesse relazionarsi con l'impianto di centri cultuali e con lo sviluppo di abitati, così come attesterebbero recenti studi effettuati in Lombardia (Baioni e Poggiani Keller, 2013). Inoltre, al possesso di mandrie e greggi è probabilmente connessa l'aspirazione alla ricchezza, caratterizzante l'età del Rame, che potrebbe aver determinato lo sviluppo di forme di antagonismo finalizzate a garantire ai gruppi l'accesso ai pascoli migliori e al loro controllo. Tale necessità potrebbe giustificare la realizzazione e la frequentazione di centri cerimoniali, dove le comunità periodicamente si riunivano celebrando il mondo degli antenati e rafforzando la coesione tra i viventi (Cocchi Genik, 2013). Secondo altri Autori vi sarebbe una possibile connessione tra centri cerimoniali e specifiche attività economiche; essi interpretano tali centri come possibili *marker territoriali*, come per il caso della Lunigiana, dove le statue-stele potevano assolvere la funzione di segni di riconoscimento, controllo o possesso, in concomitanza con lo sviluppo della pastorizia d'altura (Maggi, 1994).

to the late Neolithic/early Chalcolithic (about 5600 years cal BP) (Pini *et al.*, 2017): in the sediments of the Crotte Basse peat bog, the layers referable to this period record a decrease in the pollen contribution of arboreal plants (especially *Pinus cembra* and *Albies alba*) and an increase in coal particle concentrations, especially of larger coal fragments, which are an indication of hearths and fires in the proximity of the sedimentation basin. Moreover, spores of coprophilic mushrooms (*Sordariaceae*, *Sporormiella* sp., *Podospora* sp.) and pollen types referable to meadow and pasture plants appear. In the sediments, there is also recorded a strong increase in the organic and inorganic phosphorus concentrations - both assimilated and total. Paleoecological data indicate that, from the Chalcolithic period onwards, high altitude forests were depleted by cutting and fire lighting, and that the cleared areas were used as alpine pastures, thus enhancing the development of seasonal transhumance. Evidence of a profound transformation of the landscape and of development of pastures on the slopes of Mont Fallère during the early Chalcolithic find confirmation in the radiocarbon data obtained from site MF1, which indicates that this period corresponds to one of the main occupation phases in the area, together with the Mesolithic one (see chapters II and III). With regard to this, it is also useful to point out that the topic of the prehistory of alpine pasture is, currently, at the heart of intense scientific debate in paleoecological and archaeological studies. Data from the Garda Mountains and from Valais (Barker, 1979; Curdy and Chaix, 2009) suggests that the practice of nomadic grazing at medium altitudes and on the valley floors was already present in the recent Neolithic. Paleoecological data (pollen, coal and nutrient content in the soil) from alpine sequences (Oeggl and Festi, 2012; Badino and Ravazzi, 2009), along with archaeological evidence, show changes in the palaeoflora, which are interpreted as the result of the establishment of a steady practice of alpine grazing. Furthermore, considering the presence in the plain of Aosta of the megalithic area of Saint-Martin-de-Corléans (see paragraph 1.3.3), only a few dozen kilometres as the crow flies from site MF1, it is possible to suggest, as a working hypothesis, that this activity could relate to the presence of sacred areas and of settlements, as recent studies carried out in Lombardy would attest (Baioni and Poggiani Keller, 2013). In addition, possession of herds and flocks is probably associated with the aspiration to wealth, which characterizes the Chalcolithic, and which may have resulted in the development of conflicts aimed at providing groups with access to and control of the best pastures. This need could justify the construction and use of the ritual areas where communities periodically gathered to celebrate the world of their ancestors and to strengthen cohesion among the living (Cocchi Genik, 2013). According to other authors there could be a possible connection between these sacred areas and specific economic activities; they interpret such centres as possible *landscape markers*, as in the case of the Lunigiana, where statue-stele could function as a sign of recognition, control or ownership, in conjunction with the development of high altitude pastoralism (Maggi, 1994).

La deforestazione antropica in alta quota sul Mont Fallère, iniziata nel IV millennio BC, prosegue senza apparente discontinuità per tutta l'età del Rame e del Bronzo, come indicato dal progressivo declino delle percentuali del polline di pino cembro e dall'aumento delle concentrazioni di particelle di carbone nei sedimenti. Alla riduzione del tasso di afforestamento si accompagna l'espansione degli indicatori di prati e pascoli alpini fertilizzati (*Plantago* tipo *lanceolata*, *Rumex* tipo *acetosa*, *Rumex* tipo *acetosella*, *Ranunculus* tipo *acris*, *Asphodelus albus*) e di aree nitrofile soggette a stabulazione del bestiame (*Urtica*, Chenopodiaceae, *Artemisia*). Tale indicazione, relativa alla frequentazione antropica dell'area, è peraltro confermata dal rinvenimento, presso il sito MF1, dei resti di un'unità abitativa riconducibile alla prima metà del III millennio a.C. (piano d'uso - US 21 - associato a un focolare - US 18/17=44 - e struttura formata da elementi lapidei disposti ordinatamente - US 48) e dai risultati delle date radiocarboniche effettuate su carboni di legno provenienti dal sito MF6. Queste hanno permesso di attribuire a quest'ultimo sito tre principali frequentazioni corrispondenti all'età del Rame, al Bronzo antico e al Bronzo finale (cfr. paragrafo 2.4.2.3).

Anthropic high altitude deforestation on Mont Fallère, begun in the IV millennium BC, continued without apparent discontinuity throughout the Chalcolithic and the Bronze Age, as indicated by the progressive decline in *Pinus cembra* pollen percentages and by the increase in coal particle concentrations in sediments. Reduction in the rate of forestation is accompanied by the expansion of the indicators of fertilised alpine meadows and pastures (*Plantago* type *lanceolata*, *Rumex* type *acetosa*, *Rumex* type *acetosella*, *Ranunculus* type *acris*, *Asphodelus albus*) and of nitrophilous areas for the housing of livestock (*Urtica*, Chenopodiaceae, *Artemisia*). This indication, related to the anthropic activity in the area, is also confirmed by the discovery, at site MF1, of the remains of a housing unit which has been referred to the first half of the III millennium BC (occupation floor - SU 21 - associated with a hearth - SU 18/17=44 - and a structure made of stone elements - SU 48) and by the results of the radiocarbon dates on wood charcoal coming from site MF6. These made it possible to attribute three main occupations to this latter site, corresponding to the Chalcolithic, to the ancient Bronze Age and to the final Bronze Age (see paragraph 2.4.2.3).

5.3 Considerazioni sull'industria litica del sito MF1 (F. Fontana, A. Guerreschi, L. Raiteri, D. Visentin)

Da una serie di livelli di colluvio rinvenuti nel sito MF1, soprastanti le strutture dell'età del Rame sopra menzionate, proviene un'abbondante industria litica realizzata prevalentemente su cristallo di rocca, cui si associa un piccolo numero di elementi in selce. Questa era più abbondante in superficie e all'interno del livello superficiale (US 1). Sin dalle prime indagini che portarono all'individuazione del sito, grazie a preliminari studi tipologici, tali materiali furono riferiti alla fase antica del Mesolitico (Sauveterriano). Nel presente lavoro si è voluto sottoporre questo materiale a uno studio tecno-economico e tipologico esaustivo. A tal fine l'insieme litico è stato preventivamente suddiviso in due gruppi: al primo (A) appartengono i manufatti provenienti dalla superficie e dall'US 1; al secondo (B) quelli riferibili ai livelli più bassi che coprivano direttamente le strutture datate all'età del Rame. In questo momento, il sito MF1 rappresenta la più antica testimonianza di popolamento della Valle d'Aosta. Inoltre, ha offerto l'opportunità di analizzare in modo integrale, un insieme litico mesolitico realizzato su quarzo che potrà offrire un termine di confronto per altri insediamenti coevi dell'area alpina occidentale.

5.3 Considerations on the lithic industry of site MF1 (F. Fontana, A. Guerreschi, L. Raiteri, D. Visentin)

From a series of colluvium levels found in site MF1, above the previously mentioned Chalcolithic structures, comes an abundant lithic assemblage mainly made from hyaline quartz elements, accompanied by a small number of chert artefacts. This assemblage was more abundant on the surface and within the superficial level (SU 1). Since the initial investigations that led to the discovery of the site, through preliminary typological studies, these materials were referred to the ancient phase of the Mesolithic (Sauveterrian). In this paper, this material was the object of a comprehensive techno-economic and typological study. For this purpose, the lithic assemblage was previously divided into two groups: the artefacts coming from the surface and from SU 1 belong to the first group (A); to the second (B), those referring to the lowest levels that directly covered the structures dated to the Chalcolithic period. At this time, site MF1 represents the oldest evidence of an anthropic frequentation in Valle d'Aosta. The archaeological material recovered in this site has thus given the opportunity to thoroughly analyse a Mesolithic lithic assemblage obtained from quartz, which could offer a basis of comparison for other contemporary sites of the western Alpine area.

5.3.1 Aspetti tecno-economici

Per entrambi i gruppi di macro-unità stratigrafiche (A e B), la materia prima di cui si compone prevalentemente l'industria litica è il quarzo ialino (98%), il cui reperimento è avvenuto a livello locale, direttamente nelle morene glaciali, dove questo si trova in giacitura secondaria. I restanti manufatti (2%) sono prodotti su selce di provenienza principalmente transalpina, anche se la presenza di Maiolica

5.3.1 Techno-economic aspects

For both groups of stratigraphic macro-units (A and B), the lithic industry is mostly obtained from hyaline quartz (98%), which was collected locally in glacial moraines, where it is found in secondary deposition. The remaining artefacts (2%) are produced on flint, mainly of transalpine origin, although the presence of some artefacts made from Maiolica types of chert within group B indicates

all'interno del gruppo B indica contatti con l'area sudalpina (Lombardia o Veneto). Questa ultima potrebbe riferirsi a elementi prodotti in una fase cronologica di frequentazione successiva al Mesolitico. A tale proposito si può anche osservare che il gruppo B risulta meno omogeneo, da un punto di vista tecno-tipologico, rispetto al gruppo A portando ad ipotizzarne una commistione fra materiali appartenenti a più fasi insediative avvenute nella stessa area. Tuttavia, è impossibile definire la natura di questi eventi post-deposizionali, poiché non sono presenti negli insiemi elementi tipologicamente diagnostici. Si ricorda, però, che i livelli riferibili all'età del Rame, attestati nella parte inferiore della serie stratigrafica, attendono ancora di essere scavati e sono sinora documentati solo da rari materiali e dalle datazioni radiometriche. Il gruppo A presenta il maggior numero di manufatti diagnostici - 2106 supporti di *débitage*, 25 nuclei e 84 supporti ritoccati - mentre al gruppo B sono riferibili 1432 supporti di *débitage*, 5 nuclei e 21 ritoccati. Entrambi i gruppi presentano un alto grado di frammentarietà e registrano una considerevole presenza di elementi termicamente alterati (26% gruppo A; 46% gruppo B). Il riconoscimento di alterazioni termiche rappresenta un aspetto interessante, sinora scarsamente documentato per le industrie su cristallo di rocca, che rimanda a fenomeni ricorrenti nell'ambito dei siti mesolitici con industrie su materiali silicei, ponendosi in relazione con la presenza di focolari all'interno degli insediamenti. Data la natura colluviale dei depositi in cui sono contenuti i materiali di MF1 non è possibile, tuttavia, spingersi oltre rispetto a tali considerazioni.

Dal punto di vista tecnologico i due gruppi presentano diversi caratteri comuni. In primo luogo, la natura dei supporti utilizzati per il *débitage* è principalmente rappresentata da prismi di cristallo di rocca e, in minima parte, da schegge spesse ottenute dai cristalli stessi. Per entrambi i gruppi sono indicate percentuali piuttosto elevate (intorno al 40%) di superfici naturali del cristallo attestate sui supporti di *débitage*, spesso riconosciute nel numero di una, due, tre o più faccette. Tale aspetto sembra potersi correlare alle piccole dimensioni dei cristalli utilizzati, alla loro morfologia allungata e all'utilizzo di una materia prima disponibile localmente. La fase della catena operativa maggiormente attestata è la produzione, mentre inizializzazione e gestione sono poco rappresentate. La lavorazione dei cristalli di quarzo ialino non necessita, infatti, di una vera e propria messa in forma, poiché è possibile sfruttarne direttamente le superfici naturali, come evidenziato anche dalle attività sperimentali, condotte contestualmente allo studio tecno-economico dell'insieme esaminato. Gli schemi di riduzione impiegati sono opportunistici prevedendo l'apertura di più piani singoli in successione e in posizione diversa nel corso del *débitage*. In alcuni casi, sono attestati anche schemi a sfruttamento periferico, tramite l'utilizzo esclusivo della percussione diretta, fino all'abbandono del nucleo. L'individuazione degli obiettivi del *débitage* si è basata sull'analisi degli elementi integri riferibili alla fase di produzione (n. 37 per il gruppo A e n. 23 per il gruppo B) e dei negativi degli ultimi distacchi sui nuclei. Questi hanno evidenziato la ricerca di prodotti riferibili a schegge, schegge laminari e, in minor misura, lamelle per il gruppo A, mentre per il gruppo B si è registrato un tasso di eterogeneità più

contacts with the subalpine area (Lombardy or Veneto). The latter may refer to elements belonging to a chronologically later phase than the Mesolithic. In this regard, it is also possible to observe that group B is less homogeneous, from a techno-typological point of view, than Group A, allowing the hypothesis that a commixture of material belonging to different occupational phases in the same area might have occurred. However, it is impossible to define the nature of these post-depositional events, since typologically diagnostic elements are not present in the assemblage. Though, it is important to underline that the levels dated to the Chalcolithic, attested at the bottom of the stratigraphic series of this site, are still to be excavated and are so far documented only by scarce materials and by radiometric dating. Group A has the largest number of diagnostic artefacts - 2106 *débitage* blanks, 25 cores and 84 retouched blanks - while 1432 *débitage* blanks, 5 cores and 21 retouched tools are referred to group B. Both groups present a high degree of fragmentation and record a considerable presence of thermally altered elements (26% group A, 46% group B). Identification of thermal alterations is an interesting aspect, scarcely documented so far for hyaline quartz industries, which finds affinities with recurrent phenomena observed in the Mesolithic sites dominated by siliceous lithic assemblages, pointing to the presence of hearths within the sites. Given the colluvial nature of the deposits where MF1 materials are contained, it is not possible to go beyond these considerations.

From the technological point of view, the two groups have different common characters. First, the nature of the blanks which were used for flaking is mainly represented by prisms of hyaline quartz and, to a lesser extent, by thick flakes obtained from the crystals themselves. Both groups are characterised by high percentages (around 40%) of natural crystal surfaces found on *débitage* blanks, commonly identified in the number of one, two, three or more faces. This aspect could be related to the small size of the crystals used, to their elongated shape and to the use of a locally available raw material. The most attested phase of the reduction sequence is production, while initialization and maintenance are poorly represented. Indeed, the reduction of hyaline quartz crystals does not require a proper shaping out, since it is possible to directly exploit the natural surfaces, as is also shown by the experimental program carried out simultaneously to the techno-economical study of the archaeological assemblage. The schemes employed are opportunistic, with the opening of several striking platforms in succession and in different positions on the core during the reduction process. In some cases, peripheral exploitation schemes can be detected. The identification of the objectives of *débitage* was based on the analysis of the complete blanks attributed to the production phase of reduction (37 in Group A and 23 in Group B) and on the negatives of the latest removals on the cores; these allowed the identification of products referable to flakes, laminar flakes and, to a lesser extent, bladelets for Group A, while for Group B a more marked

marcato, indice di un insieme forse dovuto a più fasi insediative successive. Il grado di ipermicrolitismo evidenziato, che vede una concentrazione delle dimensioni dei prodotti al di sotto dei 15 mm, si presenta ancora più marcato rispetto a quello noto in altri complessi del Mesolitico antico dell'Italia settentrionale (Flor *et al.*, 2011). Tale aspetto, se non dovuto a effetti selettivi legati ai processi colluviali (difficilmente dimostrabili considerata la presenza nell'insieme di nuclei che superano le dimensioni suddette), potrebbe essere legato alle minute dimensioni dei cristalli utilizzati e al loro elevato sfruttamento. La prevalenza (ca. 60%) di nuclei sfruttati tramite la tecnica bipolare, la dimensione ipermicrolitica dei prodotti della scheggiatura e le caratteristiche che questi presentano consentono di ipotizzare che la lavorazione iniziasse con la percussione diretta per terminare, laddove lo sfruttamento appare maggiore, con quella bipolare. In particolare, l'utilizzo combinato delle due tecniche si è dimostrato essere una modalità particolarmente efficace anche tramite lo studio sperimentale.

heterogeneity was recorded, possibly reflecting the presence of an assemblage derived from multiple occupation phases. The degree of hypermicrolithism, which shows a concentration of product size below 15 mm, is more marked than that noticed in other early Mesolithic complexes in northern Italy (Flor *et al.*, 2011). This aspect, if not due to selective effects related to colluvial processes (though hardly demonstrable, considering the presence, in the assemblage, of cores that exceed the above-mentioned dimensions), may be related to the minute dimensions of the crystals and to their overexploitation. The prevalence (about 60%) of cores exploited by bipolar technique, the hypermicrolithic dimension of the *débitage* products and the characteristics these present, suggests the hypothesis that reduction began by direct percussion and then, where exploitation seems to be greater, ended with bipolar technique. The combined use of the two techniques proved to be particularly effective also by experimental flaking.

5.3.2 Aspetti tipologici

I supporti ritoccati individuati sono 84 per il gruppo A e 22 per il gruppo B, tenendo conto che nel secondo è presente uno strumento doppio. I supporti selezionati, quando determinabili, sono rappresentati principalmente da elementi riferibili alla fase di produzione. In entrambi i gruppi, gli strumenti sono prevalenti rispetto alle armature e queste ultime sono composte principalmente da frammenti di dorsi. Fra gli strumenti sono prevalenti i raschiatoi, le troncature e i denticolati mentre bulini e grattatoi sono meno attestati. Nel gruppo A, le armature integre sono rappresentate da alcune punte a dorso, dorsi e troncatura e geometrici, cui si aggiunge un'unica lama a dorso. Fra i frammenti di dorso (n. 28), due presentano terminazione a punta; gli elementi a ritocco profondo prevalgono sui marginali e quelli a un dorso sono nettamente più numerosi rispetto a quelli con dorso doppio. Nel gruppo B, i 12 frammenti a dorso sono tutti profondi, con la prevalenza di quelli a un dorso rispetto ai doppi dorsi.

5.3.2 Typological aspects

84 retouched blanks were found for group A and 22 for group B, taking into account that the second group includes a double tool. The selected blanks, when determinable, are mainly represented by elements related to the production phase. In both groups tools dominate over armatures. The latter consist mainly of fragments with a backed retouch. Tools are mostly represented by scrapers, truncations and denticulates, while burins and end-scrapers are less attested. In group A, complete armatures are represented by few backed points, backed and truncated bladelets and geometrics. Among broken armatures (No. 28), two end with a point; elements with a deep retouch prevail over those with marginal ones, and the ones with one back are more numerous than double backed ones (No. 3). In group B, the 12 backed fragments are all characterised by deep retouch, with the prevalence of those with one back compared to double backed ones.

5.4 Sintesi conclusiva (L. Raiteri)

Il sito MF1, localizzato alle pendici del Mont Fallère, nel cuore delle Alpi, a qualche decina di chilometri dal Monte Bianco, testimonia due principali fasi insediative, di cui la prima è riferibile al Mesolitico antico e la seconda nell'età del Rame. Durante il Mesolitico antico il sito MF1 era collocato su una piccola dorsale, con orientazione N-S, che si affacciava verso E direttamente sul Torrente Verrogne orientale.

Le caratteristiche dell'industria riferita al gruppo A (dominanza dei frammenti di dorso e presenza tra le armature integre di punte a dorso, dorsi e troncature e triangoli scaleni) trova riscontro in quello di altri siti sauveterriani d'alta quota di ambito alpino, anche se la prevalenza degli strumenti rispetto alle armature costituisce un dato anomalo. A questa fase è riferibile un'unica datazione, ese-

5.4 Conclusive summary (L. Raiteri)

Site MF1, located on the slopes of Mont Fallère, in the heart of the Alps, some ten kilometres as the crow flies from Mont Blanc, presents two main occupational phases, the first of which can be referred to the early Mesolithic and the second one to the Chalcolithic. During the ancient Mesolithic, site MF1 was placed on a small ridge, with a N-S orientation, which faced towards E, directly over the eastern Verrogne Torrent.

The characteristics of the lithic industry attributed to group A (predominance of fragments with a backed retouch and presence of backed points, truncated backed bladelets and scalene triangles among entire armatures) find confirmation in those of other high altitude Sauveterrian sites in the alpine region, even though the prevalence of tools over armatures appears to be anomalous. At this phase,

guita con la tecnica della spettrometria di massa ad alta risoluzione (AMS) su un frammento di carbone di legno, che ha restituito un'età di 6700 – 6490 anni cal. BC (fase finale del Boreale/iniziale dell'Atlantico). Considerando il settore nord-occidentale dell'arco alpino, la seconda fase del Mesolitico antico svizzero (cosiddetto Mesolitico antico II/III o Mesolitico medio), rappresentato da diversi siti nella Svizzera sud-occidentale (Baume d'Ogens nel Plateau Suisse, Vionnaz nelle Prealpi svizzere occidentali e Mollendruz-Abri Freymond nel Jura sud-occidentale) può essere ricondotto al Sauveterriano. Questo è dominato dai triangoli scaleni, accompagnati dalle punte a ritocco bilaterale (o unilaterale), a base solitamente non ritoccata, fra le quali si ritrovano diverse punte di Sauveterre (Pignat e Crotti, 2002; Pignat, 2002). In Francia, nei massicci prealpini della Chartreuse e del Vercors, dalla seconda metà del Boreale è attestato un Mesolitico medio che raggiunge le regioni più interne (Bintz *et al.*, 2008). Partecipando alla grande corrente culturale del Sauveterriano, questo si ricollega allo stadio antico del Sauveterriano di origine meridionale e vede una rottura tecnologica con la fase precedente, attestata dall'incremento del microlitismo e dalla diffusione generalizzata dei microliti geometrici ottenuti da lamelle strette irregolari e/o piccole schegge allungate che raggiungono dimensioni massime in lunghezza di 20 mm, ottenute per percussione diretta con pietra tenera (Bintz, 1999; Bintz e Pelletier, 1999). La fase recente, attestata in Chartreuse (La Fru e Aulp du Seuil 1) e in Vercors (Grande Rivoire, Pas de l'Échelle, Coufin I e Pas de la Charmate) e datata tra circa 8100 e 6700 cal BC, è caratterizzata dalla diffusione dei triangoli scaleni, triangoli scaleni allungati e tre lati ritoccati (cf. "triangle de Montclus") e delle punte de Sauveterre affilate mono- e bipunte. Il microlitismo di questi elementi è meno accentuato rispetto alla fase antica, quale probabile conseguenza dell'abbandono della tecnica del microbulino (Angelin, 2017). Per quanto riguarda, infine, il territorio italiano, l'unico sito del settore alpino nord-occidentale riferibile a una fase antica del Mesolitico, è quello di Cianciàvero nella conca di Alpe Veglia (alta Val d'Ossola) (Gambari *et al*, 1991; Guerreschi *et al*, 1992; Fontana *et al*, 1997; Guerreschi *et al*, 1997a-1997b; Fontana *et al.*, 2000; Guerreschi, 2002c; Di Maio, 2006). Composta in prevalenza da quarzo ialino (97%), l'industria litica ritoccata presenta alcune affinità con quella di MF1, essendo caratterizzata, fra gli erti differenziati (che qui prevalgono), da un elevato numero di frammenti di dorso (ca. 35%), seguiti da un'alta percentuale di dorsi e troncature, troncature e geometrici (in prevalenza triangoli scaleni), mentre le punte a dorso e le lame a dorso presentano percentuali inferiori. Anche in questo sito per il quale non si dispone purtroppo di datazioni radiometriche la tecnica del microbulino non è attestata. Tra gli strumenti prevalgono denticolati e raschiatoi, cui si affiancano cinque scagliati. Anche l'industria litica di Cianciàvero si contraddistingue per un grado elevato di microlitismo.

Dal punto di vista funzionale, l'analisi tracceologica dei manufatti del gruppo A, considerato più omogeneo del B, evidenzia una prevalenza di attività legate alla caccia

it is possible to refer a single dating, performed with high-resolution mass spectrometry technique (AMS) on a fragment of wood charcoal, which established an age of 6700 - 6490 years cal. BC (final phase of the Boreal/initial phase of the Atlantic). Considering the north-western sector of the Alps, the second phase of the ancient Swiss Mesolithic (so-called ancient Mesolithic II/III or Middle Mesolithic), represented by several sites in south-western Switzerland (Baume d'Ogens in the Plateau Suisse, Vionnaz in the western Swiss Prealps and Mollendruz-Abri Freymond in the south-western Jura) can be traced back to the Sauveterrian. This is dominated by scalene triangles, accompanied by bilaterally (or unilaterally) retouched points, usually with an unretouched base, among which several Sauveterre points are found (Pignat and Crotti, 2002; Pignat, 2002). In France, in the pre-alpine Chartreuse and Vercors massifs, from the second half of the Boreal, a Middle Mesolithic that reaches the most internal regions is attested (Bintz *et al.* 2008). By participating in the great Sauveterrian "cultural current", this reconnects to the ancient stage of the Sauveterrian of southern origin and sees a technological discontinuity with the previous phase, evidenced by the increase in microlithism and the general diffusion of geometric microliths obtained from narrow irregular blades and/or from small elongated flakes that reach a maximum length of 20 mm, obtained by direct percussion with a soft stone (Bintz 1999; Bintz e Pelletier 1999). The recent phase, detected in Chartreuse (La Fru and Aulp du Seuil 1) and Vercors (Grande Rivoire, Pas de l'Échelle, Coufin I and Pas de la Charmate) and dated between 8100 and 6700 cal BC, is characterized by the diffusion of scalene triangles, of elongated scalene triangles with three retouched sides (see "triangle de Montclus") and of sharp Sauveterre points with one and two points. The microlithism of these elements is less accentuated compared to the ancient phase, in relation to the abandonment of the microburin technique (Angelin 2017). Finally, as far as the Italian territory is concerned, the only site of the alpine north-western sector dated to an ancient phase of the Mesolithic is that of Cianciàvero in the Alpe Veglia basin (upper Val d'Ossola) (Gambari *et al.*, 1991; Guerreschi *et al.*, 1992; Fontana *et al.*, 1997; Guerreschi *et al.*, 1997a-1997b; Fontana *et al.*, 2000; Guerreschi, 2002c; Di Maio, 2006). Composed primarily of hyaline quartz (97%), the retouched lithic industry presents some similarities to that of MF1, being characterized by a clear prevalence, among differentiated backed tools (that are here dominating), of backed tool fragments (about 35%), followed by a high percentage of backed and truncated bladelets, truncations and geometrics (predominantly scalene triangles), while backed points and backed blades are present in lower percentages. Even in this site, for which unfortunately no radiometric dating is available, the microburin technique is not attested. Among tools, denticulates and scrapers are the most numerous, followed by five *pièces écaillée*. The lithic industry of Cianciàvero is also distinguished by a high degree of microlithism.

From a functional point of view, microwear analysis of artefacts from group A, considered more homogeneous than

(indicativa presenza di fratture da impatto) e allo sfruttamento delle carcasse animali (trattamento di materiale medio-tenero). Il fenomeno dell'occupazione stagionale delle alte quote legato alle attività venatorie è ben noto nel Mesolitico antico delle Alpi centro-orientali italiane, dove è attestato un sistema di occupazione del territorio complesso, evidenziato da diverse tipologie di siti, distribuiti fra fondovalle e alta quota (Broglio e Lanzinger, 1996; Dalmeri *et al.*, 2001; Fontana *et al.*, 2009 e 2011; Fontana, 2011). Risalendo le vallate fino alle praterie alpine, i gruppi di cacciatori si stanziavano in prossimità del limite del limite del bosco, a quote variabili tra 1.900 e 2.300 m s.l.m. È possibile che questo modello possa essere applicato anche al Mont Fallère ma trattandosi dell'unico insediamento sinora attribuito in regione a questa fase cronologica, tale ipotesi potrà essere confermata solo da ulteriori ricerche e indagini sul territorio - che ci si augura - potranno essere sviluppate negli anni futuri.

group B, highlights the prevalence of activities connected to hunting (significant presence of impact fractures) and to the exploitation of animal carcasses (treatment of medium-soft material). The phenomenon of seasonal occupation of highland territories associated with hunting activities is well-known in the early Mesolithic of the Italian Central and Eastern Alps, where the development of a complex settlement system is attested, documented by various types of sites, distributed between the valley bottoms and the highland area (Broglio and Lanzinger, 1996; Dalmeri *et al.*, 2001; Fontana *et al.*, 2009 and 2011; Fontana, 2011). Climbing through the valleys up to the alpine meadows, the groups of hunters settled near the forest boundary, at altitudes that could vary between 1,900 and 2,300 m a.s.l. It is possible that this settlement system may also be applied to the Mont Fallère area, however - since it is the only settlement in the region to have been attributed so far to this chronological phase - this hypothesis could be confirmed only by further research and field investigations, which – it is hoped – will be carried out in the coming years.

Riferimenti bibliografici

Accorsi C.A., Bandini Mazzanti M., Biagi P., Castelletti L., Cremaschi M., Leoni L., Pavarani M., 1987 – *Il sito mesolitico di Sopra Fienile Rossino sull'Altopiano di Cariadeghe (Serle-Brescia)*. Aspetti pedostratigrafici, archeologici, antracologici e palinologici. Natura Bresciana, 23. Brescia: 239-292.

Aceti A., 2006 – *The early Holocene climate optimum: evidence from high-altitude peat deposits in the Italian Alpes*. In INQUA-SEQS: Quaternary stratigraphy and evolution of the alpine region in the european and global framework: 48-49.

Allen M.J., 1991 – *Analysing the Landscape: a Geographical Approach to Archaeological Problems*, in J. Schofield, 1991:39-58.

Ammerman A.J., 1981 – *Surveys and Archaeological Research*, in "Annual Review of Anthropology", 10.

Ammerman A.J.,1985 – *The Acconia Survey: Neolithic Settlement and the Obsidian Trade*, "Inst. of Arch. Occ. Publ.", 10, London.

Ammerman A.J., Feldman M., 1978 – *Replicated Collection of Site Surfaces*, in "American Antiquity", 43: 734-740.

Anati E., 1995 – *Brescia preistorica. Trecentomila anni di presenza umana nel territorio bresciano*. Studi Camuni, 16.

Angelin A., 2017 – *Le Mésolithique des Alpes françaises du Nord. Synthèse d'après l'étude des industries lithiques de l'abri-sous-roche de la Grande Rivoire (Isère, France)*. Thèse de Doctorat en Anthropologie sociale et historique, Université de Toulouse.

Angelin A., Bridault A., Brochier J.L., Chaix L., Chesnaux L., Marquebielle B., Martin L., Nicod P-Y., Picavet R., Vannieuwenhuyse D., 2016. *The First Mesolithic in the French Alps: New data from La Grande Rivoire rockshelter* (Vercors range, Isère, France), 423: 193-212.

Angelucci D.E., 1996a – *Plan de Frea (Selva di Val Gardena, Bolzano)*. Broglio A. (a cura di) – Paleolitico, Mesolitico e Neolitico dell'Italia nord orientale. Preistoria e Protostoria. Guide Archeologiche, 4. Forlì: 190-197.

Angelucci D.E., 1996b – *Adattamenti tardi e postglaciali. Gli ultimi cacciatori raccoglitori del versante meridionale delle Alpi orientali*. Tesi di Dottorato di Ricerca in Scienze Antropologiche, Consorzio Universitario di Bologna, Parma e Ferrara.

Angelucci D.E., 1997 – *Nuovi dati sulla preistoria delle Dolomiti: la campagna di scavo 1994 nei siti mesolitici del Plan de Frea (Selva Val Gardena)*. Ladinia, 20: 19-37.

Angelucci D.E., Alessio M., Bartolomei G., Cassoli P. F., Improta S., Maspero A., Tagliacozzo A., 2001 – *The Frea IV rockshelter (Selva Val Gardena, BZ)*. Preistoria Alpina, 34 (1998): 99-109.

Angelucci D.E., Alessio M, Bartolomei G., Broglio A., Cassoli P.F., Improta S., Maspero A., Tagliacozzo A., 2002 – *Il riparo Frea IV (Selva val Gardena, BZ)*. Riassunti della XXXIII Riunione Scientifica dell'Istituto Italiano di Preistoria e Protostoria, Trento 1997:145-160.

Angelucci D.E., Bartolomei G., Broglio A., Cassoli P.F., Improta S., Maspero A., Tagliacozzo A., 1999 – *Plan de Frea, site 4 (Dolomites): mobilité, saisonnalité et esploitation du milieu montagnard durant le Mésolithique*. In Actes du 5e Colloque International UISPP, Commission XII, Grenoble 1995: L'Europe des derniers chasseurs. Epipaléolithique et Mésolithique. Paris: 443-448.

Angelucci D., Cremaschi M., Negrino F., Pelfini M., 1993 – *Il sito mesolitico di Dosso di Gavia - Val di Gavia (Sondrio - Italia): evoluzione ambientale e popolamento umano durante l'Olocene antico nelle Alpi centrali*. Preistoria alpina, 28 (1): 19-32.

Antoine P., 1971 – *La zone des Brèches de Tarentaise entre Bourg-St-Maurice (Vallée de l'Isère) et la frontière Italo-Suisse*. Trav. Lab. Géol. Université de Grenoble, mém. 9.

***Archeologia del Paesaggio. Scambi scientifici in ricordo di Livio Mano*, 2013** – In atti del convegno transfrontaliero di Tende-Cuneo. Bulletin du Musée d'Anthropologie Préhistorique de Monaco. Principato di Monaco.

***Archéologie de la montagne européenne*, 2010** – In *actes de la table ronde international de* Gap (2008). Bibliothèque d'Archéologie Méditerranéenne et Africaine, 4. Aix-en-Provence.

Arzarello M., Fontana F., Peresani M., 2011 – *Manuale di tecnologia litica preistorica. Concetti, metodi e tecniche*. Carrocci editore, Roma: pp 263.

Aurino P., Padovan S., Venturino-Gambari M., 2013 – *Riflessioni sull'Età del Rame in Piemonte*. In Volume degli atti dell'Incontro di studi - Università di Verona: Cronologia assoluta e relativa dell'età del ame in Italia. Verona: 17-25.

Azzena G., 1992 – *Tecnologie cartografiche avanzate applicate alla topografia antica*. In Bernardi M. (a cura di): *Archeologia del paesaggio*, IV ciclo di lezioni sulla ricerca applicata in Archeologia. Certosa di Pontignano (Siena). Firenze: pp 754.

Azzena G., Sommella P., Tascio M., 1990 – *Informatica e topografia storica: cinque anni di esperienza su un secolo di tradizione*. Archeologia e Calcolatori, 1: 211-236.

Badino F., Ravazzi C., 2009 – *Indagini paleoambientali nell'area del Dos del Curù (comune di Cevo, Valle Camonica) in relazione alle preesistenze estrattive protostoriche*. Rapporto CNR, inedito, 22 pp.

Badino F., Aceti A., Maggi V., Orombelli G., Pini R., Raiteri L., Ravazzi C., 2010 – *Fasi di massimo termico durante la prima metà dell'Olocene nella registrazione stratigrafica dei contesti glaciali e dei "travertini" nelle Alpi Centro – Occidentali*. In Convegno AIQUA: *Le correlazioni marino – continentali nel Quaternario*. Bari: 66.

Badino F., Pini R., Ravazzi C., 2012 – *Torbiere e paludi in Valle d'Aosta: un archivio per la vegetazione, la biodiversità, i ghiacciai, la preistoria dell'uomo*. Rivista Environnement (Regione Autonoma Valle d'Aosta). Volume 56: 36-39.

Bagolini B., 1968 – *Ricerche sulle dimensioni dei manufatti litici preistorici non ritoccati.* Annali dell'Università di Ferrara, Sezione XV, 1 (10): 195-219.

Bagolini B., 1971 – *Ricerche sulla tipometria litica dei complessi epipaleolitici della Valle dell'Adige.* Preistoria alpina, 7: 243-276.

Bagolini B., 1972 – *Primi risultati delle ricerche sugli insediamenti epipaleolitici del Colbricon (Dolomiti).* Preistoria alpina, 8: 107-149.

Bagolini B., 1972b – *Riparo La Rupe (Mezzolombardo).* Preistoria Alpina, 8: 275-276.

Bagolini B., 1978 – *Le manifestazioni artistiche dai cacciatori-raccoglitori al sorgere della metallurgia.* L'arte preistorica nell'Italia settentrionale, Museo Civico di Storia Naturale, Verona: 21-26.

Bagolini B., 1980a – *Il Trentino nella preistoria del mondo alpino.* Temi, Trento.

Bagolini B., 1980b – *Riparo Gaban: preistoria ed evoluzione dell'ambiente.* Edizioni didattiche del Museo Tridentino di Scienze Naturali, Trento.

Bagolini B., 1980c – *Introduzione al Neolitico dell'Italia settentrionale.* In: *Introduzione alla ricerca preistorica.* Supplemento del Bollettino della Società naturalisti "Silvia Zenari"3. Pordenone.

Bagolini B., 1990-91 – *Il neolitico varesino nel quadro culturale dell'area padano-alpina centrale.* Sibrium: XXI: 3-8.

Bagolini B., 1990a – *Contacts entre les courants danubiens et méditerranéens en Italie du Nord.* In Volume degli atti: Rubané et Cardial. Liège: 73-81.

Bagolini B., 1990b – *La neolitizzazione del versante meridionale delle Alpi centro-occidentali.* In: Die ersten Bauern, Pfahlbaufunden Europas. Zürich: Schweizerischen Landesmuseum: 211-217.

Bagolini B., Barbacovi F., Bergamo G., Bertoldi L., Mezzana G., Postal L., 1973 – *Pradestel (Trento).* Preistoria alpina, 9: 243-244.

Bagolini B., Barbacovi F., Castelletti L., Lanzinger M., 1975 – *Colbricon (scavi 1973-1974).* Preistoria alpina, 11: 1-35.

Bagolini B., Barbacovi F., Lanzinger M., 1978 - *Colbricon, Passo Rolle (Trento).* Preistoria alpina, 14: 219-220.

Bagolini B., Biagi P., 1977 – *La cultura della ceramica impressa nel Neolitico inferiore della regione padana.* Bullettino di Paletnologia italiana, n. XXIII (1972-74), vol. 81. Roma: 81-112.

Bagolini B., Broglio A., Lunz R., 1983 – *Le Mésolithique des Dolomites.* Preistoria Alpina, 19: 15-36.

Bagolini B., Broglio A., Lunz R., 1984 – *Le mésolithique des Dolomites.* Preistoria Alpina, 19: 15-36.

Bagolini B., Broglio A., 1985 – *Il ruolo delle Alpi nei tempi preistorici (dal Paleolitico al Calcolitico).* In: Studi di Paletnologia in onore di S.M. Puglisi, Università "La Sapienza". Roma: 671-676.

Bagolini B., Dalmeri G., 1987 – *I siti mesolitici del Colbricon – Analisi spaziale e fruizione del territorio.* Preistoria Alpina, 23: 7-188.

Bagolini B., Dalmeri G., 1988 – *I siti mesolitici di Colbricon. Analisi spaziale e fruizione del territorio.* Preistoria Alpina, 23 (1987): 7-188.

Bagolini B., Dalmeri G., Lanzinger M., Pasquali T., 1991 – *Il popolamento mesolitico della Val di Fiemme.* In: Leonardi P. (a cura di) – La Val di Fiemme nel Trentino dalla Preistoria all'alto Medioevo, Manfrini. Rovereto: 23-47.

Bagolini B., Dalmeri G., 1992 – *Colbricon - A vent'anni dalla scoperta.* Preistoria Alpina, 28/1: 285-292.

Bagolini B., Pasquali T., 1984 – *Le Mésolithique dans la Chaîne du Lagorai. – Cima d'Asta.* In Atti della Tavola Rotonda Internazionale: Il popolamento delle Alpi in età mesolitica, Trento (1983). Preistoria Alpina, 19 (1983): 197-200.

Bagolini B., Pedrotti A., 1996 – *Riparo Gaban (loc. Piazzina del Martignano, Trento)* In Broglio A. (a cura di): Paleolitico, Mesolitico e Neolitico dell'Italia nord-orientale, Preistoria e Protostoria. Guide Archeologiche, 4. Forlì: 118-129.

Bailly M., Besse M., Gisclon J.L., Henon, Verot-Bourrely A., 1998 – *Le site d'habitat campaniforme de Derrière-le-Château à Géovreissiat et Montréal-la-Cluse (Ain): premiers résultats.* In Volume degli atti del II Incontro meridionale di Preistoria recente: Production et identité culturelle. Actualité de la recherche. Antibes: 225-239.

Baioni M., Binaghi Leva M.A., Borrello M.A., 2005 – *L'Isolino di Varese. Alcuni dati da recenti interventi.* In Volume degli atti: Wes '04. Wetland Economies and Societies. Zurigo: 209–214.

Baioni M., Poggiani Keller R., 2013 – *L'Età del rame in Lombardia: un breve quadro di sintesi.* In Volume degli atti dell'Incontro di studi - Università di Verona: Cronologia assoluta e relativa dell'età del ame in Italia. Verona: 27-49.

Balista C., 1977 – *Studio sedimentologico preliminare della successione stratigrafica del Riparo Gaban (Trento).* Preistoria Alpina, 13: 31-45.

Balista C., Rauzi G.M., 1983 – *Il deposito mesolitico di "Stufles A". Aspetti paleoambientali.* Preistoria Alpina, 18 (1982): 231-242.

Barfield LH. 1987 – Chalcolithic burial ritual in Northern Italy. Problems of social interpretation. In Volume degli atti del Convegno: Prospettive storico-antropologiche in archeologia preistorica. Quaderni di Dialoghi di Archeologia, 3. Roma: 241-248.

Baroni C., Biagi P., 1997 – *Excavation at the high altitude mesolithic site of Laghetti del Crestoso (Bovegno, Brescia-northern Italy).* Supplemento ai Commentari dell'Ateneo di Brescia. Brescia.

Barker G., 1979 – *The animal bones, site catchment and discussion of the prehistoric economy.* In (Barfield et al., eds.):

Excavations at Monte Covolo, Villanuova sul Clisi, Brescia (1972-'73). Annali del Museo di Gavardo, 13: 41-73.

Barker G., 1986 – *L'archeologia del paesaggio italiano: nuovi orientamenti e recenti esperienze.* Archeologia Medievale, XIII.

Barrière C., 1973-1974 – *Rouffignac. L'archéologie.* Travaux de l'Institut d'Art Préhistorique. Université de Toulouse-Le Mirail, XV: 65-160; XVI: 3-47; XVII: 3-83.

Bartolomei G, Broglio A., Guerreschi A., Peretto C., 1973 – *Introduzione alla ricerca preistorica.* Pordenone.

Bartolomei G., Broglio A., Cattani L., Cremaschi M., Guerreschi A., Peretto C., 1984 – *I giacimenti paleolitici e mesolitici.* In: Aspes A. (a cura di) – Il Veneto nell'antichità. Preistoria e protostoria, vol. I, Verona: 169-199.

Bassetti M., Bersani M., Dalmeri G., Degasperi N., Mottes E., Nicolis F., 2004 – *Montagna e Valle dell'Adige tra preistoria e storia. Primi dati delle recenti indagini dell'Ufficio Beni Archeologici.* In: Archeologia del territorio, Metodi Materiali Prospettive. Medjerda e Adige: due territori a confronto. Labirinti, 73. Trento: 317-365.

Baster I., 1995 – *Studio della deformazione gravitativa di S. Nicolas - S. Pierre.* Progetto CARG, R.A.V.A., Foglio 90 "Aosta". Aosta.

Batovic S., Chapman J.C., 1985 – *The "Neothermal Dalmatia".* In Archaeological Field Survey in Britain and Abroad, Society of Antiquaries Occasional Papers 6. London: 158-195.

Baudais D. 1995 – *Le camp néolithique de Savièse, la Soie.* In: Dans les Alpes à l'aube du métal. Archéologie et bande dessinée. Sion: 91-96.

Baudais D., Brunier C., Curdy P., David-Elbiali M., Faure S., Gallay A., May O., Moinat P., Mottet M., Voruz J.-L. et Winiger A., 1989-90 – *Le Néolithique de la région de Sion (Valais).* Bulletin du Centre Genevois d'Anthropologie, 2: 5-56.

Bazzanella M., 1997 – *Les vases à ouverture carrée en Europe occidentale.* In Volume degli atti del Colloque International de Nemours: La Culture de Cerny. Nouvelle économie, nouvelle société au Néolithique. Nemours: 557-574.

Bazzanella M., Lanzinger M., Moser L., Pedrotti A., 2002 – *I livelli mesolitici de La Vela (Trento). Campagne di scavo 1987-88.* In Atti della XXXIII Riunione Scientifica dell'Istituto Italiano di Preistoria e Protostoria: Preistoria e Protostoria del Trentino Alto Adige/Südtirol. Trento 1997: 219-220.

Beeching A., 1995 – *Nouveau regard sur le Néolithique ancien et moyen du bassin rhodanien.* In Volume degli Atti: Chronologies néolithiques. De 6000 à 2000 avant notre ère dans le bassin rhodanien. Société Préhistorique Rhodanienne. Documents du Département d'Anthropologie de l'Université de Genève. Ambérieu-en-Burgey: 93-111.

Beeching A., 1999 – *Les premières étapes de circulation et de peuplement dans les Alpes françaises au Néolithique. Apport de la céramique.* In: Circulations et identités culturelles alpines à la fin de la Préhistoire. Matériaux pour une étude. Valence: 427-480.

Beeching A., Brochier J.L., 1994 – *Archéologie spatiale en Vallée du Rhône. Espaces parcourus/Territoires exploités. Le groupe néolithique et son territoire.* In: Rapport d'A.T.P. Grands projets en Archéologie métropolitaine. Valence: 74.

Beeching A., Nicod P.-Y., Thiercelin F. et Voruz J.-L., 1997 – *Le Saint-Uze, un style céramique non-chasséen du cinquième millénaire dans le bassin rhodanien.* In Vol. des Actes du Colloque International de Nemours: La Culture de Cerny. Nouvelle économie, nouvelle société au Néolithique. Nemours: 575-592.

Bergamo Decarli G., 1976 – *Le ricerche preistoriche al Riparo Gaban presso Trento.* Natura Alpina, 27.

Berger J., Brochier J., 1998 – *Evolution des paysages et des climats dans la moyenne vallée du Rhône et sa bordure préalpine de 13000 à 5000 BP.* In: Actes du Colloque International Epipaléolithique-Mésolithique: Les derniers chasseurs de l'Europe occidentale. Besançon: 37-58.

Berruti G., Arzarello M., 2012 – *L'analisi tracceologica per la ricostruzione delle attività nella preistoria: l'esempio della Grotta della Ciota Ciara (Borgosesia, VC).* Annali dell'Università di Ferrara, Mus.Sci. Nat., Vol. 8 (2012): 117-124

Berruti G., 2013 – *Studio funzionale delle industrie litiche del Mont Fallère.* Rapporto Tecnico, R.A.V.A., Assessorato Istruzione e Cultura, Soprintendenza per i beni e le attività culturali, Direzione restauro e valorizzazione, Ufficio beni archeologici: pp. 34.

Bertola S., 2001 – *Contributo allo studio del comportamento dei primi gruppi di H. Sapiens diffusi in Europa. Sfruttamento della selce, produzione dei supporti lamellari, confezione delle armature litiche nel sito aurignaziano della Grotta di Fumane nei Monti Lessini (Verona).* Tesi di Dottorato, Consorzio universitario di Bologna, Ferrara, Parma.

Bertola S., 2014 – *Studio petrografico dei manufatti litici di Mont Fallère.* Estratto Rapporto Tecnico, R.A.V.A., Assessorato Istruzione e Cultura, Soprintendenza per i beni e le attività culturali, Direzione restauro e valorizzazione, Ufficio beni archeologici: pp. 20.

Bertola S., Cusinato A., 2005 – Le risorse litiche dell'Altopiano di Folgaria e il loro utilizzo a Riparo Cogola, in Preistoria Alpina, 40 (2004): 107-123

Bertone A., Fedele F., 1991 – *Découvertes récentes dans la Vallée de Susa et le problème des relations avec le Chasséen.* In Volume degli atti Colloque International de Nemours: La Culture de Cerny. Nouvelle économie, nouvelle société au Néolithique. Nemours: 69-79.

Bertone A., Fozzati L., 1998 – *La Preistoria del bacino della Dora Riparia oggi.* Segusium, 36: 11-82.

Besse M., 2007 – *Sociétés néolithiques, des faits archéologiques aux fonctionnements socio-économiques.* In volume degli atti del 27 Colloque Interrégional sur le Néolithique. Neuchâtel.

Biagi P., 1970 – *Segnalazione di un deposito con industria epipaleolitica sull'Altipiano di Cariadeghe (Serle-Brescia).* Natura Bresciana, 7: 65-66.

Biagi P., 1972 – *Il giacimento Sopra Fienile Rossino sull'Altipiano di Cariadeghe (Serle-Brescia).* Natura Bresciana, Brescia 8: 177-197.

Biagi P., 1975 – *Industria mesolitica dal Monte Netto di Poncarale (Brescia).* Natura Bresciana, 12.

Biagi P., 1978 – *La preistoria in terra bresciana*, Brescia.

Biagi P., 1979 – *Mesolitico.* Preistoria nel Bresciano. La cultura materiale. Brescia: 19-26.

Biagi P., 1980 – *Stazioni mesolitiche presso i laghi di Ganna e di Torba in Valganna.* Archeologia e Storia di Badia, S. Gemolo in Valganna, 10.

Biagi P., 1981 – *Introduzione al Mesolitico della Lombardia.* In Volume degli atti del I Convegno Archeologico Regionale. Milano: 55-76.

Biagi P., 1983a – *Segnalazione di industria mesolitica a trapezi dal Riparo 2 di Foppe di Nadro in Valcamonica.* Bollettino del Centro Camuno di Studi Preistorici, 12: 117-119.

Biagi P., 1983b – *Preistoria tra il Sebino e il Montorfano.* Atlante del Sebino e della Franciacorta, Brescia: 50-54.

Biagi P., 1989 – *Paleolitico e Mesolitico nelle valli bresciane e nell'arco alpino lombardo.* In Catalogo della Mostra: Valtellina e Mondo Alpino nella Preistoria. Milano.

Biagi P., 1994 – *Alcuni aspetti del Mesolitico nel Friuli e nel Carso triestino.* In Volume degli atti della XXIX Riunione Scientifica IIPP del Friuli-Venezia Giulia e dell'Istria: 57-62.

Biagi P., 1995 – *Mesolithic exploitation of the higland zone: a case study for the southern Alps.* Preistoria alpina, 28 (1): 367-372.

Biagi P., 1996 – *Grotta dell'Edera (Aurisina, Trieste).* In Paleolitico, Mesolitico e Neolitico dell'Italia nord-orientale. Preistoria e Protostoria. Guide Archeologiche, 4. Forlì: 250-257.

Biagi P., 1997 – *Recenti ricerche sul Mesolitico della Valcamonica (Brescia).* Bollettino del Centro Camuno di Studi Preistorici, 30: 23-40.

Biagi P., 2007 – *Late Mesolithic and Early Neolithic Finds.* In: Excavations in the Riparo Valtenesi Origines (IIPP). Firenze: 135-150.

Biagi P., Barker G.W.W., Cremaschi M., 1983 – *La stazione di Casatico di Marcaria (Mantova) nel quadro paleoambientale e archeologico dell'Olocene antico della Val Padana Centrale.* Studi Archeologici, 2.

Biagi P., Cremaschi M., 1980 – *Fienile Rossino Sopra – Altipiano di Cariadeghe (Serle-Brescia).* Preistoria Alpina, 16: 131.

Biagi P., Maggi R., 1984 – *Aspects of the Mesolithic age in Liguria.* In Atti della Tavola Rotonda Internazionale: Il popolamento delle Alpi in età mesolitica. Preistoria Alpina, 19 (1983): 159-168.

Biagi P., Nisbet R., Scaife R., 1994a – *Man and vegetation in the southern Alps: the Valcamonica-Valtrompia-Valsabbia watershed (northern Italy).* In: Highland Zone Exploitation in Southern Europe. Monografie di Natura Bresciana, 20. Brescia: 133-141.

Biagi P., Nandris J. (Eds.), 1994b – *Higland zone exploitation in Southern Europe.* Atti International Roud Table "Highland zone exploitation in Southern Europe", Brescia, 29 aprile-1 maggio1993. Monografie di Natura Bresciana, 20.

Biagi P., Starnini E., 2015 – *Human settlement and environmental exploitation of Valcamonica-Valtrompia watershed from the beginning of the Holocene to the Middle Ages.* Natura Bresciana, 39: 199-209.

Bianchin Citton E., 2013 – *Aspetti funerari e cultuali dell'età del rame in Emilia e Romagna.* In Catalogo della Mostra: L'età del Rame. La Pianura Padana e le Alpi al tempo di Ötzi. Brescia: 353-374.

Bietti A., 1988-89 – *Modelli di strategia di insediamento e di sussistenza per le società di cacciatori e raccoglitori preistorici.* Origini, 15: 207-227.

Bietti A, 1986 – *Problemi di metodologia nello studio antropologico delle società di cacciatori e raccoglitori preistorici.* Dialoghi di archeologia, terza serie, anno 4,1: 9-26.

Bietti A., 1988/89 – *Modelli di strategia di insediamento e di sussistenza per le società di cacciatori e raccoglitori preistorici in Italia.* Origini, 15: 207-227.

Binder D., 1987 – *Le Néolithique ancien provençal. Typologie et technologie des outillages lithiques.* XXIV supplément à Gallia Préhistoire, CNRS. Paris.

Binder D., 1991 – *Facteur de variabilité des outillages lithiques chasséens dans le Sud-Est de la France.* In Volume des Actes du Colloque International de Nemours: La Culture de Cerny. Nouvelle économie, nouvelle société au Néolithique. Nemours: 261-272.

Binford L., 1983 – *In Pursuit of the past: decoding the archaeological record.* London 1983.

Binford L.R., 1983a – *Willow smoke and dogs' tails: hunter-gatherers settlement systems and archaeological site formation.* In Binford, 1983 (originariamente pubblicato in American Antiquity, 45, 1980).

Binford L.R., 1983c – *In pursuit of the past, Thanes and Hudson, London.* Preistoria dell'uomo. La nuova archeologia (traduzione italiana), Rusconi. Milano, 1990.

Binford L.R., 1983b – *Working at archaeology.* Londra, Accademic Press.

Bintliff J. L., 1985 – *The Boeotia Survey Central Greece.* Archaeological Field Survey in Britain and Abroad, Society of Antiquaries Occasional Papers 6. London: 196-213.

Bintliff J. L., 1991 – *The Roman Countryside in Central Greece: Observations and Theories from the Boeotia Survey (1978-1987).* Archaeological Survey in the Mediterranean Region,

Archaeological Monographs of the British School at Rome, 2. London: 122-132.

Bintliff J., Snodgrass M.A., 1985 – *The Cambridge/Bradford Boeotia Expedition: The First Four Years.* Journal of Field Archaeology, 12, 2: 123-161.

Binzt P., 1992 – *La fin du Paléolithique supérieur et le Mésolithique dans le Alpes du Nord française: paléoenvironnement, peuplements et modes d'exploitation du milieu.* Preistoria Alpina, 28 (2): 255-273.

Binzt P., 1999a – *Peuplements et milieux du Paléolithique final au Mésolithique dans le Alpes du Nord françaises: dynamique et occupations territoriales.* In Volume degli atti: Paese '97. Prehistoric alpine environment, society and economy. Zurigo: 11-24.

Binzt P., 1999b – *Prospection thématique. Mésolithique et néolithisation dans les Alpes du Nord.* Rapport intermédiaire 1999 (1999-2001), Grenoble, Éd. Service régional de l'archéologie de Rhône-Alpes (inédit), 17 p.

Binzt P., Evin J., Pion G., 1991 – *Les datations radiocarbones du Bassin rhodanien de la fin du Paléolithique supérieur au Néolithique ancien.* In Volume degli atti del V *Colloque International sur les Alpes dans l'Antiquité.* Aosta: 39-52.

Bintz P., Picavet R., Evin J., 1995 – *L'évolution culturelle du Mésolithique au Néolithique moyen en Vercors et dans les Alpes du Nord.* In Volume degli atti: Chronologies néolithiques. De 6000 à 2000 avant notre ère dans le bassin rhodanien. Société Préhistorique Rhodanienne. Documents du Département d'Anthropologie de l'Université de Genève. Ambérieu-en-Burgey: 41-53.

Bintz P., Pelletier D., 1999 – *Le Mésolithique des Alpes françaises : bilan des connaissances*, in A. Beeching dir., Circulations et identités culturelles alpines à la fin de la Préhistoire. Matériaux pour une étude, Programme CIRCALP, agence Rhône-Alpes pour les Sciences humaines, Valence, Éd. Centre d'Archéologie préhistorique (Travaux du Centre d'Archéologie de Valence, 2) : 317-330.

Bintz P., Morin A., Picavet R., Argant J., Bressy C., Pelletier D., 2008 – *Les fréquentations humaines de la montagne alpine au début de l'Holocène : l'exemple du Vercors et du Dévoluy*, in H. Richard et D. Garcia dir., Le peuplement de l'arc alpin, Actes du 131e congrès national des sociétés historiques et scientifiques (Grenoble, 2006), Paris, Éd. CTHS, Documents préhistoriques, 2: 51-76.

Boquet A., 1969 – *L'Isère Pré-Protohistorique.* Gallia Préhistoire, t. 12: 121-400.

Boquet A., 1974 – *Les poignards néolithiques de Charavines (Isère) dans le cadre de la Civilisation Saône-Rhône.* Etudes préhistoriques: 7-17.

Bordes F., 1950 – *Principes d'une méthode d'étude des techniques et de la typologie du Paléolithique ancien et moyen.* L'Anthropologie, 54.

Borello M.Q., 1984 – *The Lagozza Culture in Northern and Central Italy.* Bergamo: pp. 185

Boscato P., Broglio A., Cattani L., Perini R., Sala B., 1995 – *Romagnano III.* Preistoria alpina, 28 (2): 275-284.

Broglio A., 1971 – *Risultati preliminari delle ricerche sui complessi epipaleolitici della Valle dell'Adige.* Preistoria Alpina, 7: 135-241.

Broglio A., 1972 – *I più antichi abitatori della Valle dell'Adige.* Preistoria Alpina, 8: 157-176.

Broglio A., 1973a – *L'Epipaléolithique de la Vallée de l'Adige.* L'Anthropologie, 1977: 5-34.

Broglio A., 1973b – *La preistoria della valle padana dalla fine del Paleolitico agli inizi del Neolitico: cronologia, aspetti culturali e trasformazioni economiche.* Rivista di Scienze Preistoriche, 28:143-155.

Broglio A., 1980 – *Culture ed ambienti della fine del Paleolitico e del Mesolitico nell'Italia nord-orientale.* Preistoria Alpina, 16: 7-29

Broglio A., 1994a – *Il Mesolitico.* In: (Aspes A. a cura di), Il Veneto nell'antichità. Vol. 1: Preistoria e protostoria. Banca Popolare di Verona, Verona: 281-311.

Broglio A., 1994b – *Man and environment in the Alpine region (Paleolithic and Mesolithic).* Preistoria alpina, 26: 61-69.

Broglio A., 1995a – *Mountain sites in the context of the north-east Italian Upper Paleolithic and Mesolithic.* Preistoria alpina, 28 (1): 293-310.

Broglio A., 1995b – *Le Mésolithiqe des Dolomites.* Preistoria alpina, 28 (1): 311-316.

Broglio A., 2006 – *Introduzione al Paleolitico.* VI edizione, Roma-Bari: pp. 300

Broglio A., Castelletti L., Frigo G., Martello G., Maspero A., Peresani M., 1993 – *Le site épigravettien de Val Lastari sur l'haut plateau d'Asiago (Préalps de la Vénétie).* Preistoria alpina, 28 (1): 207-225.

Broglio A., Castelletti L., Frigo G., Martello G., Maspero A., Peresani M., 1993 – *Le site épigravettien de Val Lastari sur l'haut plateau d'Asiago (Préalps de la Vénétie).* Preistoria alpina, 28 (1): 207-225.

Broglio A., Corai P., Lunz R., 1983 – *Risultati preliminari delle prospezioni nei siti Mesolitici della val Gardena e degli scavi al Plan de Frea.* Bulletin d'Etudes Prehistoriques Alpines, 15: 19-53.

Broglio A., Improta S., 1995 – *Nuovi dati di cronologia assoluta del Paleolitico Superiore e del Mesolitico del Veneto, del Trentino e del Friuli.* Atti Istituto Veneto SS.LL.AA., 153 (1994-1995): 1-45.

Broglio A., Kozlowski S.K., 1984 – *Tipologia ed evoluzione delle industrie mesolitiche di Romagnano III.* Preistoria alpina, 19: 93-148.

Broglio A., Kozlowski J., 1986 – *Il paleolitico. Uomo, ambiente e cultura.* Jaca Book. Milano.

Broglio A., Lanzinger M., 1985-86 – *Risultati preliminari degli scavi al riparo Soman, presso Ceraino in Val d'Adige*. Annuario storico della Valpolicella: 9-28.

Broglio A., Lanzinger M., 1990 – *Considerazioni sulla distribuzione dei siti tra la fine del Paleolitico superiore e l'inizio del Neolitico nell'Italia nord-orientale*. Natura Bresciana, 13: 53-69.

Broglio A., Lanzinger M., 1996 – *The human population of the southern slopes of the eastern Alps in the Wurm Late Glacial and early Postglacial.* Il Quaternario, 9 (2): 499-508.

Broglio A., Lunz R., 1984 – *Osservazioni preliminari sull'utilizzazione del cristallo di rocca nelle industrie mesolitiche del bacino dell'Adige*. In atti della Tavola Rotonda Internazionale: Il popolamento delle Alpi in età mesolitica. Preistoria Alpina, 19 (1983): 201-208.

Broglio A., Mondini C., Villabruna A., 1992 – *La preistoria nel Bellunese*. In Catalogo della Mostra: Immagini dal tempo. 40.000 anni di storia nella Provincia di Belluno, Cornuda (Treviso): 11-90.

Broglio A., Perini R., 1996 – *Romagnano III (Romagnano, Trento).* In: Paleolitico, Mesolitico e Neolitico dell'Italia nordorientale. Preistoria e Protostoria, Guide Archeologiche, 4. Forlì: 102-117.

Broglio A., Tomasi G., 1972 – *Riparo di Loc di Romagnano (Prov. di Trento).* Rivista di Scienze Preistoriche, XXVI-2 (1971): 450-451.

Broglio A., Tomasi G., 1973 – *Riparo di Loc di Romagnano (Prov. di Trento).* Rivista di Scienze Preistoriche, XXVII-2 (1972): 431.

Brugiapaglia E., 2007 – *Evoluzione altitudinale spazio-temporale degli alberi durante gli ultimi 12.000 anni in Valle d'Aosta (Italia)*. Il Quaternario, 20 (2), 2007: 195-212.

Burga C.A., 1995 – *Végétation et paléoclimatologie de l'Holocene moyen d'une ancienne tourbière située au front du Glacier du Rutor, 2510 m (Vallée d'Aoste – Italie)*. Revue de Géographie alpine, 1: 9-16.

Butzer K., 1982 – *Archaeology as humane ecology, method and theory for a contextual approach*, Cambridge.

Caby R., 1968 – *Contribution à l'étude structurale des Alpes Occidentales: subdivision stratigraphiques et structurales de la Zone du Grand Saint Bernard dans la partie Sud du Val d'Aoste*. Géol. Alpine Grenoble, 44: 95-112.

Cambi F., 2000 – *Ricognizione archeologica*. In: Dizionario di archeologia. Bari: 255.

Cambi F., Terrenato N.,1994 – *Introduzione all'archeologia dei paesaggi,* NIS. Urbino.

Camps G., 1985 – *La preistoria. Alla ricerca del paradiso perduto.* Bompiani, Milano.

Carandini A., 2000 – *Storia della terra. Manuale di scavo archeologico.* III edizione, Torino.

Carazzetti R., Donati P., 1990 – *La stazione neolitica di Castel Grande.* Die ersten Bauren, vol. 1. Zurigo: 361-368.

Castelletti L., 1984 – *Il combustibile legnoso negli insediamenti Mesolitici dell'Italia Settentrionale.* In Atti della Tavola Rotonda Internazionale di Trento: Il popolamento delle Alpi in età mesolitica. Preistoria Alpina, 19 (1983): 235-242.

Castelletti L., D'Errico F., Leoni L. 1983 – Il sito mesolitico di Monte Cornizzolo (Prealpi Lombarde Occidentali). Preistoria Alpina, 19: 213-220.

Cerutti A., Borney P., Ceriano I., 1993 – *Saint Pierre*. Quart (Valle d'Aosta).

Chaix L. 1997 – *La transition Méso-Néolithique: quelques données de l'archéozoologie dans les Alpes du Nord et le Jura.* In Volume degli atti: Le Néolithique danubien et ses marges entre Rhin et Seine. Strasbourg: 191-196.

Chaix L., 1999 – *L'abri des Corréardes à Lus-La Croix-Haute (Drôme) : étude de la faune*. In: Circulations et identités culturelles alpines à la fin de la Préhistoire. Matériaux pour une étude (programme collectif). Valence: 373-380.

Chaix L., Crotti P., Pignat G, 2003 – *Un exemple d'économie en milieu alpin, l'abri de Châble-Croix, près de Vionnaz (Valais, Suisse).* In CAR, 95: Hommage à Alain Gallay, Lausanne: 59-72.

Cherry J., 1983 – *Frogs around the Pond: Perspectives on Current Archaeological Survey in the Mediterranean Region.* In: Archaeological Survey in the Mediterranean Region, BAR Int. Serie 155, Oxford: 375-416

Cherry J.F., Davis J.L., Mantzourani E., 1991 – *Landscape Archaeology As Long-Term History.* Northern Keos in the Cycladic Islands, Los Angeles: 38-54.

Cocchi Genick D., 1993 – *Manuale di preistoria.* Vol. I-II-III. Firenze.

Cocchi Genik D., 2009 – *Preistoria.* Verona: pp. 326

Cocchi Genik D., 2013 – *Cronologia assoluta e relativa dell'Età del Rame in Italia.* Volume degli atti dell'Incontro di studi, Università di Verona. Verona: pp. 326

Comina C., Forno M.G., Gattiglio M., Gianotti F., Raiteri L., Sambuelli L., 2015 - *Geophysical contribution to the geological reconstruction of an archaeological high mountain sector (Plan di Modzon, Aosta Valley, Italy).* It. Journ. Geosci., 134(1), 95-103.

Cornellissen M., Reitmeier T., 2016 – *Filling the gap: Recent Mesolithic discoveries in the central and south-eastern Swiss Alps.* Quaternary International, 423: 9-22.

Cornellissen M., Bassin L., 2016 – *Alpine raw materials and the production and use of scrapers at the Swiss Late Mesolithic site of Arconciel/La Souche.* Preistoria Alpina, 48: 11-19.

Courtin J., 1976 – *La Baume Fontbrégoua (Salernes, Var).* In Volume degli atti del IX U.I.S.P.P. (1976): Sites néolithiques et protohistoriques de la région de Nice. Nizza: 21-29.

Cousseran S., Pecher A., Bintz P., 1997 – *Quartz taillés à inclusion fluides de quelques sites préhistoriques dans les Alpes du Nord.* In Volume degli atti della Tavola Rotonda: Epipaléolithique et Mésolithique. Lausanne: 59-63

Cremaschi M., 1981 – *Le attuali conoscenze sul paleolitico lombardo nel suo contesto paleoambientale.* In Volume degli atti del I Convegno Archeologico Regionale, Milano: 35-53.

Cremaschi M., 2000 – *Manuale di Geoarcheologia.* Laterza, Roma-Bari: pp. 377

Cremaschi M., Peretto C., 1976 – *Il Paleolitico dell'Emilia-Romagna.* In Volume degli atti della XIX Riunione Scientifica dell'Istituto Italiano di Preistoria e Protostoria, Emilia-Romagna 1975: 15-78.

Cristalli e Minerali in Valle d'Aosta, 2004 – *Cristalli e Minerali in Valle d'Aosta, a cura del Gruppo mineralogico valdostano "Les amis di Berrio".* In Catalogo della mostra: Museo Archeologico Regionale. Aosta.

Crotti P., 1993 – *L'Epipaléolithique e le Mésolithique en Suisse: les derniers chasseurs.* SPM I, La Suisse du Paléolithique à l'aube du Moyen-Age, Bâle: 203-240.

Crotti P., 2000 – *Meso '97.* In Volume degli atti della Tavola rotonda: MESO '97 « Epipaléolithique et Mésolithique », 21-23 novembre 1997, Cahier d'archéologie romande, 81. Lausanne 2000: pp 287.

Crotti P., 2002a – *L'abris sous bloc de Château-d'Œx. Un habitat de montagne dans les Préalpes.* In catalogo dell'esposizione: Premiers hommes dans les Alpes, de 50000 à 5000 avant Jésus-Christ. Sion, Lausanne: 159-163.

Crotti P., 2002b – *Mesolithic settlement of the Central Alps end the use of the mountain sector.* Preistoria Alpina, 34: 101-110.

Crotti P., 2002c – *Recherches dans le Simmental des ours et des hommes ...* In catalogo dell'esposizione: Premiers hommes dans les Alpes, de 50000 à 5000 avant Jésus-Christ. Sion, Lausanne: 153-157.

Crotti P., 2002d – *Il popolamento mesolitico delle Alpi Centrali e l'utilizzazione dei settori di montagna.* In atti della XXXIII Riunione Scientifica dell'Istituto Italiano di Preistoria e Protostoria, Vol. 1. Firenze: 173-188.

Crotti P., Bullinger J., 2001 – *Campements mésolithiques d'altitude sur le Jaunpass (Simmental, Canton de Berne, Suisse).* Annuaire de la Société suisse di Préhistoire et d'Archéologie, 84: 119-124.

Crotti P., Pignat G, 1983 – *Abri mésolithique de Collombey-Vionnaz: les premiers acquis.* Annuaire de la Société suisse di Préhistoire et d'Archéologie, 66: 7-16.

Crotti P., Pignat G, 1985 – *Les Mésolithiques de Collombey-Vionnaz.* Bulletin d'études préhistoriques alpines, 17 : 93-107.

Crotti P., Pignat G, 1986 – *Abri mésolithique de Vionnaz.* In catalogo dell'esposizione: Le Vallais avant l'histoire (14000 avant J.-C. - 47 après J.-C.). Sion.

Crotti P., Pignat G, 1988 – *Insertion chronologique du Mésolithique valaisan.* Annuaire de la Société suisse di Préhistoire et d'Archéologie, 71: 71-76.

Crotti P., Pignat G, 1993 – *L'abris sous bloc de Château-d'Œx (VD, Suisse) Présence mésolithique en milieu alpin.* Annuaire de la Société suisse di Préhistoire et d'Archéologie, 76: 141-143.

Crotti P., Pignat G, 1994 – *L'utilisation des étages montagnards durant le Mésolithique dans les Alpes suisse.* Preistoria Alpina, 28: 275-284.

Crotti P., Pignat G, 1995 – *Le Paléolithique et le Mésolithique.* Archéologie suisse, 18.2: 40-46.

Cupillard, C. et Richard, H., 1999 – *Épipaléolithique et Mésolithique en zone de moyenne montagne : l'exemple de la haute vallée du Doubs.* In Bintz P., Thévenin A. (Eds.), L'Europe des derniers chasseurs : Épipaléolithique et Mésolithique. Actes du 5ème Colloque International UISPP, Grenoble, 18-23 settembre 1995, Paris Ed CTHS (Documents préhistoriques 12) : 509-519.

Cupillard C., Perrenoud-Cupillard N., 2000 – *The Mesolithic of the Swiss and French Jura and its margins: 10,150-6000 BP.* In Mesolithic on the move. Oxford: 82-95.

Curdy P., 2002 – *Le vallon de Tanay de Néandertaliens dans le Chablais valaisan.* In: Premiers hommes dans les Alpes, de 50000 à 5000 avant Jésus-Christ. Catalogue de l'exposition, Sion. Editions Payot, Lausanne: 121-125.

Curdy P., Leuzinger C., 1997 – *Zermatt Alp Hermettji: indices d'occupation mésolithique en haute altitude dans les Alpes Pennines.* In Volume della *Table ronde* Epipaléolithique et Mésolithique. Lausanne: 14.

Curdy P., Chaix L, 2009 – *Les premières pasteures du Valais.* Le Globe, 149: 93-116.

Curdy P., Bullinger J., Crotti P., Valsecchi V., Tinner W., 2010 – *Recherches archéologiques dans la région du Simplon et de l'Albrun (Valais et Piémont), du Mésolithique à l'époque romaine.* In volume degli atti della Tavola Rotonda di Gap *(2008)*: Archéologie de la montagne européenne. Paris: 185-195.

Cusinato A., Bassetti M., 2005 – *Popolamento umano e paleoambiente tra la culminazione dell'ultima glaciazione e l'inizio dell'Olocene in area trentina e zone limitrofe.* Studi trentini di Scienze Naturali, Acta Geologica, 82: 29-49

Dalmeri G., Grimaldi S. e Lanzinger M., 2001 – *Il Paleolitico e il Mesolitico.* In: Storia del Trentino - La preistoria e protostoria, vol. 1. Bologna: 15-118.

Dalmeri G., Lanzinger M., 2001 - *The evolution of the environment and human population of the Adige basin at the end of the late Ice Age and in the early Holocene.* Preistoria alpina, 34, 15-18.

Dalmeri G., Lanzinger M., 2002 – *L'evoluzione dell'ambiente e del popolamento umano del bacino dell'Adige alla fine del tardiglaciale e nell'Olocene antico.* In Volume degli Atti della XXXIII Riunione Scientifica dell'Istituto Italiano di Preistoria e Protostoria. Firenze: 25-32.

Dalmeri G., Nicolodi F., 2005 – *Siti e collezioni antropologiche, preistoriche e protostoriche provinciali del Museo Tridentino di Scienze Naturali.* Preistoria Alpina, 40 (2004): 63-82.

Dalmeri G., Pedrotti A., 1995 – *Distribuzione topografica dei siti del Paleolitico superiore finale e Mesolitico in Trentino.* Preistoria alpina, 28 (2): 247-267.

Dal Piaz G. V., 1976 – *Il lembo di ricoprimento del Pillonet. Falda della Dent Blanche nelle Alpi occidentali.* Mem. Ist. Geol. Min. Univ. Padova, 31: 60.

David M., 1986 – *Saint-Léonard, Sur-le-Grand-Pré.* In Catalogo dell'esposizione de Sion: Le Valais avant l'histoire. Sion: 274-280.

Davis B.A.S., Brewer S., Stevenson A.C., Guiot J. & Data Contributors, 2003 – *The temperatures of Europe during the Holocene reconstructed from pollen data.* Quaternary Science Review, 22: 1701-1716.

Della Casa P., 1995 – *Lo strato inferiore di Mesocco – Tec Nev nei Grigioni (Svizzera): considerazioni sul popolamento delle vallate sud-alpine fra Mesolitico e Neolitico.* Preistoria Alpina, 31: 61-89.

Della Casa P., 1997 – *La formazione di un paesaggio archeologico: La Mesolcina.* Archéologie suisse, 20.1: 15-24.

Della Casa P., 2000 – *Le site de Mesocco (Grisons) et la transition méso-néolithique dans les vallées au nord du lacs insubriens.* In CAR 81, Volume degli atti: Meso '97. Epipaléolithique et Mésolithique. Lausanne: 249-258.

Della Casa P., 2002 – *Mesocco, Tec Nev. Un habitat de fond de vallée au sud des Alpes.* In catalogo dell'esposizione: Premiers hommes dans les Alpes, de 50000 à 5000 avant Jésus-Christ. Sion, Lausanne: 179-181.

Della Casa P., 2010 – *Recherche interdisciplinaire en archéologie et écologie humaine dans la vallée centre-alpine de la Lévantine, Tessin (Suisse).* In Volume degli atti della Tavola Rotonda di Gap (2008): Archéologie de la montagne européenne. Paris: 23-32.

Delle Piane L., Gabriele P., 2009 – *Studio geologico e geomorfologico della conca del M. Fallère nei comuni di Sarre e Saint-Pierre.* Nota illustrativa della carta geologica in scala 1:5.000 e realizzazione della carta di sintesi. Rapporto tecnico, R.A.V.A., Assessorato Istruzione e Cultura, Soprintendenza per i beni e le attività culturali, Direzione restauro e valorizzazione, Ufficio beni archeologici: pp. 55.

Des Alpes au Léman, 2006 – *Des Alpes au Léman. Images de la préhistoire.* In (Gallay A., a cura di) catalogo dell'esposizione. Sion-Lausanne-Genève.

Di Maio P., 2006 – *Il sito mesolitico di Cianciavero. Considerazioni sul popolamento delle Alpi Lepontine nell'Olocene antico.* Tesi di Dottorato. Università di Ferrara.

Di Maio P., Guerreschi A., Pini R., Raiteri L., Ravazzi C., 2012 – *Piromani o Colonizzatori? L'Età del Rame in alta quota».* In XIII Colloque sur les Alps dans l'Antiquité: Le travail dans les Alps: explotation des ressources naturelles et activités anthropiques de la Préhistoire an Moyen Age. Volume degli abstract.

Dockall J. E., 1997 - *Wear traces and projectile impact: a review of the experimental and archaeological evidence.* Journal of Field Archaeology, 24(3): 321-331.

Elter G., 1960 – *La Zona Pennidica dell'alta e media Valle d'Aosta e le unità limitrofe.* Mem. Ist. Geol. Min. Univ. Padova, 22: 113.

Elter G., 1971 – *Schistes Lustrés st ophiolites de la Zone piémontaise entre Orco et Doire Baltée (Alpes Graies). Hypothèses sur l'origine des ophiolites.* Géol. Alpine, Grenoble, 47/2: 147-169

Escalon de Fonton M., 1966 – *Du Paléolithique supérieur su Mésolithique dans le Midi Méditerranéen.* Bulletin de la Société Préhistorique Française, LXIII-1: 66-180.

Escalon de Fonton M., 1967 – *Tardenoisien et Castelnovien.* Bulletin de la Société Préhistorique Française, LXIV: 219-224.

Escalon de Fonton M., 1968 – *Préhistoire de la Basse Provence occidentale.* Les Martigues.

Escalon de Fonton M., De Lumley H., 1957 – *Les industries à microlithes géométriques.* Bulletin de la Société Préhistorique Française, 3-4.

Evin J., Bintz P., Monjuvent G., 1994 – *Human Settlement and the last deglaciation in the French Alps.* Radiocarbon, 36, 3: 345-357.

Favre S., Mottet M., 1995 – *Le site du Petit-Chasseur III et le dolmen MXII.* In Gallay A. a cura di): Dans les Alpes à l'aube du métal. Archéologie et bande dessinée. Sion: 113-118.

Fedele F., 1981 – *Il popolamento delle Alpi nel Paleolitico.* Le Scienze.

Fedele F., 1990 – *Madesimo e Campodolcino (So), Località Pian dei Cavalli e Borghetto. Siti paleo-mesolitici e della preistoria recente.* Notiziario della Soprintendenza Archeologica della Lombardia: 49-52.

Fedele F., 1999. *Le ricerche del Pian dei Cavalli nel contesto del popolamento preistorico della Valchiavenna.* In Volume degli Atti del II Convegno Archeologico Provinciale. Grosio. Quaderni del Parco delle Incisioni Rupestri di Grosio, 3: 17-34.

Fedele F., 1999a – *Circulation humaine près du Splügenpass au Préboréal-Boréal et contexte du peuplement alpin.* In Volume degli Atti del V Colloque International UISPP, *Commission* XII, Grenoble: L'Europe des derniers chasseurs. Epipaléolithique et Mésolithique. Paris: 473-482.

Fedele F., 2002. *Pian dei Cavalli, des campements d'altitude au sud du Splügen.* In Catalogo dell'esposizione: Premiers hommes dans les Alpes, de 50000 à 5000 avant Jésus-Christ. Sion, Lausanne: 182-185.

Fedele F., Buzzetti M., Campajola L., Cascini A., De Matteis F., Gialanella P.R., Godio A., Incoronato A., Ranieri G., Romano M., Sambuelli L., Terrasi F., Wick L., 1991 – *Prei-*

storia e paleoambienti della Valchiavenna: Pian dei Cavalli 1991. Clavenna, XXX. Chiavenna: 9-122.

Fedele F., Buzzetti M., Campajola L., Mottura A., Rochi V., Romoli M., Terrasi F., Wick L., 1992 – *Preistoria e paleoambienti della Valchiavenna: ricerche 1992.* Clavenna, XXXI. Chiavenna: 35-112.

Fedele F., Wick L., 1996 – *Glacial/Postglacial transition South of Spülgen Pass: environment and human activity.* Il Quaternario. Italian Journal of Quaternary Sciences, 9 (2): 541-550.

Finsinger W., Tinner W., van der Knaap W.O., Ammann B., 2006 – *The expansion of hazel (Corylus avellana L.) in the southern Alps; a key for understanding its early Holocene history in Europe?.* Quaternary Science Reviews, 25: 612-631.

Fischer A., Vemming Hansen P., Rasmussen P., 1984 – *Macro e Microwear Traces on Lithic Projectile Points. Experimental results and prehistoric examples,* Journal of Danisch Archaeological, 3: 19-46.

Flannery K., 1976 – *The Early Mesoamerican Village.* New York.

Flor E., Fontana F., Peresani M., 2011 – *Contribution to the study of Sauveterrian technical systems. Technological analysis of the lithic industry from layers AF-AC1 of Romagnano Loc III rockshelter (Trento).* Preistoria Alpina, 45: 193-219.

Fontana F., 1997 – *Il popolamento delle aree montane nell'Olocene antico: analisi delle strutture e delle industrie litiche dei livelli sauveterriani del sito di Mondeval de Sora (Dolomiti Bellunesi).* Tesi di Dottorato in Scienze Antropologiche, Consorzio Universitario di Bologna, Parma e Ferrara.

Fontana F., 2011 – *De saison en saison : réévaluation du statut fonctionnel des habitats sauveterriens du secteur nord oriental de la péninsule italienne et implications sur la mobilité des groupes humains.* In Bon F., Costamagno S., Valdeyron N., (Eds.) «Haltes de chasse en préhistoire : quelles réalités archéologiques ?», Actes du Colloque International, 13-15 Mai 2009, Université de Toulouse II Le Mirail, Laboratoire Travaux et Recherches Archéologiques sur les Cultures, les Espaces et les Sociétés, Palethnologie 3, http://www.palethnologie.org

Fontana F., Govoni L., Guerreschi A., Padoanello S., Siviero A., Thun Hohenstein U., Ziggiotti S., 2009 – *L'occupazione sauveterriana di Mondeval de Sora 1, settore I (San Vito di Cadore, Belluno) in bilico tra accampamento residenziale e campo da caccia.* Preistoria Alpina, 44: 207-226.

Fontana F., Guerreschi A., 1998 – *The Mesolithic mountain camp-site of Mondeval de Sora (Italian Dolomites).* In: Atti del XIII Congresso U.I.S.P.P., Forlì 1996, vol. 3: 55-62.

Fontana F., Guerreschi A., Vullo V., 2000 – *Le site mésolithique de l'Alpe Veglia (Alpi Lepontine, Italia): analyse techno-typologique et spatiale.* In Volume degli atti della Tavola rotonda: MESO '97 « Epipaléolithique et Mésolithique », 21-23 novembre 1997, Cahier d'archéologie romande, 81. Lausanne 2000: 259-265.

Fontana F., Guerreschi A., Peresani M., 2011 – *The visible landscape. Inferring Mesolithic settlement dynamics from multifaceted evidence in the south-eastern Alps.* In Van Leusen, Pizziolo, Sarti (Eds.) "Hidden landscapes of Mediterranean Europe. Cultural and methodological biases in pre- and protohistoric landscape studies", Proceeding of the International Conference, Siena, 25-27 May 2007, BAR International Series, 2320, BAR Publishing: 71-81.

Fontana F., Medesi F., Guerzoni E, 1997 – *Aspetti tecno-tipologici della lavorazione del cristallo di rocca presso il sito 1 di Alpe Veglia.* In Volume degli atti: L'Olocene antico nelle Alpi occidentali. Domodossola.

Fontana F., Pasi E., 2002 – *Risultati delle ultime prospezioni nell'area di Mondeval de Sora (San Vito di Cadore, Belluno).* Quaderni di Archeologia del Veneto, XVIII: 21-30.

Fontana F., Vullo N., 2000 – *Organisation et fonction d'un camp de base saisonnier au coeur des Dolomites: le gisement mésolithique de Mondeval de Sora (Belluno, Italie).* In Atti del Colloquio internazionale: Les derniers chasseurs de l'Europe occidentale (13 000 – 5 500 av. J.-C.). Besançon 1998: 197-202.

Forno M.G., Comina C., Gattiglio M., Gianotti F., Lo Russso S., Raiteri L., Sambuelli L., Taddia G., 2016 - *Preservation of Quaternary sediments in DSGSD environments: the Mont Fallère case study (Aosta Valley, NW Italy).* Alp. Med. Quatern., 29(2), 1-11.

Forno M.G., Gattiglio M., Gianotti F, 2012a – *Geological context of the Becca France historical landslide (Aosta Valley, NW Italy).* Alpine and Mediterranean Quaternary, 25, n. 2: 125-139.

Forno M.G., Gattiglio M., Gianotti F., Raiteri L., Guerreschi A., 2012b – *Geological and archaelogical evidence in the Becca France ridge (Valle d'Aosta, NW Italy).* In Volume degli abstract del Congresso AIQUA: The transition from natural-dominated to anthropogenic-dominated environmental change in Italy and the surroundings regions since the Neolithic. Pisa: 38.

Forno M.G., Gattiglio M., Gianotti F., Guerreschi A., Raiteri L., 2013 – *Deep-seated gravitational slope deformetions as possible suitable locations for prehistoric human settlements: An example from the Italian Western Alps.* Quaternary International, 303 : 180-190.

Forno M.G., Gattiglio M., Gianotti F., Guerreschi A., Raiteri L., 2014 – *La percezione del paesaggio di alta montagna da parte dell'uomo preistorico: l'esempio dell'area di Plan di Modzon nella Conca del Fallère (Valle d'Aosta, Italia nordoccidentale).* In Atti del Convegno "Dialogo intorno al paesaggio. Percezione, interpretazione, rappresentazione". Cultura, territori e linguaggi, n. 4, Vol. II: 233-245.

Forno M.G., Gianotti F., Paganone M., 2004 – *La grande frana storica della Becca France (Valle d'Aosta, Italia): un esempio significativo di accumulo di frana a cordoni paralleli.* In Atti del Convegno AIQUA e CNR: La Geologia del Quaternario in Italia: temi emergenti e zone d'ombra. Roma: 114-115.

Franco C., 2011 – *La fine del Mesolitico in Italia. Identità culturale e distribuzione territoriale degli ultimi cacciatori-raccoglitori*. Società per la Preistoria e Protostoria della Regione Friuli-Venezia Giulia, Quaderno 13, Trieste.

Francovich R., Pellicanò A., Pasquinucci M., 2001 – *La Carta Archeologica. Fra ricerca e pianificazione territoriale*. In Volume degli Atti del seminario di Studi organizzato dalla Regione Toscana. Firenze.

Francovich R., Valenti M., 2006 – Atti del IV congresso nazionale di archeologia medievale, Siena: 8-21.

Gabriele P., 1995 – *Studio geologico della Conca del Monte Fallère e del versante sinistro del Vallone di Vertosan (Alta Valle d'Aosta)*. Tesi di Laurea, Università di Torino: pp. 159.

Gabriele P., Baster I., 2008 – *Studio geologico e geomorfologico dell'area circostante il sito mesolitico del Mont Fallère*. Nota illustrativa della carta geologica in scala 1:5.000. Rapporto tecnico, R.A.V.A., Assessorato Istruzione e Cultura, Soprintendenza per i beni e le attività culturali, Direzione restauro e valorizzazione, Ufficio beni archeologici: pp. 23.

Gabriele P., Baster I., 2010 – *Analisi geologica infra-site. Sito MF1 – Mont Fallère (campagna di scavi 2009)*. Rapporto tecnico, R.A.V.A., Assessorato Istruzione e Cultura, Soprintendenza per i beni e le attività culturali, Direzione restauro e valorizzazione, Ufficio beni archeologici: pp. 11.

Gaffney V. L., Bintliff J., Slapsak B. 1991 – *Site Formation Processes and the Hvar Survey Project, Yugoslavia*. In: Interpreting Artefact Scatters. Contributions to Plough-zone Archaeology. Oxbow Monographs 4. Oxford: 59-77.

Gallay A., 1977 – *Le Néolithique moyen du Jura et des plaines de la Saône. Contribution à l'étude des relations Chassey-Cortaillod-Michelsberg*. Frauenfeld Verlag Huber, Antiqua, 6: pp. 344.

Gallay A., 1986 – *Sion, Petit-Chasseur*. In Catalogo della Mostra: Le Valais avant l'histoire. Sion: 232-243.

Gallay A., 1990 – *Historique des recherches entreprises sur la nécropole mégalithique du Petit-Chasseur à Sion (Valais, Suisse)*. In: Autour de Jean Arnal, recherches sur les Premières Communautés Paysannes en Méditerranée Occidentale. Montpellier: 335-357.

Gallay A., 2011 – *Autour du petit-chasseur. L'archéologie au source du Rhône, 1941-2100*. Paris: pp. 126.

Gallay A., Carazetti R., Brunier C., 1983 – *Le Néolithique ancien de Sion-Planta (Valais, Suisse)*. Vallesia: 1-34.

Gambari F., 1994 – *Varzo, loc. Alpe Veglia. Scavi in insediamenti stagionali del Mesolitico e dell'età dei metalli (tav. CVII,A)*. QUADERNI della Soprintendenza Archeologica del Piemonte, 12, Torino.

Gambari F., Ghiretti A., Guerreschi A., 1991 – *Il sito mesolitico di Cianciàvero nel parco Naturale di Alpe Veglia (Alpi Lepontine, Val d'Ossola, Novara)*. Preistoria Alpina, 25: 47-52.

Gambari F.M., Venturino-Gambari M., D'Errico F., 1992 – *Alba e la neolitizzazione del Piemonte*. Bullettino di Paletnologia italiana, 83: 31-142.

Gassiot E., Pélachs A., Bal M.-C., Garcia V, Julià R, Pérez R., Rodriguez D., Astrou A.-C., 2010 – *Dynamiques des activités anthropiques sur un milieu montagnard dans les Pyrénées occidentales catalanes Durant la Préhistoire: une approche multidisciplinaire*. In Volume degli atti della Tavola Rotonda Internazionale di Gap (2008): Archéologie de la montagne européenne. Paris: 33-43.

Geneste J.M., Plisson H. – 1990 – *Technologie fonctionnelle des pointes à cran solutréennes: l'apport des nouvelles données de la grotte de Combe Saunière (Dordogne)*. Feuilles de pierre: les industries à pointes foliacées du Paléolithique supérieur européen, 42: 293-320.

Ghiretti A., Guerreschi A., 1990 – *Il Mesolitico nelle Valli di Taro e Ceno (Parma)*. Preistoria Alpina, 24: 69-102.

Ghiretti A., Guerreschi A., 1992 – *Alpe Veglia (Varzo e Trasquera, Prov. di Novara)*. Notiziario - Rivista di Scienze Preistoriche, XLII (1989-1990): 349.

Giardino M., 2006 – *Le tracce del glacialismo pleistocenico, in Valle d'Aosta: figlia dei ghiacci*. Quart (AO): 25-31.

Giardino M., Guida G., Occhini G., 2011 – La prima metallurgia dell'Italia tirrenica e lo sviluppo tecnologico delle *facies* di Rinaldone: evidenze archeologiche e sperimentazione. In Volume degli atti dell' I.I.P.P. XLIII. Firenze: 169-174

Ginestet J.P., 1984 – *L'abrie sous roche de la Vieille Eglise - La Balme de Thuy (Haute Savoie)* – Premiers résultats. Bulletin de la Société Préhistorique Francaise, 81: 320-342.

Gouffon Y., 1993 – *Géologie de la «nappe» du Grand St-Bernard entre la Doire Baltée et la frontière suisse (Vallée d'Aoste - Italie)*. Mém. Géol. (Lausanne), 12: 147

Govi M., 1966 – Contributo alla conoscenza della zona mesozoica di Avise (Alta Valle d'Aosta). Boll. Soc. Geol. It., 85: 705-719.

Graziosi P., 1975 – *Nuove manifestazioni d'arte mesolitica e neolitica nel riparo Gaban presso Trento*. Rivista di Scienze Preistoriche, XXX: 237-278.

Grimaldi S., 2006 – *Un tentativo di definire un modello di territorio e mobilità per i cacciatori raccoglitori sauveterriani dell'Italia nord-orientale*. Preistoria Alpina, 41: 73-88.

Grimaldi S., Flor E., 2009 – *From the mountain to the sea: an ethnographic perspective for the Early Mesolithic settlement dynamics in north-eastern Italy*. In Mesolithic Horizons, edito da: S. McCartan, R. Shulting, G. Warren e P. Woodman. Seventh International Conference on the Mesolithic in Europe, Belfast 2005: 754-760.

Grimm E., 1992 – Tilia 1.11 and Tilia Graph 1.17. Springfield: Illinois State Museum, Research and Collection Center.

Grimm E., 2004 – TGView, version 2.0.2. Springfield: Illinois State Museum, Research and Collection Center.

Guerreschi A., 1984 – *Tendenze evolutive in senso mesolitico dell'Epigravettiano italico finale dell'Italia nord-orientale.* In Atti della Tavola Rotonda Internazionale: Il popolamento delle Alpi in età mesolitica, VIII-V millennio a.C. Trento. Preistoria Alpina, 19: 209-212.

Guerreschi A., 1985 – *Testimonianze del Paleolitico superiore nel territorio di S. Lazzaro di Savena.* In (Lenzi F., Nenzioni G. e Peretto C., a cura di): *Materiali e documenti per un museo della preistoria. S. Lazzaro di Savena e il suo territorio.* Bologna: 185-187.

Guerreschi A., 1987 – *Hypothèse concernant la continuité culturelle entre populations du Tardiglaciaire wurmien et de l'Holocène antique en Italie.* In Kozlowsky J.K., Kozlowsky S.K. (Eds.): 55-61

Guerreschi A., 1990 – *La scoperta di Mondeval de Sora ed alcune considerazioni sul Mesolitico di alta quota nelle Dolomiti.* In: Le Dolomiti. Un patrimonio da tutelare e amministrare. Agordo: 69-73.

Guerreschi A., 1992a – *Il sito mesolitico di Mondeval de Sora.* In Catalogo della Mostra: Immagini dal tempo. 40.000 anni di storia nella Provincia di Belluno. Cornuda (Treviso): 91-102.

Guerreschi A., 1992b – *La fine del Pleistocene e gli inizi dell'Olocene.* In: Italia preistorica: 198-237.

Guerreschi A., 1996a – *Il sito preistorico del Riparo di Biarzo (Valle del Natisone, Friuli).* Museo Friuliano di Storia Naturale. Udine: 133-135.

Guerreschi A., 1996b – *Museo della Val Fiorentina (Selva di Cadore, Belluno).* In: Paleolitico, Mesolitico e Neolitico dell'Italia nord-orientale. Preistoria e Protostoria. Guide Archeologiche, 4. Forlì: 198-205.

Guerreschi A., 1998a – *Il Mesolitico nell'Italia nord-orientale.* In Catalogo della Mostra: Settemila anni fa, il primo pane. Ambiente e culture delle società neolitiche. Udine: 78-85.

Guerreschi A., 1998b – *Il sito di Mondeval de Sora.* In Catalogo della Mostra: Settemila anni fa, il primo pane. Ambiente e culture delle società neolitiche. Udine: 86-90.

Guerreschi A., 2002a – *Une sépulture Mésolithique exceptionnelle à 2140 mètres d'altitude.* In Catalogo della Mostra: Premiers hommes dans les Alpes, de 50000 à 5000 avant Jésus-Christ. Sion, Lausanne: 107

Guerreschi A., 2002b – *Mondeval de Sora: occupation mésolithique dans les Dolomites.* In Catalogo della Mostra: Premiers hommes dans les Alpes, de 50000 à 5000 avant Jésus-Christ. Sion, Lausanne: 114-115.

Guerreschi A., 2002c – *Alpe Veglia, des chasseurs mésolithiques près du Simplon.* In Catalogo dell'esposizione: Premiers hommes dans les Alpes, de 50000 à 5000 avant Jésus-Christ. Sion, Lausanne: 174-177.

Guerreschi A., Fontana F., Petrucci G., 1994 – *Mondeval de Sora: un sito d'altura nelle Dolomiti.* Rivista del C.A.I., 1994: 63-66

Guerreschi A., Gerhardinger M.E., 1988 – *Un sito del Mesolitico a Mondeval de Sora.* Archivio per l'Alto Adige, 1988: 251-253

Guerreschi A., Giacobini G., 1998a – *Il Paleolitico e il Mesolitico nel Piemonte.* Archeologia in Piemonte. Vol. I. La Preistoria. Torino: 87-100.

Guerreschi A., Giacobini G., 1998b – *Il Paleolitico ed il Mesolitico nel Piemonte.* In Atti della XXXII Riunione Scientifica dell'I.I.P.P.: Preistoria e Protostoria del Piemonte. Alba 1995: 17-31.

Guerreschi A., Ghiretti A., Gambari F., 1992 – *Archeologia dell'Alpe Veglia.* Le Rive 4/5: 33-46.

Guerreschi A., Sala B., 1976 – *Reperti litici e faunistici dell'Olocene antico al Covolo B di Lonedo (Vicenza).* Annali dell'Università di Ferrara, XV, II: 323-329.

Guerreschi A., Raiteri L., Di Maio P., Ravazzi C., Pini R., Gabriele P., Baster I. 2010 - *A new high-altitude Mesolithic site on Mont Fallére (Aosta, Northern Italy). First results on archaeology, environmental and landscape evolution.* Volume degli atti del Convegno MESO "The 8th International Conference on the Mesolithic in Europe", 13-17 settembre 2010, Santander (Spagna).

Guerreschi A., Vullo N., Fontana F., 1997a – *Le site mésolithique de l'Alpe Veglia (Alpi Lepontine, Italia): analyse techno-typologique et spatiale.* In CAR 81, Volume degli Atti: Meso '97. Epipaléolithique et Mésolithique. Lausanne: 259-265.

Guerreschi A., Vullo N., 1997b – *Modalità insediative nel sito 1 di Alpe Veglia.* In Volume degli atti: L'Olocene antico nelle Alpi occidentali. Domodossola.

Guerreschi G., 1976-77 – *La stratigrafia dell'Isolino di Varese dedotta dall'analisi della ceramica (scavi Bertonone 1955-59).* Sibrium, XIII: 29-528.

Guerreschi G., 1977 – *Il più antico orizzonte ceramico all'Isolino di Varese.* Preistoria Alpina, 13: 192-201.

Guida, Contesti e Temi. MAR (Museo archeologico regionale) Valle d'Aosta, 2014 – Musumeci Editore. Quart (Valle d'Aosta).

Guidi A., 2005 – *I metodi della ricerca archeologica.* Edizione Laterza. Roma-Bari: pp. 186

Guidi A., Piperno M., 1992. *Italia Preistorica.* Editori Laterza.

Guilaine J., Besse M., Lemercier O., Salanova L., Strahm C., Vander Linden M., 2004 – *Avant-propos: les Campaniformes aujourd'hui.* Bulletin de la Société préhistorique française: 197-200.

Hansson L., 1983 – *Bird numbers across edges between mature conifer forest and clearcuts in Central Sweden.* Ornis Scandinavica, 14: 97-103.

Heyd V., 2013 – *L'Europa nell'età del Rame: la "calcolitizzazione" di un continente.* In Catalogo della Mostra: L'età del Rame. La Pianura Padana e le Alpi al tempo di Ötzi. Brescia: 23-38.

Honegger M., Simon C., 1991 – *L'occupation néolithique et la fosse à incinération du Bronze final de Saint-Gervais (Genève).* Archéologie Suisse, 14-2. Ginevra: 172-180.

Honegger M., 1995 – *Barmaz I, Collombey-Muraz.* In (Gallay A. a cura di) Dans les Alpes à l'aube du métal. Archéologie et bande dessinée. Sion: 85-90.

Ingold T., 2001 – *Ecologia della cultura*, Milano.

Inizan M.L., Reduron M., Roche H. e Tixier J., 1995 – *Préhistoire de la pierre taillée. 4. Technologie de la pierre taillée.* C.R.E.P. Meudon.

Jagher R., 2002 – *Le site d'AltWasser-Hohle 1. La chasse au bouquetin dans le massif du Santis.* In Catalogo della Mostra: Premiers hommes dans les Alpes, de 50000 à 5000 avant Jésus-Christ. Sion, Lausanne: 149-151.

Jalut G., 2005 – *Le climat, la végétation et l'homme en Méditerranée à l'Holocène.* In (Guilaine J., a cura di): Populations néolithiques et environnements. Paris: 215-240.

Kincaid H., 2004 – *Le spiegazioni funzionali nelle scienze sociali.* In (Campaner R., a cura di): La spiegazione nelle scienze umane. Roma: 113-126.

Kintigh K. W., 1988 – *The Effectiveness of Subsurface Testing: a Simulation Approach.* American Antiquity, 53: 686-707.

Kozlowski S.K., 1973 – *The Mesolithic in Europe*, Warszawa.

Kozlowski S.K., Kozlowski J.K., 1979 – *Upper Palaeolithic and Mesolithic in Europe. Taxonmy and palaeohistory.* Prace Komisji Archeologocznej, 18.

Kozlowski S.K., Tozzi C., Cremaschi M., Dini M., 2003 – *L'industria di Isola Santa in Toscana e la sua posizione nel Sauveterriano italiano.* Rivista di Scienze Preistoriche, LIII: 193-240.

Lanzinger M., 1985 – *Ricerche nei siti mesolitici della cresta di Siusi (auf der Schneide, siti XV e XVI dell'Alpe di Siusi) nelle Dolomiti. Considerazioni sul significato funzionale espresso dalle industrie mesolitiche della Regione.* Preistoria Alpina, 21: 33-48.

Lanzinger M., 1987a – *Il popolamento del versante meridionale delle Alpi orientali fra Paleolitico superiore e Mesolitico.* Tesi di Dottorato di Ricerca in Paleoantropologia, Firenze.

Lanzinger M., 1987b – *Modificazione dei prodotti della scheggiatura tra Mesolitico e Neolitico antico: l'esempio del bacino dell'Adige.* In Atti della XXVI Riunione Scientifica dell'I.I.P.P.: Il neolitico in Italia. Firenze, vol. 1: 157-169.

Lanzinger M., 1991 – *Popolamento e strategie di caccia nella preistoria delle Dolomiti Ladine.* Mondo Ladino, 15/1991, 3/4: 273-307.

Lanzinger M., 1996 – *Sistemi di insediamento mesolitici come adattamento agli ambienti montani alpini.* In Volume degli atti: XIII International Congress of Prehistoric and Protohistoric Sciences, colloquio, 7 The Mesolithic: 125-140.

Laplace G., 1964 – *Essai de typologie systématique.* Annali dell'Università di Ferrara, sez. XV, suppl. II, vol. I.

Laplace G., 1966 – *Recherche sur l'origine et l'évolution des complexes leptolithique.* Ecole Française de Rome, Mélanges d'archéologie et d'histoire, Suppléments 4. Paris

Laplace G., 1968 – *Recherches de typologie analytique.* Origini. Preistoria e protostoria delle civiltà antiche, 2: 7-64.

Leonardi P., 1963 – *Il Paleolitico nel versante meridionale delle Alpi.* Rendiconti della Società di Cultura Preistorica Tridentina, 1: 62-85.

Leroi-Gourhan A., 1991 – *Dizionario di preistoria. Volume I. Culture, vita quotidiana, metodologie.* Einaudi, Torino.

Les derniers chasseurs-cueilleurs d'Europe occidentale (13000 – 5000 av. J.C.). Actes du Colloque International de Besançon (Doubs, France), 23-25 octobre 1998. Presses Universitaires Franc-Comtoises, Besançon 2000.

Leuzinger U., 2002 – *Zermatt, Alp Hermerttji. Une halte de chasse au pied du Cervin.* In catalogo dell'esposizione: Premiers hommes dans les Alpes, de 50000 à 5000 avant Jésus-Christ. Sion, Lausanne: 171-173.

Leuzinger C, Leuzinger U., 2002 – *Wildkirchli, Wildenmannlisloch e Drachenloch. A la recherche du «Paléolithique alpin ».* In Catalogue dell'esposizione: Premiers hommes dans les Alpes, de 50000 à 5000 avant Jésus-Christ. Sion, Lausanne: 121-125.

Leuzinger C, Leuzinger U., 2002 – *Einsiedeln, Langruti. Un campement magdalénien a 900 m d'altitude.* In catalogo dell'esposizione: Premiers hommes dans les Alpes, de 50000 à 5000 avant Jésus-Christ. Sion, Lausanne: 145-147.

Lloyd J.A., Owens E.J.- Roy J., 1985 – *The Megalopolis Survey in Arcadia.* In: Archaeological Field Survey in Britain and Abroad, Society of Antiquaries Occasional Papers 6, London:217-224.

Lombard M. 2005 - *A method for identifying stone age hunting.* The South African Archaeological Bulletin 60: 115–120.

Lopez-Garcia P., Lopez-Saez JA, 1998 – *Le paysage et la phase Epipaléolithique-Mésolithique dans les pré-Pyrénées aragonaises et le bassin moyen de l'Ebre a partir de l'analyse palynologique.* In Actes du Colloque International Epipaléolithique-Mésolithique : Les derniers chasseurs de l'Europe occidentale. Besançon: 59-69.

Lunz R., 1976 – *Reiterjoch - Passo di Pampeago.* Notiziario – Preistoria Alpina, 16: 229.

Lunz R., 1986 – *Vor- und Frühgeschichte Südtirols.* Band I Steinzeit, Bruneck.

Lunz R., 1994 – *Col Sella.* Preistoria Alpina, 28/2 (1992).

Maggi R., 1994 – *Archeologia del territorio delle statue-stele: ambiente, risorse, popolamento durante l'Olocene.* In Catalogo della Mostra: Antenati di Pietra. Statue stele della Lunigiana e archeologia del territorio. Genova: 13-28.

Maggi R., Chella P., 1999 – *Chronologie par le radiocarbone du Néolithique des Arene Candide (fouilles Bernabo Brea).* In Volume degli atti: Le Néolithique du nord-ouest méditerranéen. Paris: 99-110.

Magny M, Marguet A., Richoz I., Schoellammer P., 1998 – *Variations du niveau des lacs et oscillations du climat dans le*

Jura et sur le Plateau suisse. In Actes du Colloque International Epipaléolithique-Mésolithique : Les derniers chasseurs de l'Europe occidentale, Besançon 1998: 19-28.

Marchesi L., 2007 – *Nuova vita attorno alla cava. Evidenze di un marcato "effetto ecotono" tra i margini di un'attività estrattiva ed i boschi circostanti in Val di Non*. Natura Alpina. Trento: 41-47.

Marguet A., 1995 – *Le Néolithique des lacs alpins français*. In Volume degli atti: Chronologies néolithiques. De 6000 à 2000 avant notre ère dans le bassin rhodanien. Société Préhistorique Rhodanienne. Documents du Département d'Anthropologie de l'Université de Genève. Ambérieu-en-Burgey: 167-196.

Martini F., 2001 – *Paleolitico Superiore e Mesolitico*. In: Atti della XXXIV Riunione Scientifica dell'Istituto Italiano di Preistoria e Protostoria, Firenze 1999: 41-56.

Martini F., 2008 – *Archeologia del Paleolitico. Storie e culture dei popoli cacciatori-raccoglitori*. I edizione. Roma: pp. 232.

Martini F., Baglioni L., Magri F., Mazzucco N., Poggiani Keller R., 2016a – *Mesolithic frequentation at Cividate Camuno - Via Palazzo (Brescia - Italy)*. Preistoria Alpina, 48: 93-101.

Martini F., Lo Vetro D., Timpanelli L., Magri F., Poggiani Keller R., 2016b – *Mesolithic findings from the area of the engraved boulders at Cemmo (Lombardia, Italia)*. Preistoria Alpina, 48: 89-92.

Mangerud J., 1982 – *The chronostratigraphical Subdivision of the Holocene in Norden*. Striae, 16, 65-70.

Mannoni T., 1970 – *Sui metodi dello scavo archeologico nella Liguria montana (applicazione di geopedologia e geomorfologia)*. Bollettino ligustico, vol. 22, 1/2: 49-64.

Menzies J., 2002 – *Modern & past glacial environments*. Butterworth-Heinemann ed.: 543.

Mezzena F., 1997 – *La Valle d'Aosta nel Neolitico e nell'Eneolitico*. In: La Valle d'Aosta nel quadro della preistoria e protostoria dell'arco alpino centro-occidentale. In Volume degli atti della XXXI Riunione Scientifica dell'I.I.P.P. Courmayeur: 17-133.

Mezzena F., Perrini L., 1999 – *Prima segnalazione di presenze mesolitiche in Valle d'Aosta. L'industria litica in quarzo del Monte Fallère*. Rassegna di Archeologia, 16. Firenze : 85-95.

Mezzena F., Perrini L., 2002 – *Mont Fallère. Des trouvailles mésolithiques au Val d'Aoste*. In catalogo dell'esposizione: Premiers hommes dans les Alpes, de 50000 à 5000 avant Jésus-Christ. Sion, Lausanne: 187-188.

Moinat P., 1994-1995 – *Les rites funéraires au Néolithique moyen dans le bassin lémanique et la haute vallée du Rhône*. In Volume degli atti del VII Colloque sur les Alpes dans l'Antiquité, Châtillon, Vallée d'Aoste - Aspects culturels et religieux. Témoignages et évolution de la Préhistoire à l'an mil (Bulletin d'Etudes préhistoriques et archéologiques alpines, V-VI): 39-52.

Moinat P., 1998 – *Les cistes de type Chamblandes. Rites funéraires en Suisse occidentale*. In Séminaire du Collège de France: Sépultures d'Occident et genèses des mégalithismes (9000-3500 avant notre ère). Paris: 129-143.

Moinat P., Gallay A., 1998 – *Les tombes de type Chamblandes et l'origine du mégalithisme alpin*. Archéologie suisse, 21-1: 2-12.

Moinat P., Chambon P., 2007 – *Les cistes de Chamblandes et la place des coffres dans les pratiques funéraires du Néolithique moyen occidental*. In atti del Colloquio di Losanna. Cahiers d'archéologie romande, 110. Losanna e Parigi.

Müller K., 1995 – *Le site de Sion-Tourbillon (VS): nouvelles données sur le Néolithique ancien valaisan*. Archéologie Suisse.

Nielsen E.H., 2009 – *Paläolithikum und Mesolithikum in der Zentralschweiz. Mesch und Umwelt zwischen 17'000 und 5500 vor Christus. Luzern*. Ed. Kantonsarchäologie (Archäologische Schriften Luzern 13), 720 p.

Odell, G.H., 1981 – *The mechanism of use-breakage of stone tools: some testable hypothesis*. Journal of field archaeology, 8: 197-209.

Oeggl K., Wahlmuller N, 1992 – *Vegetation and climate History of a High Alpine Camp Site in the Eastern Alps*. Preistoria Alpina, 28: 71-82.

Oeggl K., Festi D., 2012 – *The onset of alpine pastoral systems in the eastern Alps*. IPC/IOPC, Session 31, Tokyo.

Orombelli G., Ravazzi C., 1996 – *The Late Glacial and Early Holocene: chronology and paleoclimate*. Il Quaternario, Italian Journal of Quaternary Science, 9(2): 439-444.

Pedrotti A., 1990 – *L'insediamento di Kanzianiberg: rapporti culturali fra Carinzia ed Italia settentrionale durante il Neolitico*. In Volume degli atti: The neolithisation of the alpine region. International Round Table (Monografie di 'Natura Bresciana', n. 13). Brescia: 213-226.

Pedrotti A., 2001 – *L'età del Rame*. In: Storia del Trentino - La preistoria e protostoria, vol. 1. Bologna: 183-253.

Pelegrin J., 1995 – *Technologie lithique: le Châtelperronien de Roc-de-Combe (Lot) et de La Côte (Dordogne)*. Cahiers du Quaternaire n. 20. C.N.R.S., Paris.

Pelegrin J., 2006 – *Long blade technology in the Old World : an experimental approach and some archaeological results*. In volume del *Symposium in Uppsala* 2003: Skilled Production and Social Reproduction. Aspects of Traditional Stone-Tool Technologies end proceedings. Uppsala: 37-68.

Pelegrin J., Texier P.J., 2004 – *Les techniques de taille de la pierre préhistorique*. In *Comment la science fait parler les vestiges archéologiques*: La tribologie. Dossiers d'Archéologie n. 290. Dijon: 26-33.

Perrin T., Marchand G., Allard P., Binder D., Collina C., Garcia Puchol O., Valdeyron N., 2009 – *Le second Mésolithique d'Europe occidentale : origines et gradient chronologique (The late Mesolithic of Western Europe: origins and chronological stages)*. Annales de la Fondation Fyssen, Fondation Fyssen, 2009, 24: 160-176.

Pessina A., 2003 – *Il popolamento umano dell'area alpina orientale*. In Catalogo della Mostra: Glacies. L'età dei ghiacci in Friuli. Ambienti, climi e vita negli ultimi 100.000 anni. Udine: 131-144.

Pessina A., Tiné V., 2008 – *Archeologia del Neolitico. L'Italia tra il VI e IV millennio a.C.* Roma.

Pétrequin P., Chaix L., Pétrequin A.M., Piningre J.F., 1985 – *La grotte des Planches-près-Arbois (Jura). Proto-Cortaillod et Age du Bronze final.* Paris : pp. 273.

Picavet R., 1999 – *Les niveaux du Mésolihique au Néolithique de l'Abri de la Grande-Rivoire (Sassenage, Isère, Vercors, France).* In Volume degli atti del V Colloquio Internazionale UISPP (1995) - commissione XII: L'Europe des derniers chasseurs. Epipaléolithique et Mésolithique. Peuplement et paléoenvironnement de l'Epipaléoli= thique et du Mésolithique. Grenoble: 617-625.

Pignat G., 2002 – *Le Scé du Chatelard des chasseurs de renne près des rives du Léman.* In *Catalogue de l'exposition*: Premiers hommes dans les Alpes, de 50000 à 5000 avant Jésus-Christ. Sion, Lausanne: 141-143.

Pignat G., 2002 – *L'abri de Châble-Croix. Un camp de chasse e de pêche en plaine du Rhône.* In catalogo dell'esposizione: Premiers hommes dans les Alpes, de 50000 à 5000 avant Jésus-Christ. Sion, Lausanne: 165-169.

Pignat G., Crotti P., 2002 – *Le peuplement des Alpes.* In catalogo dell'esposizione: Premiers hommes dans les Alpes, de 50000 à 5000 avant Jésus-Christ. Sion, Lausanne: 69-85.

Pignat G., Plisson H., 2000 – *Le quarz, pour quel usage? L'outillage mésolithique de Vionnaz (CH) et l'apport de la tracéologie.* In atti della Tavola rotonda: Epipaléolithique et Mésolithique, Meso '97. Cahier d'Archéologie Romande, 81. Lausanne. 65-78

Pignat G., Winiger A., 1999 – *Col du Mollendruz: un habitat de montagne dans le Jura suisse.* In Bintz P., Thévenin A. (Eds.), L'Europe des derniers chasseurs: Épipaléolithique et Mésolithique. Actes du 5ème Colloque International UISPP, Grenoble, 18-23 settembre 1995, Paris Ed CTHS (Documents préhistoriques 12): 499-507.

Pini R., 2002 – *A new high-resolution Late Glacial – Holocene pollen diagram from Pian di Gembro (Central Alps, northern Italy).* Vegetation History and Archaeobotany, 11(4): 251-262.

Pini R., 2014 – *Storia dei paleoambienti e della vegetazione dell'altopiano del Monte Fallère (AO) nell'Olocene. 3-Approfondimento di indagine sulla successione olocenica della torbiera Crotte Basse e nuovi dati dalla torbiera presso il Lago delle Foglie.* Estratto Rapporto Tecnico, R.A.V.A., Assessorato Istruzione e Cultura, Soprintendenza per i beni e le attività culturali, Direzione restauro e valorizzazione, Ufficio beni archeologici: pp. 24.

Pini R., Aceti A., Badino F., Maggi V., Orombelli G., Raiteri L., Ravazzi C., 2011a – *High-altitude environments and glaciers fluctuations in the western sector of the Aosta Valley during the Holocene.* In Atti del Congresso AIQUA: Il Quaternario Italiano: conoscenze e prospettive. Il Quaternario, Italian Journal of Quaternary Sciences, 24. 117-119. Extended abstract.

Pini R., Aceti A., Badino F., Maggi V., Orombelli G., Raiteri L., Ravazzi C., 2011b – *High-altitude environments and glacier fluctuations in the western sector of the Aosta Valley during the Holocene.* Il Quaternario, Italian Journal of Quaternary Sciences, 24 (num. spec.): 117-119.

Pini R., Aceti A., Maggi V., Orombelli G., Raiteri L., Ravazzi C., 2012a – *Holocene forest history and timberline fluctuations in the western and central Alps: the role of climatic factors and men.* In Congresso AIQUA: The transition from natural-dominated to anthropogenic-dominated environmental change in Italy and the surroundings regions since the Neolithic. Pisa. Volume degli abstract: 38.

Pini R., Comolli R., De Gattis G.,Guerreschi A., Raiteri L., Ravazzi C., 2014a – *Men at the timberline: multidisciplinary paleoecological evidence for the oldest prehistoric human-made pastures in the western Italian Alps (Aosta Valley).* In IX European Palaeobotany and Palynology Conference. Padua. Volume degli abstract.

Pini R., Di Maio P., Guerreschi A., Raiteri L., Ravazzi C., 2013 – *Preistoria degli ambienti d'alta quota in Valle d'Aosta. Primi risultati di indagini paleobotaniche e archeologiche sull'altopiano del Mont Fallère.* In volume degli atti del XIII Colloque sur les Alps dans l'Antiquité : Le travail dans les Alps: explotation des ressources naturelles et activités anthropiques de la Préhistoire an Moyen Age: 1-9.

Pini R., Ravazzi C., 2010 – *Storia dei paleoambienti e della vegetazione dell'altopiano del Monte Fallère (AO) nell'Olocene. 1-Olocene Antico e Medio nella torbiera Crotte Basse e nello scavo archeologico MF1.* Rapporto tecnico, R.A.V.A., Assessorato Istruzione e Cultura, Soprintendenza per i beni e le attività culturali, Direzione restauro e valorizzazione, Ufficio beni archeologici: 89.

Pini R., Ravazzi C., 2011c – *Storia dei paleoambienti e della vegetazione dell'altopiano del Monte Fallère (AO) nell'Olocene. 2-Studio stratigrafico, cronologico e pollinico della successione tardoglaciale – olocenica della torbiera Crotte Basse.* Rapporto tecnico, R.A.V.A., Assessorato Istruzione e Cultura, Soprintendenza per i beni e le attività culturali, Direzione restauro e valorizzazione, Ufficio beni archeologici: 172.

Pini R., Ravazzi C., Schwörer C., Tinner W., Badino F., 2012b – *Popolamento antropico e trasformazioni ambientali in epoca preistorica in Valle d'Aosta e Svizzera: dati da siti d'alta quota e dal fondovalle.* In XIII Colloque sur les Alps dans l'Antiquité : Le travail dans les Alps: explotation des ressources naturelles et activités anthropiques de la Préhistoire an Moyen Age. Volume degli abstract.

Pini R., Ravazzi C., Raiteri L., Guerreschi A., Comolli R., 2014b – *Prehistoric human impact at high altitudes: forest clearings, land-cover change and pastoralism in a case study from the western italian Alps.* In Open PAGES Focus 4 - Work Shop on Human-Climate-Ecosystems interactions: Towards a more accurate quantifications in the past. University of Leuven (Belgium).

Pini R., Ravazzi C., Raiteri L., Guerreschi A., Castellano L., Comolli R., 2017 – *From pristine forests to high-altitude pastures: an ecological approach to prehistoric human impact on vegetation and landscapes in the western Italian Alps.* Journal of Ecology, article DOI: 10.1111/1365-2745.12767.

Pion G., Billard M., Bintz P., Caillat B., Cattaliotti-Valdina J., Durand J.-M., Girard M., Monjuvent G., 1990 – *L'abrie de la Fru à St. Christophe (Savoie)*. Gallia Préhistoire, 32: 65-123.

Plisson H., Dubreuil L., Guilibert R., 2008 – *The functional significate of Sauveterian microlithic assemblage: brodening the focus of investigation*. L. Longo, Prehistoric Tecnology 40 years later: functional studies and the russian legacy, Proceeding of the International congress Verona, 2005, BAR international series, 1783, BAR Publishing: 147-156.

Plog S., Plog F., 1978 – W. Wait, *Decision Making in Modern Surveys*. In (Schiffer M., a cura di) Advances in Archaeological Method and Theory, I: 383-421

Poggiani Keller R., 1989 – *Valtellina e Valchiavenna nella preistoria e protostoria. Ritrovamenti e siti dal Mesolitico all'età del Ferro*. In Catalogo della Mostra: Valtellina e Mondo Alpino nella Preistoria. Milano.

Poggiani Keller R., 2004 – *Siti di culto megalitici e occupazione del territorio nell'età del Rame in Valtellina e Valcamonica*. In Actes Xe Colloque International sur les Alpes dans l'Antiquité: Implantations rurales et économie agro-pastorales dans les Alpes de la Préhistoire au Moyen Age, Aosta: 143-160.

Poggiani Keller R., 2006 – *Santuari megalitici nelle valli lombarde*. In Atti del Convegno: Preistoria dell'Italia Settentrionale. Studi in ricordo di Bernardino Bagolini, Udine: 245-268.

Poggiani Keller R., 2014 – *Siti, necropoli e luoghi di culto del Neolitico e dell'età del Rame*. In: Guida, Contesti e Temi. MAR (Museo archeologico regionale) Valle d'Aosta. Quart: 126-132.

Poggiani Keller R., Curdy P., Ferroni A.M., Sarti L., 2016 – *Area megalitica di Saint-Martin-de-Corléans - parco archeologico e museo. Guida breve*. Valle d'Aosta, Nus: 63 pp.

Porter S., Orombelli G., 1985 – *Glacier contraction during the middle Holocene in the Western Italian Alps: evidence end implications*. Geology, 13: 296-298.

Potter T. W., 1979 – *The Changing Landscape of South Etruria*, Londra: 22-26.

Raiteri L., 2009a – *La ricerca sul popolamento della Valle d'Aosta nell'Olocene antico: il sito Mesolitico d'alta quota del Fallère*. Tesi di Laurea Specialistica in Scienze Preistoriche, Università degli Studi di Ferrara: pp. 222.

Raiteri L., 2009b – *La ricerca sul popolamento della Valle d'Aosta nell'Olocene antico: il sito mesolitico di alta quota del Fallère*. In BSBAC, 6/2009. Quart (AO) 2010: 17-21.

Raiteri L., 2011 – *Il popolamento della Valle d'Aosta nell'Olocene antico: i modelli di insediamento nell'impostazione della ricerca*. In BSBAC, 8/2011. Quart (AO) 2012: 30-33.

Raiteri L., Baster I., Gabriele P., 2008 – *Studio geologico-geomorfologico dell'area circostante il sito Mesolitico del M.te Fallère (Saint-Pierre)*. In BSBAC, 5/2008. Quart (AO) 2010: 29-32.

Ravazzi C., Peresani M., Pini R., Vescovi E., 2007 – *Il Tardoglaciale nelle Alpi Italiane e in Pianura Padana. Evoluzione stratigrafica, storia della vegetazione e del popolamento antropico*. Il Quaternario, Italian Journal of Quaternary Science, 20 (2): 163-184.

Ravazzi C., Pini R., 2013 – *Clima, vegetazione forestale e alpeggio tra la fine del Neolitico e l'inizio dell'Età del Bronzo nelle Alpi e in Pianura Padana*. In Catalogo della Mostra: L'Età del Rame: la Pianura Padana e le Alpi al tempo di Ötzi. Compagnia della Stampa, Massetti Rodella Editori: 69-86.

Reimer P.J., Baillie M.G.L., Bard E., Bayliss A., Beck J.W., Bertrand C.J.H., Blackwell P.G., Buck C.E., Burr G.S., Cutler K.B., Damon P.E., Edwards R.L., Fairbanks R.G., Friedrich M., Guilderson T.P., Hogg A.G., Hughen K.A., Kromer B., McCormac G., Manning S., Ramsey C.B., Reimer R.W., Remmele S., Southon J.R., Stuiver M., Talamo S., Taylor F.W., Van Der Plicht J., Weyhenmeyer C.E., 2004 – *IntCal04 Terrestrial Radiocarbon Age Calibration, 0-26 Cal Kyr BP*. Radiocarbon, 46: 1029-58.

Rey P.-J., 1999 – *L'occupation de la Savoie au Néolithique. Etat des connaissances*. In Mémoire de maîtrise (inédit) - Université de Chambéry, vol. 1, 2 e 3.

Rey P.-J., 2009 – *Sociétés et fluctuations du climat dans les Alpes Nord-occidentales au Néolithique Moyen*. In Neige et glace de montagne. Reconstitution, dynamique, pratiques. Coll. EDYTEM, n. 8 - Cahiers de Géographie: 37-50.

Rey P.-J., Thirault E., 1999 – *Le peuplement des vallées alpines au Néolithique : les exemples de la Maurienne et de la Tarentaise (Savoie)*. In: Circulations et identités culturelles alpines à la fin de la Préhistoire. Matériaux pour une étude (programme collectif CIRCALP 1997/1998). Valence: 501-518.

Rey P.-J., Batigne-Vallet C., Collombet J., Delhon C., Martin L., Moulin B., Poulenard J., Scoccimarro N., Sordoillet D., Thiébault S., Treffort J.-M., 2010 – *Approche archéologiques et environnementale des premiers peuplement alpins autour du col du Petit-Saint-Bernard (Savoie, vallée d'Aoste): un Bilan d'étape*. In Volume degli atti della Tavola Rotonda Internazionale di Gap (2008): Archéologie de la montagne européenne. Paris: 197-210.

Renfrew C., Bahn P., 2006 – *Archeologia. Teoria-Metodi-Pratiche*. Zanichelli, 2006.

Ricci A., 1983 – *La documentazione scritta nella ricerca archeologica sul territorio: un nuovo sistema di schedatura*. Archeologia Medievale, X: 495-506.

Richard H., Bégeot C., Gauthier E, Ruffaldi P., 1998 – *Evolution du couvert végétal du Tardiglaciaire et du début de l'Holocène sur la Chaine Jurasienne : nouveaux résultats*. In Actes du Colloque International Epipaléolithique-Mésolithique: Les derniers chasseurs de l'Europe occidentale. Besançon: 29-36.

Rozoy, J.-G., 1978 – *Les derniers chasseurs. L'Epipaléolithique en France et en Belgique, essay de synthèse*. Bollettino della Société Archeologique Champenoise, 3 volume. Reims.

Rozoy J.-G., 1999 – *Le mode de vie au Mésolithique*. In Volume degli atti del V Colloquio Internazionale UISPP (1995)

- commissione XII: L'Europe des derniers chasseurs. Epipaléolithique et Mésolithique. Peuplement et paléoenvironnement de l'Epipaléolithique et du Mésolithique. Grenoble: 39-50.

Rykwert J., 1981 – *House ad Home*. Social Research, 58: 48-72.

Sauzade G., 1983 – *Les sépultures du Vaucluse du Néolithique à l'Age du Bronze*. In Etudes Quaternaires, n. 6. Parigi.

Sanchirico C., 2007 – *Elementi di topografia archeologica. Guida pratica alla documentazione sul campo nella ricerca di superficie*. Nuova immagine, Siena, 2007.

Schafer D., 1997 – *Un Sito del Mesolitico antico nella Fotschental/Nordl (Alpi Stubaier, Tirola, Austria)*. In Riassunti della XXXIII Riunione dell'I.I.P.P.: Preistoria e Protostoria del Trentino Alto-Adige/Sudtirol. Trento: 24.

Schiffer M. B., 1897 – *Formation Processes of the archaeological Record*. University of New Mexico Press, Albuquerque 1987: 235-262

Sergio F., Newton I., Marchesi L., 2005 – *Top predators and biodiversity*. Nature, 436: pp 192.

Sisk M.L., Shea J.J. 2009 - *Experimental use and quantitative performance analysis of triangular flakes (Levallois points) used as arrowheads*. Journal of Archaeological Science 36: 2039–2047.

Starnini E., Voytek B. 1997 – *The neolithic chipped stone artefacts from the Bernabo Brea-Cardini excavations*. Arene Candide : a fonctional and environmental assessment of the holocene sequence (excavations Bernabò Brea - Cardini 1940-50). Roma: 349-426.

Suméra F., Geist H., 2010 – *Exploitation de la haute montagne du Mercantour et impact sur l'environnement depuis l'âge du Fer. Étude de cas: l'exemple du vallon de Millefonts, commune de Valdeblore (Alpes-Maritimes)*. In Volume degli atti della Tavola Rotonda Internazionale di Gap (2008): Archéologie de la montagne européenne. Paris: 45-55.

Terrenato N., 1992 – *La ricognizione della Val di Cecina: l'evoluzione di una metodologia di ricerca*, in (Bernardi M., a cura di): Archeologia del paesaggio. IV ciclo di lezioni sulla ricerca applicata in Archeologia. Certosa di Pontignano (Siena). Firenze.

Thévenin A., 1999 – *L'Epipaléolithique et le Mésolithique en France et régions voisines*. In Atti del V Colloquio Internazionale UISPP, commissione XII: L'Europe des derniers chasseurs: Epipaléolithique et Mésolithique. Paris: 17-24.

Thieriot F., Saintot S., 1999 – *La fosse néolithique des Estournelles à Simandres, Rhône*. In: Circulations et identités culturelles alpines à la fin de la Préhistoire. Matériaux pour une étude (programme collectif CIRCALP 1997/1998. Valence: 403-425.

Thirault E., 2001 – *Production, diffusion et usage des haches neolithiques dans les Alpes Occidentales et le bassin du Rhône*. Tesi di Doctorat langues, Histoire et Civilisation des Mondes Anciens Centre d'Archéologie Préhistorique de Valence. Università di Lione II – Lumière.

Tinner W., Ammann B., Germann P., 1996 – *Treeline fluctuations recorded for 12.500 years by soil profiles, pollen and plant macrofossils in the Central Swizz Alps*. Artic and Alpine research, 28, 2: 131-147.

Tinner W., Hubschmid P., Wehrli M., Ammann B., Conedera M., 1999 – *Long-term forest fire ecology and dynamics in southern Switzerland*. Journal of Ecology, 87: 273-289.

Tinner W., Theurillat J.P., 2003 – *Uppermost limit, extent, and fluctuations of the timberline and treeline ecocline in the Swiss Central Alps during the past 11.500 years*. Artic end Alpine research, 35 (2): 158-169.

Tixier J., Inizan M. L., Roche H., 1980 – *Préhistoire de la pierre taillée. 1. Terminologie et technologie*. C.R.E.P., Paris.

Van Gijn A.L., 1989 – *The wear and tear of flint. Principles of functional analysis applied to Dutch Neolithic assemblages*. Analecta Praehistorica Leidensia, 22: pp 182.

Vaquer J., 1977 – *Le décor rayé-quadrillé dans le midi de la France*. Volume degli atti "Le ceramiche graffite nel neolitico del Mediterraneo centro-occidentale". Preistoria Alpina, 13: 227-232.

Venturino-Gambari M., 1998 – *Il Neolitico e l'Eneolitico in Piemonte*. In Volume degli atti della XXXII Riunione Scientifica del I.I.P.P.: Preistoria e Protostoria del Piemonte. Firenze: 33-64.

Vescovi E., Ravazzi C., Arpenti E., Finsinger W., Pini R., Valsecchi V., Wick L., Ammann B., Tinner W., 2007 – *Interactions between climate and vegetation during the Lateglacial period as recorded by lake and mire sediment archives in northern Italy and southern Switzerland*. Quaternary Science Reviews, 26(11-12): 1650-1669.

Villa P.U.D.C., Lenoir M.C.N.D.I.C. 2006 - *Hunting weapons of the Middle Stone Age and the Middle Palaeolithic: spear points from Sibudu, Rose Cottage and Bouheben*. Southern African Humanities 18 (1): 89–122.

Visentin D, 2014 – *La scheggiatura del quarzo: risultati del programma sperimentale*. Rapporto Tecnico, R.A.V.A., Assessorato Istruzione e Cultura, Soprintendenza per i beni e le attività culturali, Direzione restauro e valorizzazione, Ufficio beni archeologici: pp 14.

Vullo N., Fontana F., Guerreschi A., 1999 – *The application of GIS to intrasita spatial analysis: preliminary results from Alpe Veglia (VB) and Mondeval de Sora (BL), two Mesolithic sites in the Italian Alps*. In: 26th Conference of Computer Applications and Quantitative Methods in Archaeology, Barcelona 1998: New Techniques for Old Times: 111-115.

Walker, M., Johnsen, S., Rasmussen, S.O., Popp, T., Steffensen, J.-P., Gibbard, P., Hoek, W., Lowe, J.J., Andrews, J., Björck, S., Cwynar, L., Hughen, K., Kershaw, P., Kromer, B., Litt, T., Lowe, D.J., Nakagawa, T., Newnham, R.M., Schwander, J., 2009 – *Formal definition and dating of the GSSP (Global Stratotype Section and*

Point) for the base of the Holocene using the Greenland NGRIP ice core, and selected auxiliary records. Journal of Quaternary Science 24: 3-17.

Walsh K., Mocci F., Pallet-Martinez J., 2007 – *Nine thousand years of human/landscape dynamics in a high altitude zone in the southern French Alps (Parc National des Ecrins, Haute-Alpes).* Preistoria Alpina, 42: 9-22.

Walsh K., Mocci F., Tzortzis S., Bressy C., Talon B., 2010 – *Les Écrins, un territoire d'altitude dans le context des Alpes occidentales de la Préhistoire récente à l'âge du Bronze (Hautes-Alpes, France).* In Volume degli atti della Tavola Rotonda Internazionale di Gap (2008): Archéologie de la montagne européenne. Paris: 211-225.

Ward Perkins J. B., 1961 – *Veii. The Historical Topography of the Ancient City.* In Paper of the British School at Rome, 29:1-123.

Wick L., Tinner W, 1997 – *Vegetation changes and timberline fluctuations in the Central Alps as indicators of Holocene Climatic oscillations.* Artic end Alpine research, 29: 445-458.

Winiger A., 2009 – *Le mobiler du Néolithique moyen de Saint-Léonard Sur-le-Grand-Pré (Valais, Suisse). Fouilles Sauter 1956-1962.* Cahiers d'Archéologie Romande, 113. Losanna.

Zidda G., 1997 – *Aspetti iconografici delle stele antropomorfe di Aosta.* In: La Valle d'Aosta nel quadro della preistoria e protostoria dell'arco alpino centro-occidentale. In Volume degli atti della XXXI Riunione Scientifica dell'I.I.P.P. Courmayeur: 224-243.

Allegati

Appendice 1a
Nuclei (quarzo ialino)

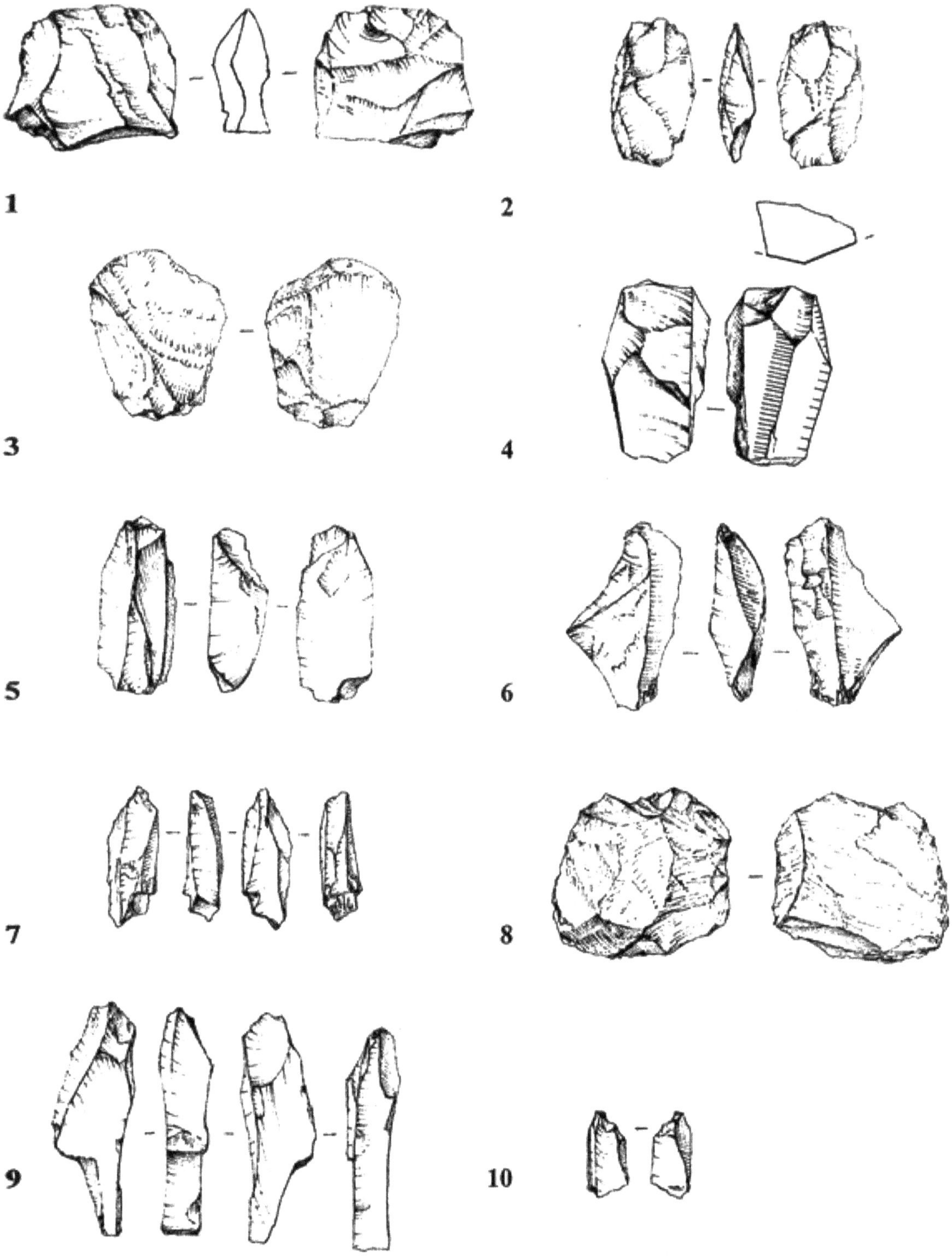

Tavola A: Sito MF1. 1-10 Nuclei bipolari. Scala 2:1 (disegno G. Almerigogna).

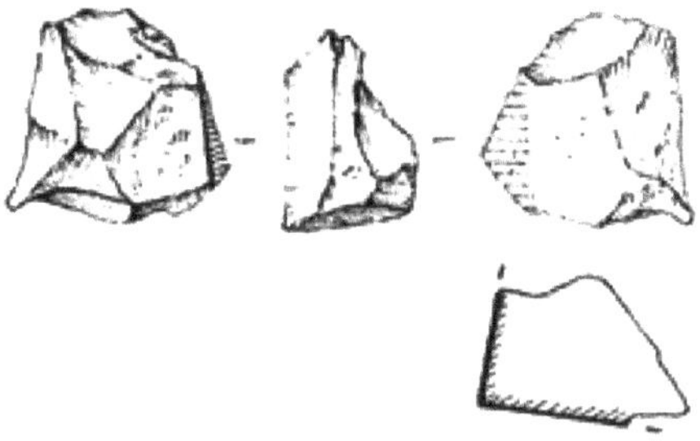

11

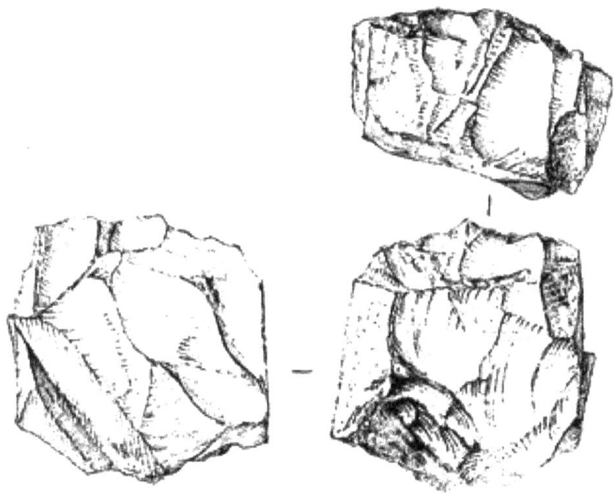

12

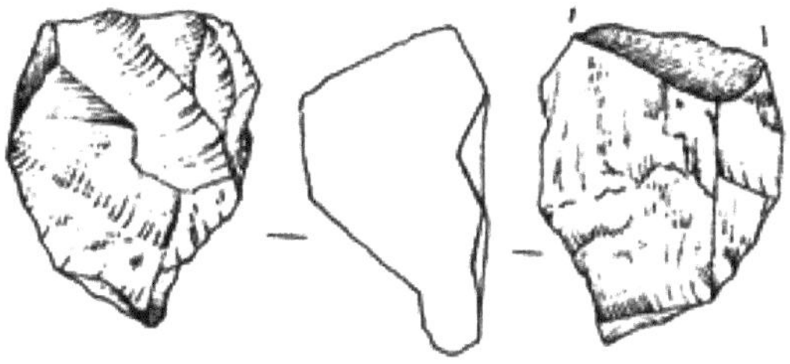

13

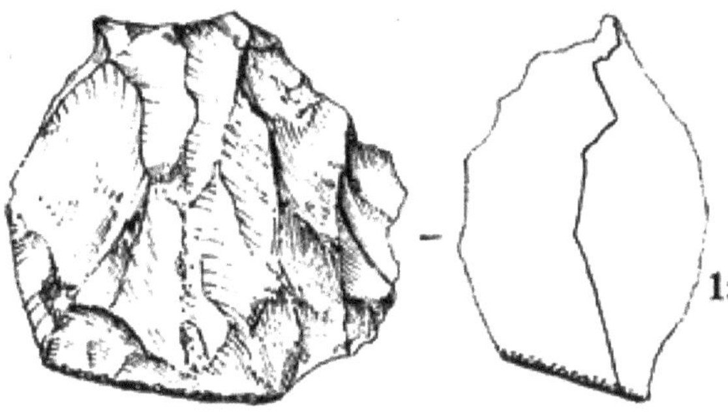

14

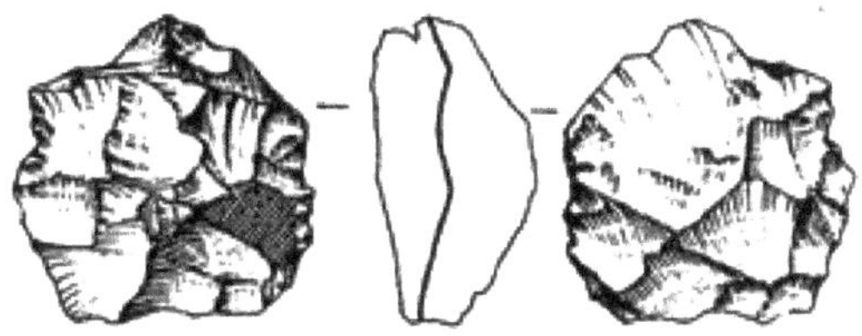

15

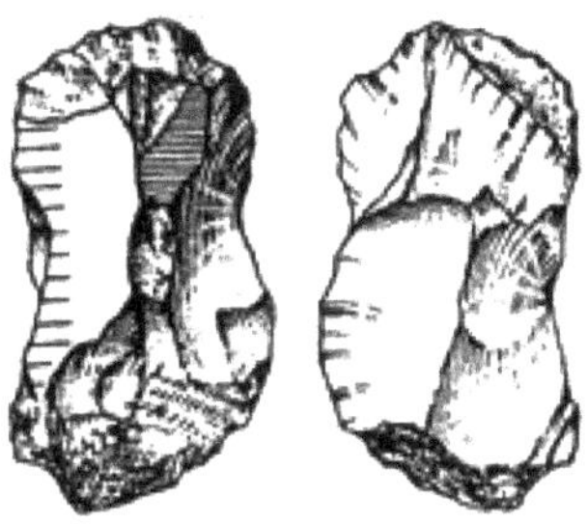

16

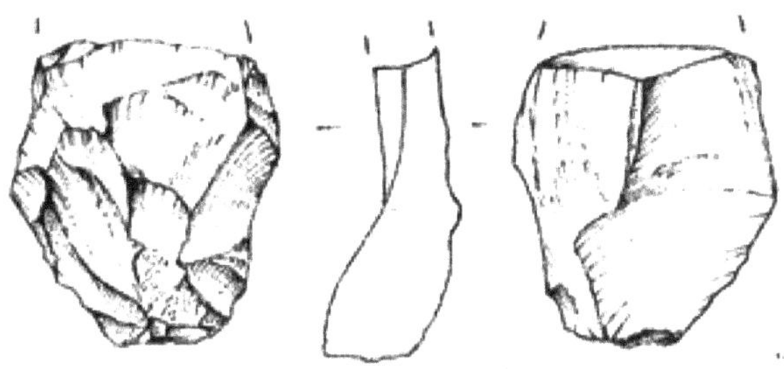

17

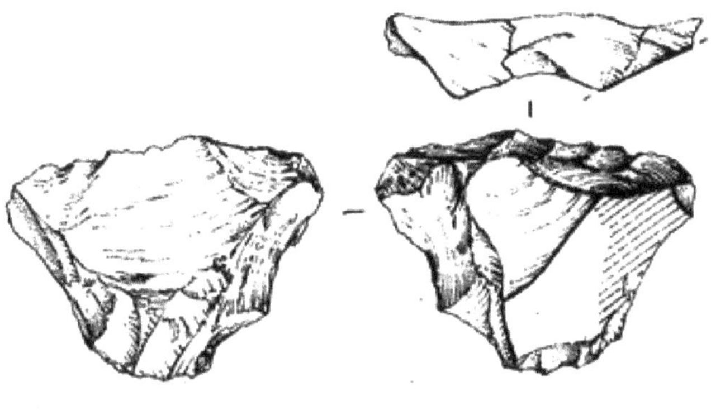

18

Tavola B: Sito MF1. 11-13 Nuclei poliedrici; 14-15 Nuclei discoidi/centripeti; 16-17 Prenuclei; 18 Diverso. Scala 2:1 (disegno G. Almerigogna).

Appendice 1b
Ritoccati (quarzo ialino)

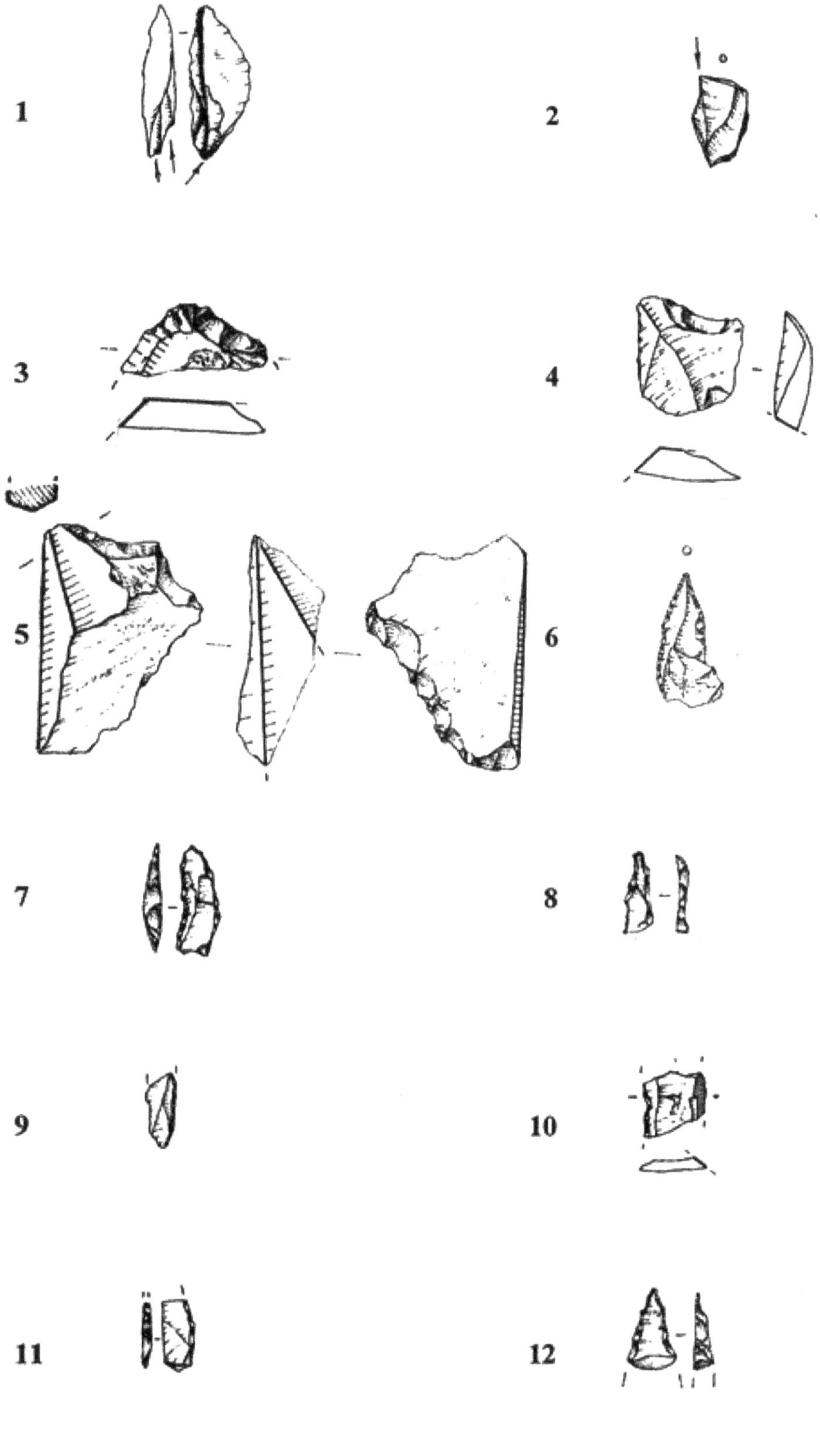

Tavola C: Sito MF1. 1-2 Bulini; 3 Grattatoio; 4-5 Troncature; 6-8 Punte a dorso; 9 Lama a dorso; 10-11 Frammenti a dorso; 12 Frammento a dorso su punta. Scala 2:1 (disegno G. Almerigogna).

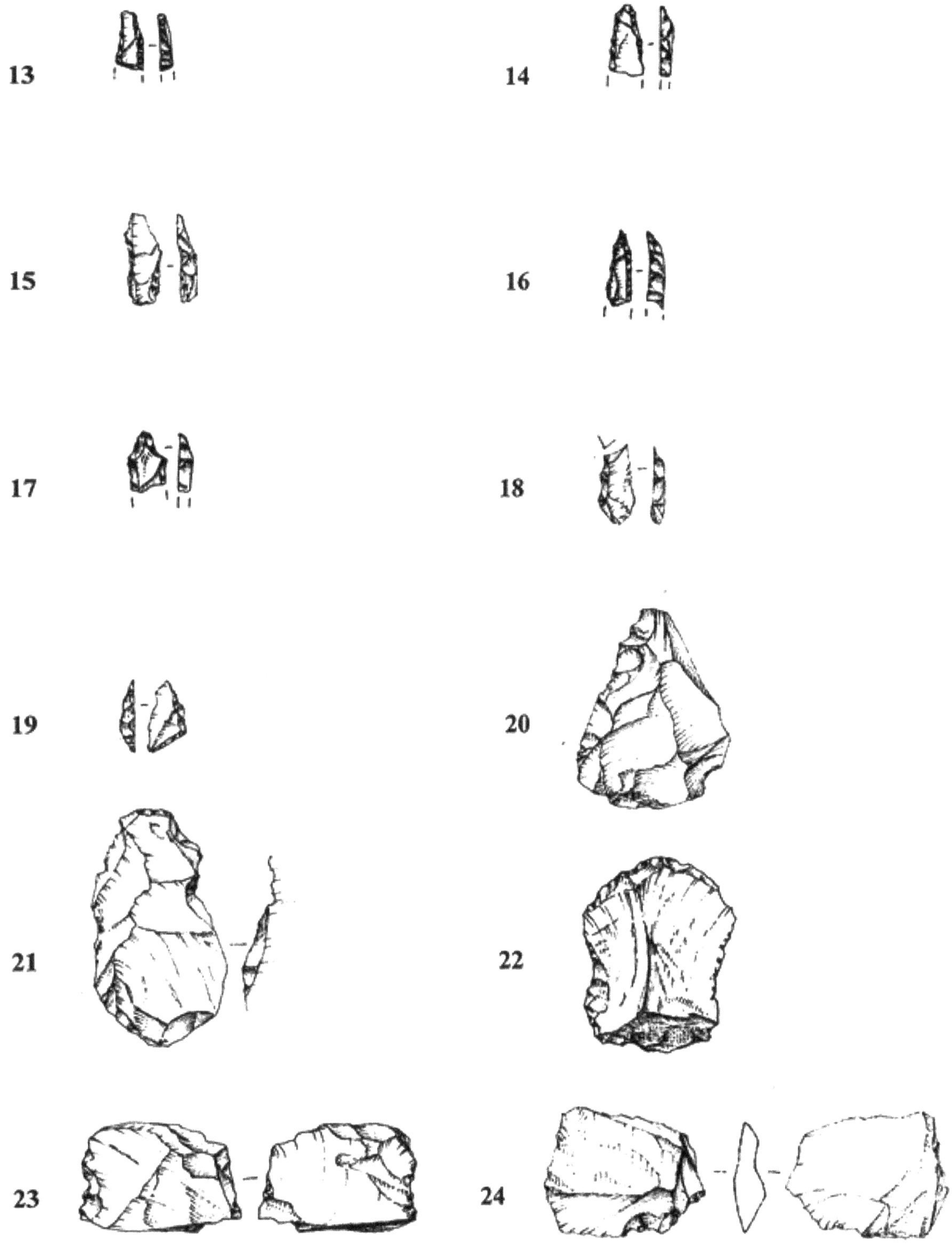

Tavola D: Sito MF1. 13-15 Frammento a doppio dorso; 16 Frammento a doppio dorso su punta; 17-18 dorso e troncature; 19 Geometrico; 20 Raschiatoio; 21-22 Denticolati; 23-24 Scagliati. Scala 2:1 (disegno G. Almerigogna).

www.ingramcontent.com/pod-product-compliance
Lightning Source LLC
LaVergne TN
LVHW072257300926
849160LV00018B/1687
* 9 7 8 1 4 0 7 3 1 5 5 7 7 *